现代果树
优质高效栽培

王慧珍 彭良智 张生志 贠超 主编

U0209463

中国农业出版社

编 写 人 员

主　编　王慧珍　彭良智　张生志　贠　超

副主编　国　圆　张怀江　曹进军　李　莉

编　者　王慧珍　李　莉　李洪雯　贠　超

　　　　　杨　鹏　杨清坡　张生志　张怀江

　　　　　张树英　张素娥　高建中　曹进军

　　　　　彭良智　潘　亮

目　　录

第一篇
苹果优质高效栽培

苹果味甜或略酸，是常见水果，具有丰富的营养成分，有食疗、辅助治疗功能，可以生津止渴、补脾止泻、补脑润肺、解暑除烦。苹果原产于欧洲、中亚、西亚一带，19世纪传入中国。我国是世界最大的苹果生产国，在东北、华北、华东、西北和四川、云南等地均有栽培。

第一章 育 苗

第一节 了解苹果苗木

一、苹果苗木的类型

生产中应用的苹果苗木为嫁接苗，即把优良的苹果品种的枝或芽（接穗），嫁接到有特殊性状的苹果属植物的枝（砧木）上愈合而成的苗木。

嫁接苗优点：①可以保持所需品种的优良性状。苹果都是异花授粉果树（不同品种间授粉才能得到经济产量），因此其种子是由别的品种提供花粉，经受精发育来的，不能保持母本应有的性状，且变异较大，因此不能用种子播种的方式培育苗木。②利用砧木的特殊性状如矮化、抗旱、抗寒、耐涝、耐盐碱和抗病虫等特性，可以增强接穗品种的适应性、抗逆性，并且可以矮化密植。

苹果嫁接苗按照砧木类型分为实生砧嫁接苗、自根砧嫁接苗和矮化中间砧嫁接苗3种（表1-1）。其中实生砧嫁接苗和矮化中间砧嫁接苗应用较多。

表1-1 苹果苗木类型及特点

苗木类型	定 义	特 点	适宜地区	备 注
实生砧（通常为乔化砧木）嫁接苗	在种子播种所培育的砧木上嫁接优良品种而成的苗木	根系发达，生长势强，树体高大，抗寒，抗旱，抗病，耐瘠薄，寿命长，但结果较晚，在土层深厚的高水肥地区宜旺长	土壤瘠薄、降水量小、年生长量少或高海拔地区如土层薄的山地、丘陵地等	20世纪80年代大范围推广的乔化富士，因树体高大、产量低、效益差而很快被淘汰
自根砧（通常为矮化砧）嫁接苗	在用矮化砧木枝条培育的砧木上，嫁接优良品种而成的苗木	矮化效果极为明显，园貌整齐，果树枝干粗壮，芽子饱满，挂果早，丰产，稳产，但根系较浅，主根不发达，抗寒、抗旱性差	水肥条件好及不太寒冷的地方栽培	随着园整体管理水平的逐步提高，将会成为大部分苹果适宜区的主要苗木种类
矮化中间砧嫁接苗	以实生砧作基砧，其上嫁接矮化砧木，再在矮化砧上嫁接品种而形成的苗木	苗木根系发达，果树树体矮小，结果早，丰产性好，果实品质优良，管理方便	有灌溉条件、土壤肥沃、年降水量适宜的平原灌区栽植	栽植面积最大。特别是目前推广宽行密植栽培，矮化中间砧苗及矮化中间砧加短枝型的双矮苗作为首选苗木被大面积地采用

二、苹果苗分级标准

根据《苹果苗木》（GB 9847—2003）的相关规定，苹果苗按照品种与砧木的纯度、根、茎、芽等情况，可以分为 3 个等级（表1-2）。

表 1-2　苹果苗木等级规格指标

项　　目		1 级	2 级	3 级
基本要求		品种和砧木类型纯正，无检疫对象和严重病虫害，无冻害和明显的机械损伤，侧根分布均匀舒展、须根多，接合部和砧桩剪口愈合良好，根和茎无干缩皱皮		
$D \geqslant 0.3cm$、$L \geqslant 20cm$ 的侧根[a]/条		≥5	≥4	≥3
$D \geqslant 0.2cm$、$L \geqslant 20cm$ 的侧根[b]/条		≥10		
根砧长度（cm）	乔化砧苹果苗	≤5		
	矮化中间砧苹果苗	≤5		
	矮化自根砧苹果苗	15～20，但同一批苹果苗木变幅不得超过 5		
中间砧长度（cm）		20～30，但同一批苹果苗木变幅不得超过 5		
苗木高度（cm）		>120	>100～120	>80～100
苗木粗度（cm）	乔化砧苹果苗	≥1.2	≥1.0	≥0.8
	矮化中间砧苹果苗	≥1.2	≥1.0	≥0.8
	矮化自根砧苹果苗	≥1.0	≥0.8	≥0.6
倾斜度（°）		≤15		
整形带内饱满芽数（个）		≥10	≥8	≥6

注：D 指粗度；L 指长度。

[a] 包括乔化砧苹果苗和矮化中间砧苹果苗。

[b] 指矮化自根砧苹果苗。

第二节　培育苹果苗木

一、实生砧嫁接苗培育

实生砧嫁接苗的培育过程是：播种→培育实生砧木苗→嫁接品种→实生砧嫁接苗。实生砧木的选用应因地制宜（表1-3）。

表1-3 我国不同苹果栽培区适宜的苹果实生砧木

苹果栽培区	苹果砧木
东北地区、华北北部及西北山区	山荆子（即山定子、山丁子）和毛山荆子
中部及黄河、淮河流域	八棱海棠、楸子、西府海棠、新疆野苹果
西北黄土高原地区	西府海棠、楸子、山荆子、新疆野苹果
华北平原	八棱海棠、楸子、西府海棠、花红及少量湖北海棠
西南苹果产区	丽江山荆子、湖北海棠、三叶海棠

实生砧木苗培育的方法是种子播种。砧木种子存在休眠现象，在播种之前必须进行种子低温、湿润、透气条件下的层积催芽处理，简称层积处理。

二、自根砧嫁接苗

自根砧嫁接苗的培育过程是：压条（或扦插）→培育自根砧木苗→嫁接品种→自根砧嫁接苗。苹果自根砧为矮化砧，不同的矮化砧具有不同的特点（表1-4），矮化砧的繁殖方法多为压条繁殖。

表1-4 苹果常用矮化砧及其特性

矮化砧	特　　点	适宜地区
M_9	矮化砧。根系发达，分布较浅，固地性较差，适应性较差。嫁接苹果结果早，适合作中间砧	肥水条件好的地区
M_{26}	矮化砧。根系发达，抗寒，抗白粉病，但抗旱性较差。嫁接苹果结果早，产量高，果个大，品质优	肥水条件好的地区
M_7	半矮化砧。根系发达，适应性较强，抗旱，抗寒，耐瘠薄，用作中间砧	旱地
MM_{106}	半矮化砧。根系发达，较耐瘠薄，抗寒，抗绵蚜及病毒病。嫁接树结果早，产量高，适合作中间砧	旱地
SH系	矮化及半矮化砧。具有较强的耐寒、耐旱、抗抽条和抗倒伏能力。嫁接亲和力强，早果丰产，果实着色及风味品质好，耐贮藏	旱地

三、矮化中间砧嫁接苗

矮化中间砧嫁接苗的培育过程是：实生砧木苗→嫁接矮化中间砧→嫁接品种→矮化中间砧嫁接苗。值得注意的是，矮化中间砧的长度必须在 20cm 以上，否则矮化作用不明显。

（一）培育实生砧

1. 采集并处理种子 在种子充分成熟时，选择品种纯正、生长健壮、性状优良、无病虫害、种子饱满的成年树，将果实摇落地面后收集起来。

用堆沤法取种。将果实放入容器内或堆积于背阴处使果实软化，堆放厚度以 25～35cm 为宜，堆放期间要经常翻动，保持堆温 25～30℃。果肉软化腐烂后揉碎，用清水淘洗干净，取出种子。

将种子薄摊于阴凉通风处晾干，不宜暴晒。种子晾干后进行精选，除去杂物、病虫粒、畸形粒、破粒、烂粒，使种子纯度达 95％以上。然后选留种皮光滑、种仁饱满、子叶种胚乳白不透明、千粒重大的种子贮藏备用。

用布袋装好种子，存放在通风、干燥、阴冷的室内，使室内空气相对湿度 50％～70％，温度 0～8℃为宜，随时防虫防鼠。

2. 种子层积处理 将精选后的种子与干净湿河沙按 1：4～5 的比例混合，河沙的含水量应以手握成团但不滴水为准。混合后放入木箱或花盆中，埋入背阴、地势较高的土中。如种子量大，可开沟层积（图1-1）。

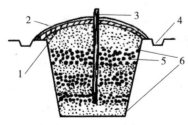

图 1-1 开沟层积

1. 覆土 2. 薄膜或秸草 3. 通气秸秆 4. 排水沟 5. 种子 6. 沙子

露地开沟层积要选择地势高燥、排水良好的背阴处，沟深60～80cm，长宽随种子的数量而定，先在沟底铺5～10cm的湿沙，然后将种子和湿沙混合均匀或分层相间放入，离地面10～30cm（视当地冻土层进度而异，冻土深则厚，反之则薄），上覆湿沙与地面相平或稍高于地面，盖上一层厚草后，再用土堆盖成屋脊形，四周挖好排水沟。对层积种子名称、数量和日期要做好记录。

用容器层积时，容器必须有良好的透气性，底部先铺5～10cm湿沙，然后将种子和沙混合均匀放入，上面再覆5～10cm湿沙。

苹果砧木种子开始层积的时间，应根据种子所需的层积时间和播种时间来决定（表1-5）。

表1-5　主要苹果砧木种子采收期、层积天数和播种量

名　称	采收时期	层积天数（d）	每千克种子粒数	667m² 播种量（kg）
山定子	9～10月	30～90	150 000～220 000	1.0～1.5
楸子	9～10月	40～50	40 000～60 000	1.0～1.5
西府海棠	9月下旬	40～60	60 000	1.7～2.0
沙果	7～8月	60～80	44 800	1.0～2.3
新疆野苹果	9～10月	40～60	35 000～45 000	2.3～3.0

层积的适宜温度为2～7℃。层积期间应经常进行检查，尤其是春季气温回暖时，应勤查温、湿度，若温度高应及时翻搅降温，湿度大时可添加干沙，水分不足应喷水。发现霉变种子要及时挑出。未到播种期已经萌动时，可喷水降温或移到低温处；到播种期尚未萌动时，可移到较高温处促进萌芽。

3. 准备育苗地　土壤解冻后，首先耕翻整平土地，除去影响种子发芽的杂草、残根、石块等障碍物。耕翻厚度以25～30cm为宜。土壤干旱时可以先灌水造墒，再行耕翻，也可先耕翻后浇水。底肥最好在整地前施入，亦可作畦后施入畦内。每667m²施有机肥2 500～5 000kg，过磷酸钙25kg，草木灰25kg。缺铁土壤每667m²施入硫酸亚铁10kg。土地整平后作畦或作垄。多雨地区、

地势低的田块宜作高畦，干旱地区宜作低畦或平畦。畦宽1.2m左右，长度以便于管理为原则，一般10m左右。

4. 播种 为防止鼠害，一般在春季土壤解冻后播种。播种前苗床应施足基肥，灌足底水，等水渗下后播种采用双行带状条播方法，每畦播4行，2行为一带，带内行距20cm，带间距40cm，深1.5～2cm，播种量为每667m² 1.0～1.5kg。覆土厚度为1.5cm左右，最后覆盖地膜。

5. 播后管理

（1）保持土壤湿润。特别注意灌水和覆盖，表土干时可傍晚喷水增墒。

（2）去覆盖物。幼苗开始出土阶段，先将覆盖物揭开一半，出苗率达50%时，全部揭除。

（3）间苗移栽。在幼苗长到2～3片真叶时进行间苗。做到早间苗，分期间苗，适时合理定苗，保证苗全苗旺。以株距25～30cm、每667m² 出苗量8 000株为宜。间去劣、弱、密、病虫苗。间出的健壮苗一律移栽，栽后立即浇水。

（4）断根。在留床苗高10～20cm时进行，离苗10cm左右倾斜45°斜插下铲，将主根截断促发侧根。

（5）中耕锄草。苗木出苗后以及整个生长期间，经常中耕锄草，防止土壤板结，保持水分，清除杂草。

（6）浇水追肥。生长季经常保持土壤湿润。5～6月结合浇水，土壤追肥一次，每667m² 施尿素10kg；7月中、上旬叶面喷施光合微肥。

（7）抹芽。砧木嫁接部位如有萌芽，应及时除去，以利于嫁接。

（8）防治病虫害。发现病虫害，要及时进行防治。

（二）培育矮化砧木苗

矮化砧木苗的繁殖一般采用直立压条法（图1-2）。

1. 开沟作垄 按行距2m开沟作垄，沟深、宽均为30～40cm，垄高30cm，沟底施足基肥。

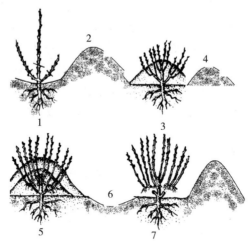

图 1-2 直立压条

1. 短截促萌 2、4. 垄 3. 第一次培土 5. 第二次培土 6. 垄沟 7. 分离

2. 定植平茬　春天化冻后，将矮化砧木母株苗，按株距 30～50cm 定植在沟中。萌芽前，母株留 6cm 左右剪截，促使基部发生萌蘖。

3. 分次培土　待萌蘖新梢高达 20cm 左右时，进行第一次培土，培土前先进行灌水，并在行间撒施有机肥和磷肥。培土时将新梢基部叶片去掉，并疏除过密的细弱萌蘖，每株保留 4～6 个新梢，培土高约 10cm，宽 25cm，当新梢长到 40cm 时进行第二次培土，连同以前的厚度共 30cm 左右，宽 40cm 左右（此时原来的垄背变成了垄沟，原来的垄沟变成了垄背），经常保持湿润，20d 左右开始发根。

4. 中耕锄草　整个生长期间，经常中耕锄草，防止土壤板结，保持水分，清除杂草。

5. 浇水追肥　生长季经常保持土壤湿润。5～6 月结合浇水，土壤追肥一次，每 667m² 施尿素 10kg；7 月中、上旬第二次追施，叶面喷施光合微肥。

6. 防治病虫害　发现病虫害，要及时进行防治。

（三）分次嫁接

1. 乔化实生砧上嫁接矮化中间砧 对于春季播种的乔砧种子或者移栽的乔砧苗（如山荆子或海棠），秋季在其下部芽接矮化中间砧芽，10d 后检查，没成活的立即补接，嫁接方法为 T 形芽接法（表 1-6）。当年无法补接者来年春天萌芽前补接，嫁接方法为带木质嵌芽接法（表 1-7）。

表 1-6 T 形芽接法操作过程

步 骤	具体操作要求	示 意
削砧木	在砧木离地面 5cm 光滑处，横割一刀，再在横切口中央用刀尖向下切一短的竖刀口，均深达木质部，但不伤木质部	
削接穗	在接穗枝条中选择中部饱满芽，在芽以上 0.5～1.0cm 处横切一刀，深达木质部，再在芽子以下 1.4cm 处向上斜切一刀，一直削至与芽子上面的切口相遇，将盾形芽片取下，注意不要将芽片内面的"护芽肉"取下，以免影响成活	
插合与绑缚	轻轻用刀尖拨开砧木切口一个小的缝隙，将芽片轻轻插入，要求芽片上缘一定与砧木横切口上边齐平密接，靠紧用 1cm 宽的塑料条自下而上将切口捆绑，只露出叶柄	

表 1-7 带木质嵌芽接法操作过程

步骤	削接穗	削砧木	插合	绑缚
图示				

（续）

步骤	削接穗	削砧木	插合	绑缚
具体操作要求	在芽的上方0.5～1cm处斜切一刀，稍带部分木质部，长1.5cm左右，再在芽下方0.5～0.8cm处斜切一刀取下芽片	在砧木适当部位切与芽片大小相应的切口	将芽片插入切口对齐形成层（尽可能使左右两边形成层对齐），芽片上端露出一点砧木皮层	用1cm宽的塑料条扎紧，捆绑时必须露出芽来

2. 矮化中间砧上嫁接品种 第一次嫁接后长出的新条作为中间砧，6月中旬在中间砧的20cm以上光滑部位芽接栽培品种，嫁接方法仍为T形芽接法。萌芽后剪砧，中间砧上的叶片保留，秋季可出圃。

（四）苗木出圃

苗木出圃时间在秋季土壤结冻前或春季苗木萌芽前。挖苗前2～3d灌水一次，并摘除苗木所有的叶片（秋季出圃时），顺行在距苗根茎20～30cm处用铁锹插入，深约40cm，尽量减少根系受伤，保持根系完整。苗木挖好后，立刻按照《苹果苗木》（GB 9847—2003）中的苗木分级标准进行分级，每50～100株为一捆，并捆两道绳，按分级挂标签标明品种、砧木，然后用泥浆蘸根，用麻袋或蛇皮袋包根，及时进行运输，避免太阳暴晒。如不及时进行运输，需要进行临时性假植，即把根部埋入土中，暂时确保根部不失水分（图1-3A）。若要长时间假植，则必须把捆绳打开，让土与苗根系部分充分接触（图1-3B）。有条件的还可以将苗木放入冷藏库（如土窑洞）中保存。

A
B

图 1-3 苗木假植
A. 临时假植 B. 长期假植

第二章 建 园

第一节 确定苹果园类型

一、果园的类型和模式

建立果园是果树生产的基本建设，直接关系到果树生产的成败和经济效益的高低，果园选址必须符合无公害条件，符合苹果对生态环境的要求，并且具有现代农业特色。

（一）果园的类型

按照地形地貌的不同，一般可将果园分成平地果园、山地果园、丘陵地果园和盐碱地果园等类型，它们各有特点（表1-8）。

通常在地势平坦或坡度小于5°的缓坡地带最适合建园，并要求土层深厚，土质良好，疏松肥沃，水土流失少，管理方便，环境质量符合无公害果品生产要求。

表 1-8　果园类型及特点

果园类型	优　点	缺　点
平地果园	土层较厚，水分充足，有机质含量高；根系入土深，生长结果良好，产量较高；便于机械化操作管理和果园的规划设计	通风、光照、排水，果实色泽、风味、含糖量、耐贮力不如山地果园
山地果园	空气流通，日照充足，昼夜温差大；果树碳水化合物累积快，着色良好，优质丰产	气候垂直分布带较为复杂；果树根系分布浅，养分、水分条件差
丘陵地果园	介于平地果园和山地果园之间	
盐碱地果园	地势平坦开阔，土层深厚；富含钾、钙、镁等矿质养分	有机质含量低，土壤结构差；含盐量高，碱性强；地下水位高；易缺铁黄化

（二）果园经营模式

随着人们市场经济意识和现代农业理念的增强，以家庭或农户为单位的小果园逐步被淘汰，取而代之的是现代化的果园经营模式，常见的有 4 种模式。

1. 规模经营发展模式　一般具有以下特点：

（1）具有大规模的基地。根据当地自然条件和气候资源合理进行规划，以集中成片，集约化经营，提高果品商品率；建立供、销、贮、运一条龙服务体系。

（2）管理集约而规范。果园采取集约化的科学栽培技术，实行同一地块、同一果园、同一基地发展同一品种的规范种植，以便实行规范化管理。

（3）品种保持优良。及时引进优质丰产、抗逆性强的新品种，淘汰或改良老化品种，实行早、中、晚熟品种合理搭配，授粉树、主栽树合理搭配。

（4）水利设施先进。果园建立成套的水利设施，实行机电排灌、喷灌、渗灌等，施肥、施药、中耕、采收都实行机械化作业。

（5）防护林系统完善。在常有大风、沙尘暴、高温干旱的地带，因地制宜营造果园防护林，以改善小气候，保持水土，抗御气象灾害。

（6）不断改良土壤。使土壤中的水、肥、气、热保持均衡、稳定和适宜状态。大力提倡合理间作、果园种草、增施有机肥料等改良技术。

（7）布局美观协调。果园布局、建筑物、道路及水电设施，要协调一致、美观适体。即基地化、集约化、良种化、水利化、机械化、林网化、改良化、美观化。

2. 休闲观光果园发展模式 是指城郊区或交通便利的乡村以观光旅游为主要经营内容的休闲果园模式。未来休闲果园的发展模式应包括古旧风情区、农家助餐区、果园自采区和田园劳作区等内容。不同果园可根据其地理优势，增加各具特色的园区和观光内容。

3. 绿色健康果品生产模式 即以生产优质绿色果品为主。绿色果品是遵循可持续发展原则，按照特定生产方式生产，经专门机构认证（如中国绿色食品发展中心），许可使用绿色食品标志的无污染的安全、优质、营养果品。此类果园应具备下列条件：①园地必须符合绿色食品生态环境质量标准；②果树种植必须符合绿色食品生产操作规程；③产品必须符合绿色食品质量和卫生标准；④产品的包装、贮运必须符合绿色食品包装贮运标准。由于生产要求条件严格，所以这种生产模式较少。

4. 立体果园发展模式 即在果园行间生草或种植作物或中药材。一方面可增加土壤有机质含量，另一方面又可以增加收益。果园内兴建沼气池可供肥源和日常生活的能源；果园养鸡、养蜂等可增加肥源和提高经济收益。各地可根据具体情况加以选择和建立形式多样的立体果园，丰富果园经营内容和提高经营效益。

二、无公害果园建立的条件

无公害果品是目前我国果树生产的基本要求，即果品应是优质、洁净且有毒、有害物质在安全标准之下。其产地环境、生产过程、最终产品质量等符合国家或行业无公害农产品的标准，并经过检测机构检验合格，批准使用无公害农产品标识的初级农产品。无公害果园建立时必须既符合苹果生长发育对生态条件的要求（表1-9），又符合《无公害食品　林果类产品产地环境条件》（NY 5013—2006）的规定（表1-10至表1-12）。

表1-9　苹果园建立的生态条件

项　目	具体要求
温度条件	苹果喜冷凉的气候，生长最适宜的温度条件是年平均气温7～14℃，冬季最冷月（1月）平均气温在－10～7℃。整个生长期（4～10月）平均气温在13～18℃，夏季（6～8月平均气温）在18～24℃。果实成熟期昼夜温差在10℃以上。需冷量（<7.2℃低温）1 200h
光照条件	苹果是喜光树种，一般要求年日照时数2 200～2 800h,特别是8～9月不能少于300h以上。光照强度大于自然光30%
土壤条件	要求土质肥沃、土层深厚，土层深度在1m以上，土壤pH 5.7～8.2为宜，富含有机质的沙壤土和壤土最好，有机质含量应在1%以上
水分条件	在较干燥的气候下生产出优质苹果，一般年降水量在500～800mm对苹果生长适宜。若生长期降水量在500mm左右，且分布均匀，可基本满足树体对水分的需求
坡向和坡度	坡度低于15°。坡度在6°～15°的山区、丘陵，选择背风向阳的南坡，并修筑梯田、撩壕、鱼鳞坑等水土保持工程

表1-10　环境空气质量要求

〔引自《无公害食品　林果类产品产地环境条件》（NY 5013—2006）〕

项　目	浓度限值	
	日平均	1h平均
总悬浮颗粒物（标准状态，mg/m³）	≤0.30	—
二氧化硫（标准状态，mg/m³）	≤0.15	0.50
二氧化氮NO₂（标准状态，mg/m³）	≤0.12	0.24
氟化物（标准状态，μg/m³）	≤7	20

注：日平均指任何一日的平均浓度；1h平均指任何一小时的平均浓度。

表 1-11　灌溉水质量要求

［引自《无公害食品　林果类产品产地环境条件》（NY 5013—2006）］

项　目	浓度限值
pH	5.5～8.5
化学需氧量（mg/L）	≤150
总汞（mg/L）	≤0.001
总镉（mg/L）	≤0.005
总砷（mg/L）	≤0.05
总铅（mg/L）	≤0.10
六价铬（mg/L）	≤0.10
氟化物（mg/L）	≤3.0
氰化物（mg/L）	≤0.50
石油类（mg/L）	≤10

表 1-12　土壤环境质量要求

［引自《无公害食品　林果类产品产地环境条件》（NY 5013—2006）］

项　目	含量限值		
	pH＜6.5	pH6.5～7.5	pH＞7.5
总镉（mg/kg）	≤0.30	≤0.30	≤0.60
总汞（mg/kg）	≤0.30	≤0.50	≤1.0
总砷（mg/kg）	≤40	≤30	≤25
总铅（mg/kg）	≤250	≤300	≤350
总铬（mg/kg）	≤150	≤200	≤250
总铜（mg/kg）	≤150	≤200	≤200

注：本表所列含量限值适用于阳离子交换量＞5cmol/kg 的土壤，若≤5cmol/kg，含量限值为表内数值的半数。

　　因此，建园要选择无污染的生态环境，基地附近没有形成污染源的工矿企业，以防止工业"三废"的侵害。供果园用水的河流或地下水的上游无排放有害物质的工厂；土壤不含天然有害物质；果园距主干公路 100m 以上。建园前请环保部门对基地附近的大气、灌溉水和土壤进行检测，有害物质含量不得超过国家规定标准。此外，还要交通便利，便于运输产品和物资等。

第二节　规划和建设苹果园

一、苹果园规划要素及其行业标准

进行科学的果园规划设计是果业生产现代化、商品化和集约化栽培的首要任务和重要工作。建园时一定要根据行业标准对果园要素进行合理规划设置（表 1-13）。

表 1-13　果园规划要素及其行业标准

果园要素	行业标准（设计要求）	备　注
小区	面积 1～10hm²，形状长方形，长边与宽边之比 2～5：1，长边与当地主风向垂直，气候、土壤、光照基本一致	所占面积 85% 左右。园地面积较小，不设置小区
道路系统	由主路（干路）、支路和小路 3 级组成。主路贯穿全园，一般宽度为 6～8m，支路在小区之间，一般宽度 4m 左右，并与主路垂直相接。小路在小区中间，路面宽度 1～2m，应与支路垂直相接	所占面积 6%～8%。小型果园，为减少非生产占地，可不设主路和小路，只设支路即可
	山地果园主路若顺坡设置，应选坡度较缓处，根据地形特点，迂回盘绕；若横向设置应沿等高线，按 3%～5% 的比降，路面内斜 2°～3° 设置，并与路面内测修筑排水沟。支路应尽量沿等高线设置，通过果树行间，并选在小区边缘和山坡两侧沟旁。修筑梯田的果园，可以利用梯田的边埂为人行小路。丘陵地果园的顺坡主路与支路应尽量选在分水岭上	

（续）

果园要素		行业标准（设计要求）	备　注
防护林系统		防风林带的有效防风距离为树高的 25～35 倍，由主、副林带相互交织成网格。主林带走向垂直于主要有害风的方向，如果条件不许可，交角在 45°以上也可。副林带其走向与主林带垂直。通常主林带间隔为 200～400m，副林带间隔为 600～1 000m。 林带的宽度，主林带以不超过 20m、副林带不超过 10m 为宜。其株行距，乔木为 1.5m×2m，灌木为（0.5～0.75）m×2m。 林带距果树的距离，北面应不小于 20～30m，南面不少于 10～15m。为了不影响果树生长，应在果树和林带之间挖一条宽 60cm、深 80cm 的断根沟（可与排水沟结合用）	所占面积 4%～5%。不透风林带的防护效果差，一般不用；透风林带，由枝叶稀疏的树种组成，或只有乔木树种，防护树种可选用的范围大
排灌系统	灌水系统	水源，平地果园以河水、井水、水库、渠水为主；山地果园以水库、蓄水池、泉水、扬水上山等为主；西北干旱地区则以雪水为主要水源。 果园地面灌溉渠道系统，包括干渠、支渠和园内灌水沟 3 级。干渠的作用是将水引至果园中，贯穿全园。支渠将水从干渠引至作业区。灌水沟则将支渠的水引至果树行间，直接灌溉树盘，干渠和支渠应 1/1 000～4/1 000 的比降。 应考虑果园的地形条件和水源的布置等情况，并注意与道路、防护林和排水系统相结合。在满足灌溉要求的前提下，各级渠道应相互垂直，尽量缩短渠道的长度，以减少土石方工程量，节约用地，减少水的渗漏和蒸发损失。干渠应尽可能布置在果园的最高地带，以便控制最大的自流灌溉面积。在缓坡地可布置在分水岭处或坡面上方；平坦沙地则宜布置在栽培大区间主路的一侧。支渠多分布在栽培小区的道路一侧	所占面积 1%～1.5%。干渠和支渠可用地下管道代替，避免输水过程中的渗漏。 干渠支渠和园内水渠均应高于小区表面。地下灌溉和喷灌的方式，省水，省劳力，不破坏土壤，但技术要求高，投资大

（续）

果园要素		行业标准（设计要求）	备 注
排灌系统	排水系统	一般是由小区内的集水沟、作业区内的排水支沟和排水干沟组成。 山地或丘陵地的果园排水系统，主要包括梯田内侧的竹节沟，栽植小区之间的排水沟，及拦截山洪的环山沟、蓄水池、水塘或水库等。环山沟是修筑在梯田上方，沿等高线开挖的环山截流沟，其截面尺寸应根据界面径流量的大小而定。环山沟上应设设溢洪口，使溢出的水流流入附近的沟谷中，以保证环山沟的安全	排水问题，不论在平坦沙地、山地丘陵或低注盐碱地建园，均应注意
果园建筑物		果园建筑物包括办公室、财会室、工具室、包装场、配药室、果树储藏库及休息室等。在2～3个作业区的中间，靠近干路及支路之处设立休息室及工具库。其他均应设在交通方便地方。在山区应遵循物质运输由上而下的原则，配药场应设在较高的位置，而包装场、果品储藏库等均应设在较低的位置	所占面积 0.5%～1%。建园时应有长远打算。建造必要的生产用房
水土保持工程		山地果园应修筑水土保持工程，即梯田、撩壕、鱼鳞坑、谷坊等；在生态果园中，植被应得到有效的保护和利用，从根本上防止果园水土流失	平地果园不需要
栽植规划		乔砧上接普通型品种，株行距以 3～4m×5～6m 为宜，每 667m² 28～44株；半矮化砧上接普通型品种或株行距乔砧上接短枝型品种、株行距以 2～3m×4～5m 为宜，每 667m² 44～83株；矮化砧上接普通型品种或半矮化砧上接短枝品种、株行距以 1.5～2m×3.5～4m 为宜，每 667m² 82～127株；在平地、肥沃土壤上建园密度宜小些，在山地、瘠薄土壤上建园密度宜大些	栽植密度不宜过大，否则通风透光不良，造成产量和品质下降，病虫害严重

（续）

果园要素	行业标准（设计要求）	备　注
品种规划	苹果为自花不实果树，必须配置授粉树。授粉树需适应当地的气候条件，与主栽品种的开花期、始果年龄、树体寿命等方面相近，要求质量好、花粉量大，可与主栽品种相互授粉。一般主栽品种与授粉树的比例为 4∶1 或 5∶1。主栽品种与授粉品种之间的距离应在 20m 以内。授粉树配置方式有如下 4 种：①中心式：在 1 株授粉树周围栽植 8 株主栽品种；②少量式：授粉树沿果园小区边长方向成行栽植，每隔 3～4 行主栽品种栽 1 行授粉树，以便于田间操作；③对等式：两个品种互为授粉树，相间成行栽植，各占全园总株数的 50%；④复合式：在两个品种不能相互授粉或花期不遇时，需栽第三个品种进行授粉，第三个品种占全园总株数的 20% 左右。若栽植乔纳金、陆奥等三倍体品种时，应选配两个既能给三倍体品种授粉，又能相互授粉的品种。 品种应根据当地气候条件、地理位置和果园类型选择适宜的早、中或晚熟优良品种	生产上用于苹果栽培的苹果品种有 20 个左右（表 1-14）

表 1-14　具有市场潜力的苹果品种及其特点

品种	泰山早霞	藤牧 1 号	红嘎拉
图示			
优点	早熟。果面光洁，底色淡黄，色相条红，色调鲜红，酸甜适口	早熟。果个大，果面光洁，底色淡黄，底色淡黄，色相条红，色调鲜红，酸甜适口	早熟。果面光洁，无果锈。色相条红或片红，色调鲜红，风味酸甜，香气浓
缺点	成熟期不一	成熟期不一，采前落果。存放期 20d 左右	梗注处易裂果，不耐贮藏

（续）

品种	红津轻	新红星	金矮生
图示			
优点	中熟。条红光滑艳丽，酸甜、多汁、微香	中熟。短枝型，果型高桩，五棱明显，颜色浓红	中熟。短枝型，个大，金黄，肉细，汁多，浓香甜酸
缺点	采前落果较重	贮后变绵，早期落叶病较重	果面易生果锈，贮后果皮易皱缩
品种	红将军	红乔纳金	短枝陆奥
图示			
优点	中熟。早熟富士的浓红芽变，品质同富士	中熟。果大光洁，条红，美观，酸甜适口，香味浓郁	中晚熟。短枝型，无锈斑，甜酸适中，有芳香，耐贮藏
缺点	抗寒力差，易得腐烂病	三倍体，不能做授粉树，干性弱	三倍体，不能做授粉树，干性弱

（续）

品种	王林	秦冠	华红
图示			
优点	晚熟。无锈，口感好，贮藏无皱，宜给红富士授粉	晚熟。抗病，丰产稳产，耐贮。自花结实率高	晚熟。红色、优质、耐藏、高产和抗性强。果实长圆形，全面鲜红色，外观美丽
缺点	果台枝连续结果能力较差	果点大而明显，果皮较厚韧。果肉较粗	

品种	长富2号	烟富1号	惠短1号
图示			
优点	晚熟。果肉黄白，肉质致密，细脆汁多。酸甜清香，品质极上。极耐贮运。贮后肉质不发绵，风味变化小，失重少，病害轻		
	树势强健，果形高桩，果面条红	全面浓红，果形稍扁	全面浓红，短枝型强，丰产
缺点	不耐寒，在冬季寒冷地区，腐烂病发生严重；排水不良及酸性土壤条件下，枝干轮纹病和粗皮病发生严重		

二、果园建立的资金预算和效益估计

1. 资金预算 做好建园预算可以科学合理地安排资金，避免资金浪费或资金链断裂影响建园进程。资金预算的项目一般包括土地、苗木、道路和管排水渠建设、人力等费用（表1-15）。

表1-15 投资估算表

序号	项　目	单价	数量	费用（万元）
1	土地费（租金）			A
2	苗木费用			B
3	道路系统费用			C
4	灌排系统费用			D
5	防护林系统费用			E
6	水土保持工程费用			F
7	建筑物费用			G
8	劳务费及其他费用			H
9	流动资金			I
总　计				A+B+C+D+E+F+G+H+I

2. 经济效益估计 经济效益估计，也就是效益预算，即对果园的经济效益进行分析预测，便于掌握全局情况，做到心中有数。例如：观光果园的经济效益预估（表1-16）。

表1-16 经济效益估计表

序号	项目指标	费用（万元）	备　注
1	果园片区经济效益	G	前3年经济效益来于间作作物，第三年挂果，第五年丰产
2	旅游观光经济效益	K	—
合计（万元）		G+K	

三、组织施工

1. 水、电、通信等的引入　水、电、通信是搞好果园基础建设的先行条件，应最先引入安装。

2. 园路的施工　施工前，应在设计图上选择两个明显的地物或两个已知点，定出主干道的实际位置，再以主干道的中心线为基线，进行铺路系统的定点、放线工作，然后进行修建。大、中型果园的一、二级路相对较固定，有条件的可建成柏油路或水泥路。大、中型果园的三级路和小型果园的道路系统主要为土路，施工时，由路的两侧取土填于路中，形成中间高两侧低的抛物线路面，路面夯实，两侧取土处修成整齐的排水沟。

3. 水土保持工程的施工　山地果园水土流失现象比较普遍而且严重。山地栽植果树，必须在建园开始就要规划和兴建水土保持工程，从而减少山地果园的水土流失，为果树生长发育奠定良好的基础。

（1）水平梯田。在坡地上，沿着等高线修成的田面水平，埂壁均整的台阶式田块称水平梯田（图1-4）。其技术要点如下：

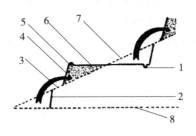

图1-4　梯田构造

1. 内沟（背沟）　2. 削壁　3. 壁间　4. 垒壁　5. 边埂
6. 梯田面　7. 原坡面　8. 水平线

①筑梯田壁。修筑梯田，由于梯田壁所用的材料不同，分为石壁梯田和土壁梯田。不论哪种梯田，均不宜修直壁，而应向内倾，

垒石壁梯田大约与地面呈 75°的坡度；筑土壁应保持 50°～60°的坡度。土壁梯田的梯田壁要踩实拍紧，梯田壁要平滑内倾。不论石壁土壁，壁顶都要高出梯田面，筑成田埂。

②铺梯田面。修梯田时，随梯田壁的增高，应以梯田面的中轴为准，在中轴线上侧取土，填到下侧，一般不需要到别处取土。但一定要以中轴线为准，保持田面水平。梯田面采用内斜式更好，整修梯田的横向上必须有 0.2%～0.3%的比降，即整条梯田从头至尾不能绝对的等高，应向泄洪（集水）沟处稍倾斜，才有利于排出过多的地表径流，防止梯田壁倒塌。

梯田面宽度，一般以行距而定，最好不窄于 4m，即一个台面栽一行树。坡度小的山地，梯田面可宽些，可栽植 2 行以上的树。一般果树应在距梯面外沿约 1/3 田面的地方栽植。

③挖排水沟。梯田面平整后，在其内沿，挖一排水沟，排水沟按 0.2%～0.3%的比降，将积水导入总排水沟内。

④修梯田埂。将挖排水沟的土，堆到梯田外沿，修筑梯田埂。田埂宽 40cm 左右，高 10～15cm。

（2）撩壕。按等高线挖成等高沟，把挖出的土在沟外侧堆成土埂，这就是撩壕（图 1-5）。在壕的外侧栽植果树。撩壕可分为通壕与小坝壕两种。通壕的壕底呈水平式，因而壕内有水时，能均匀分布在壕沟内，水流速度缓慢，有利于水土保持。小坝壕的形式基本与通壕相似。不同点是壕底有 0.3%～0.5%的比降。在沟中每隔一定距离作一小坝，用以挡水和减低水的流速，故名小坝壕。此种方式较通壕优越，当水少时，水完全可以保持于壕沟内，水多时，则溢出小坝，朝低向缓慢流去。其技术要点如下：

图 1-5　等高撩壕
1. 原坡面　2. 壕顶　3. 壕底　4. 外坡

①放线。根据地形特点，按照规划行距定出撩壕位置，撒上石灰线。

②撩壕。沿着石灰线，用铁锹将上位的表土撩到下位。使得壕底距原坡面深可在25～30cm，壕外坡长2～4m，壕高（自壕顶至原坡面）25～30cm。

（3）鱼鳞坑。鱼鳞坑是山地果园采用的一种简易的水土保持工程，也可以起一定程度的水土保持作用（图1-6）。修筑鱼鳞坑时，坑面向内倾斜，沿坑的外面要修筑一条土埂。但严禁树干在土埂上，以防降大雨时，顺树干流下来的水把土埂冲塌。坑面土壤保持疏松，以利保蓄雨水。其技术要点如下：

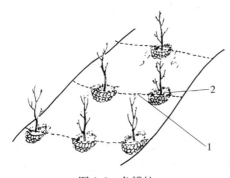

图1-6 鱼鳞坑

1. 等高线 2. 鱼鳞坑

①放线定点。根据地形特点，按照规划行距、株距定出鱼鳞坑位置，撒上石灰。

②挖坑。以石灰点为中心，挖80～100cm³见方的坑。注意将表土和心土分别堆放在坑的左右两侧。

③修筑土埂。在坑的下侧用石头砌成月牙形的埂，以防止水土流失。

（4）谷坊。为了防止果园中大小自然冲刷沟的水土流失，在沟中修土谷坊、石谷坊做谷坊。修土谷坊时，最好用湿土夯实。为使谷坊牢固，可采用生物措施，如种草、栽植紫穗槐等。石谷坊比较坚固，不易被水冲垮。其技术要点如下：

①挖槽。先将沟底和沟壁挖成槽。

②砌坝。用石块砌坝，用石灰或水泥勾缝。注意断面下宽、上窄，呈梯形，并在坝中间留出缺口，使流水集中，以免冲塌沟坝（图1-7）。

③种植护坡植被。为了防止沟蚀，在沟坡里种植紫穗槐或其他植被，以减少沟坡径流和沟蚀。

4. 灌水系统施工　以渠道引水方式为例，施工步骤如下：

①安装提水设备或打机井。灌溉水若是地面水，应先在取水点修筑取

图1-7　石砌谷坊

水构筑物，安装提水设备。若是开采地下水源，则应先打机井，安装水泵。

②精心测量，按准确标高修筑渠道，保证渠道的坡降符合设计要求（1/1 000～4/1 000）。

③按照设计的宽度、高度和边坡比（渠道宽度与深度的比值），进行填土，分层夯实，筑成土堤，当达到设计高度时，再在堤顶开渠，夯实。

④在土渠底部和两侧挖去一定厚度的土，在渠中放置钢筋网，浇筑水泥，厚度与挖去土的厚度相同。

5. 排水系统施工　一般先挖向外排水的总排水沟。中排水沟与修筑道路相结合，挖掘的土填于路面。作业区内的小排水沟，可结合整地挖掘，也可以用略低于步道的地面代替。排水沟的坡降为3/1 000～6/1 000，边坡度为45°。

6. 营建防护林　一般都用大苗移栽，栽后及时浇水，做好养护管理工作，保证成活和正常生长，以尽早形成防护功能。

7. 土地平整　削高填低，整成稍具坡度的小区。

8. 土壤改良　园地中如有盐碱土、沙土、重黏土，应加以改

良。盐碱地可用开沟排水，引淡水冲盐碱。轻度盐碱地可采用多施有机肥、及时中耕除草等措施。对沙土采用掺黏改良，黏土采用掺沙改良。园地中如有城市堆垫土如灰渣、沙石等，应全部清除，换入好土。

9. 定植　按照栽植技术流程进行操作（表1-17）。

10. 定植后管理　在发芽后逐步去除长条套袋，以利新梢生长；6月以前，根据土壤水分情况，注意灌水。有条件时施些氮素化肥，如硫酸铵等，每株0.15kg。在7月以后，为促进枝条成熟，应控制灌水，追施磷、钾肥料，如过磷酸钙、硫酸钾、草木灰等，有利于越冬；在全年管理中，应注意中耕除草、防治病虫害等。

表1-17　果树栽植技术流程

步　骤	内　容	方　法	图　示
第一步	测绳定点	小区四周插标杆，株距标记行移动，每每移来撒灰记，及时校正位置定	
第二步	挖穴备肥	定植点，为中心，一米见方长宽深，表土新土分别放，备足秸秆农家肥（40～50kg/穴）	
第三步	分层回填	碎秸秆，表土拌，放入底层慢慢变，农家肥，混表土，放入中层养树根，边回填，边踏实，中间堆成大馒头	

（续）

步　骤	内　容	方　法	图　示
第四步	苗木处理	前一天，要核对，品种质量需确定，剪去腐烂病虫差，浸水蘸药放入穴	
第五步	栽苗灌水	你扶苗来我填土，表土踏实苗上提，修好树盘灌水急，根土密接根颈齐	
第六步	覆膜套袋	渗水后，土填缝，一米见方膜覆盖，按要求，定了干，再用膜袋把苗套	

第三章　土、肥、水管理

第一节　了解苹果生长发育规律

一、苹果的生长习性

1. 芽　叶芽成等边三角形，紧贴枝上；花芽圆锥形，大部顶生，也有腋花芽，芽外均有茸毛。花芽为混合芽，开放后能抽生结果新梢，并在其顶端开花结果（图 1-8）。

2. 枝　苹果叶芽在日均温 10℃萌动，新梢开始生长。新梢生

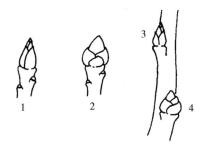

图1-8 苹果的芽

1. 顶叶芽   2. 顶花芽   3. 侧叶芽   4. 侧花芽

长一般可以分为开始生长期（叶簇期）、旺盛生长期、缓慢及停止生长期和秋梢形成期4个阶段。不同阶段停长的新梢将在落叶后分别形成叶丛枝、短枝、中枝和长枝（表1-18）。

表1-18 苹果枝条类型及生长发育特点

类 型	叶丛枝或短枝	中 枝	长 枝
形态特点	在叶簇期就形成顶芽，其长度小于5cm，有3～6片叶	只有春梢而无秋梢，且有饱满的顶芽和发育良好的侧芽，长度为5～30cm	在秋梢形成期停长，通常分春梢和秋梢两部分。在春梢和秋梢交界处形成一段盲节
作用	全年光合日数达150～180d，养分积累早，且很少外运，是成花的基本枝类。具有4片以上大叶的短枝极易成花。树冠中维持40%左右，是保持连续稳定结果的基础	全年光照日数为140～170d，只有一次生长，积累营养较多，功能较强，有的可当年形成花芽而转化为果枝	长枝生长期较长，前期消耗营养多，过多时往往会影响幼果的发育，导致落花落果，并影响花芽分化。当长枝停长后，其光合产物除满足自身需要外，还可运到树体的其他部位，包括根系，具有整体营养调控的作用

适宜的枝叶量及比例是苹果丰产的基础。优质丰产园要求每

667m² 树冠体积为 1 200～1 500m³，枝量达 5 万～9 万个，长枝比例为 5％～8％，枝叶覆盖率为 60％～80％，叶面积系数（单位土地面积上的叶片面积）为 3～4，树冠透光率达 30％以上。苹果树干较光滑，灰褐色，新梢多茸毛。

3. 根系 苹果根系在土壤中分为 2～3 层，呈倒圆锥形。一般水平分布范围为树冠直径的 1.5～3 倍，但主要吸收根群集中于树冠外缘附近及冠下（图 1-9）。垂直分布深度小于树高。乔化砧苹果根系主要集中在 20～60cm 的土层，矮化砧苹果根系多分布在 15～40cm 土层中。

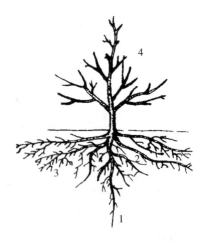

图 1-9　苹果根系结构与分布
1. 主根　2. 侧根　3. 须根　4. 树冠

苹果根系在土温 3～4℃时开始生长，7～20℃时旺盛生长，低于 0℃或高于 30℃时被迫停止生长。

苹果根系无自然休眠期，成年树一年内有 2～3 次生长高峰，依光合产物分配、地上部器官形成速率及土温、水分等外界环境变化而转移（图 1-10）。

根系第一次生长在萌芽前开始，至开花和新梢旺盛生长时转入低潮；春梢近停长时，根系生长出现第二次高峰，发生新根数量

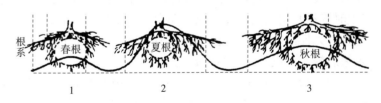

图 1-10　苹果根系生长示意

1. 春季高峰　2. 夏季高峰　3. 秋季高峰

多，但生长时间短；第三次生长高峰在秋稍停长和果实采收前后，根系生长的持续时间较长，生长量也较大，是树体积累贮藏营养的良好时机。此外，上、下层根系受土温的影响而有交替生长的现象。

二、结果习性

1. 结果枝　苹果一般定植后 3～6 年开始结果，寿命可长达 30～40 年。结果枝依其长度和花芽着生的位置，可分成长果枝（＞15cm）、中果枝（5～15cm）、短果枝（＜5cm）及腋花芽枝 4 类，多数苹果品种以短果枝结果为主，有些品种在幼树期和初果期，长、中果枝和腋花芽枝均占有一定的比例，是幼树能早期结果的一种表现。随树龄增长，各类结果枝的比例会产生变化，逐步过渡到以短果枝结果为主。结果新梢（果台）结果后，一般其上发生 1～2 个果枝副梢（即果台枝），或长或短，有时可连续结果，形成短果枝群（图 1-11）。果台枝连续形成花芽的能力因品种和营养而异，金冠 3 年左右，红星多数隔年形成花芽。

2. 花　苹果花芽一般是在上一

图 1-11　苹果短果枝群

1. 果台　2. 果台枝（短果枝）

3. 果台枝（短营养枝）

年形成的，其形成时间集中在6～9月，在开花前完成。在气温达8℃以上时花芽开始萌动，15℃以上萌芽，18℃以上开花。苹果花芽萌发后，先伸出叶片（莲座叶），然后形成1～3cm长的结果新梢，着果后膨大形成果台（图1-11）。

果台顶端形成伞状花序，有花5～7朵，中心花先开，单花花期2～6d，1个花序1周左右，1株树约15d。苹果通常是异花授粉结实的树种，生产上需要配置授粉品种，才能达到正常结实率的要求。但三倍体品种如乔纳金、陆奥、北海道9号等因花粉败育不具备受精能力，不能作为授粉树。

苹果的花为虫媒花，但提倡人工授粉，授粉温度一般为18～22℃，花粉管需经48～72h通过花柱到达子房的胚囊内，完成受精过程需1～2d。高温、干燥时花期缩短，空气冷凉潮湿时花期延长。有的品种花期较长，花分批开放，首批花质量好，坐果率高，花量多时可及早疏去晚期花；如花量不足，或首批花遭受霜冻时，可充分利用晚期花。

3. 果实 苹果从坐果到果实成熟需要60～190d，果实发育过程中，有1次落花、3次落果的过程（表1-19）。

表1-19 苹果落花落果及其原因

落花、落果	落 花	第一次落果	第二次落果（6月落果）	第三次落果（采前落果）
时间	谢花后	花后1～2周发生	第一次落果后2～4周发生采收前	采收前
原因	未授粉受精花的脱落，子房未膨大	受精不完全	养分的竞争所引起，与树势强弱的关系较大	主要是遗传原因

6月落果是果树系统发育过程中形成的一种自疏现象。正常的、一定数量的落果是自然的，但如因气候不良或栽培技术不当造成严重落果，则会影响产量。据计算，在花量较多的情况下，只需

5％～15％的花量结果，即可保证丰产。不同苹果品种每花序的自然着果数常有差异，例如金冠常较多，可达 4～5 个，元帅、红星仅 1 个。

三、苹果物候期

苹果的生长发育在一年中随外界环境条件的变化而表现规律性，这种在一年中苹果随季节性变化而发生外部器官形态和内部生理机能变化的时期，称为苹果的物候期。苹果的物候期有其自身顺序，但是在不同的地方，时间早晚有所不同。了解苹果在当地的物候期，对指导苹果生产管理措施的实施具有重大意义。苹果物候期的判定标准（表 1-20）。

表 1-20　苹果物候期判断标准

项　目	物候期标准
花芽膨大期	短果枝花芽开始膨大，鳞片开始松动，颜色开始变淡，以全树有 25％为准
花芽开绽期	芽顶端鳞片松开，由芽顶端露出叶尖或苞片尖
露蕾期	花芽裂开处露出花蕾
展叶期	花序下叶片开始展开，全树 25％的芽第一片叶展开
花蕾分离期	花柄完全露出，花蕾彼此分离
初花期	全树 5％的花开放
盛花期	全树 25％的花开放为盛花始期，50％的花开放为盛花期，75％的花开放为盛花末期
谢花期	全树有 5％的花的花瓣正常脱落为谢花始期，95％以上的花的花瓣脱落为谢花终期
落花期	指未授粉受精的花枯萎脱落的开始至终止期
生理落果期	落花后，已经开始发育的幼果，中途萎蔫变黄脱落的时期
果实着色期	出现该品种固有的色泽，红色品种的果实开始着色
果实成熟期	全树有 75％的果实已具有该品种成熟的特征
叶芽展叶期	叶芽新梢基部第一叶片展开，以中、短枝顶芽萌发的新梢为准

（续）

项 目	物候期标准
新梢生长期	观察树冠外围延长新梢。自新梢第一个长节出现为春梢生长始期，至新梢生长转慢，节间变短或停止生长，为春梢生长终期。自新梢再加速生长，至最后停止生长，对苹果为秋梢生长期
叶片变色期	秋末正常生长的植株，叶片变黄或变红
落叶期	秋末全树有 5％的叶片正常脱落为落叶始期，95％以上的叶片脱落为落叶终期

第二节　土壤管理

一、土壤管理的原理

土壤管理是通过耕作、栽培、施肥、灌溉等措施，保持和提高土壤生产力的技术。

土壤是果树生长与结果的基础，是水分和养分供给的源泉。土壤深厚、土质疏松、通气良好，则土壤中的微生物活跃，就能提高土壤肥力，从而有利于根系生长和吸收，对提高果实产量和品质有重要意义。

近几年来，由于果园密闭不利于机械作业，果园务工人员老龄化以及冲施肥等肥料的冲施和撒施，导致果园土壤耕作深度降低，耕作层逐渐浅化，犁底层厚度增加，土壤酸化板结，既妨碍土壤水分的入渗，使土壤蓄水、保水和供水的能力变差，也不利于根系生长，果树的根系上浮现象普遍。

不加管理的果园土壤紧实、通气不良、微生物活动能力低，土壤肥力差，苹果生长结果受到抑制，产量低、品质差、病虫害严重。

二、土壤管理的基本方法

1. 栽前改良　在定植前，定植穴要挖得大一些，如 1m×1m×1m 或 80cm×80cm×80cm，然后施足底肥，分层回填（表 1-23）。

2. 土壤深翻　在果树栽植后，每年秋季（9月）结合施有机肥进行，深度以根系主要分布层为宜。

果树根系深入土层的深浅，与果树的生长结果有密切关系，支配根系分布深度的主要条件是土层厚度和理化性状。果园深翻可加深土壤耕作层，为根系生长创造条件，促使根系向纵深发展，根量及分布深度均显著增加。深翻促进根系生长，是因为深翻后土壤中水、肥、气、热得到改善所至，促使树体健壮、新梢生长、叶色变浓。另外，深翻后可以提高微生物的活动，加速土壤熟化，使难溶性营养物质转化为可溶性养分，使土壤的有机质、全氮、全磷、全钾量提高，进而提高产量。因此，果园深翻改良土壤显得尤为重要。

深翻的方式有多种，常用的有扩穴深翻和隔行隔株深翻两种（表1-21）。

表 1-21 苹果园土壤深翻基本方式

深翻方式		适用范围
名称	示　意	
扩穴深翻（放树窝子）		幼树期
全园深翻	除栽植穴外，其余土壤一次深翻完	
条状深翻		盛果期
隔行或隔株深翻		

3. 果园耕翻　苹果行间和株间每年秋季落叶前后都要耕翻，一般深度 20cm 左右，树盘内深外浅，翻后整平。耕翻不仅可以改善表层土壤的理化性状，使土壤疏松透气保肥保水，而且可以杀灭潜藏在土壤中的病虫源。

4. 间作　苹果栽植后 1~4 年，枝量小，树体间隙较大，可进行间作套种，不仅可以抑制杂草、提高土地利用率，增加经济收入，还可加速土壤熟化，提高土壤肥力，促进果树生长。

间作套种原则：①低干，浅根，生长期短，价值高；②留足营养带：1 年生树留 1m 的营养带，2 年生树留 1.2m 的营养带，3 年生树留 1.5m 的营养带，4 年生树留 1.8m 的营养带；③作物与苹果树需肥水的高峰期错开，间作物对苹果树的影响要小；④作物与苹果没有共同的病虫害，最常用的间作物为豆类和薯类。

5. 清耕　果园内不种植其他作物，生长季内及时进行锄草松土。清耕主要在成龄果园中采用，常结合喷施除草剂进行，达到免耕或少耕的目的，但不利于水土保持和土壤有机质的积累。

6. 生草　在具备灌溉条件的苹果树行间种植豆科的三叶草、禾本科的黑麦草等，生草期间，定期进行刈割，割下草就地翻压、沤肥、用作覆盖物或当作饲料等，有助于控制杂草，增加土壤有机质。

7. 覆草　将杂草、绿肥、作物秸秆等覆于树盘、行内或全园，厚度保持在 20cm 左右为宜，每 4~5 年翻刨一次。有助于保持土壤湿度，增加有机质，但是易使根系上浮。

8. 覆膜　在树盘、行内或全园（留出作业道）覆盖地膜（透明膜或有色膜），覆盖前应先中耕除草，整平地面。

三、深翻熟化土壤

第一步，确定方式。根据苹果树的年龄和生长情况，选择一种深翻方式。

第二步，找准位置。在树冠投影处稍靠外，与上一次深翻沟接茬，中间不留隔墙。隔行深翻，沟的两侧距主干至少 1m。

第三步，挖穴备肥。挖沟深翻，沟深 60cm，宽 30～50cm，表土、心土分开堆放，尽量少伤根，特别是 1cm 以上的侧根不可断伤，否则会引起果树的暂时生长缓慢或停止；但 1cm 以下的细根断伤后容易愈合发出多量新根，影响不大。挖出的根要注意保护，不可干旱、暴晒或受冻，挖断的大根要及时将伤面修平。准备好充分腐熟的有机肥（农家肥），一般 1～4 年生树，每株 50～60kg，5～8 年生树，每株 100～150kg，9 年生以上每株为 150～200kg，另外每 667m² 混加钙、镁、磷肥 100kg，有条件的果园，可准备一些秸秆。

第四步，分层回填。填土时，若有秸秆，可先填入秸秆，然后将表土及沟周围的地面熟土与有机肥料和过磷酸钙混合均匀填入坑中，不易腐烂的树枝等放在沟低。如遇石块应当拣出，土壤过沙过黏应客土填坑。心土不回填沟内，沟快填满时，将心土平在地面，以便熟化。

第五步，整平灌水。填土整平后，争取灌透水，以便根系与土壤密接，迅速恢复生长。

四、间作套种

以幼龄果园套种大豆为例。

1. 选用中晚熟良种　因幼龄果园一般较为肥沃，可选择种植中、晚熟，分枝性强，耐旱、耐瘠和丰产性能好的品种，如油 05-4 等。

2. 施足基肥　每 667m² 基施农家肥或土杂肥 800～1 000kg，钙、镁、磷肥 10～15kg，肥料开沟施下，施肥后播种。

3. 适时早播，合理密植　一般可与纯种春大豆同时播种，以延长营养生长期，增加主茎节数，争取多荚多粒。在种植规格上应采取以 15cm×15cm 或 20cm×20cm 等距离穴播，每穴播 3 粒，或者同纯种春大豆，采取开沟条播，每 667m² 密度保持在 2.5 万株左右。具体密度还要根据果树生长情况和园中土壤肥力等情况有所增减。

4. 加强田间管理　大豆出苗后要及时间苗、补苗，防治病虫为害，确保全苗和壮苗。若豆苗太弱则可每 667m² 追施尿素 10kg，促进大豆早生快长。花前期每 667m² 追施钾肥 10kg。春大豆田发生的害虫主要是蚜虫、豆秆黑潜蝇、豆荚螟、夜蛾类等，采取相应的药剂进行防治。

5. 及时收获 荚色全部转黄、大豆植株上部叶片黄绿色、中下部叶片脱落时要及时收获。一般来说，7 月中下旬为收获适期。

五、化学除草

1. 选择适宜的除草剂 根据杂草种类及生育时期，选择适宜的除草剂（表 1-22）。

表 1-22 常用除草剂一览表

名称	类型	防除对象	常用剂型	使用方法	备注
西马津	选择性内吸传导型	一年生禾本科和阔叶杂草	50%可湿性粉剂	杂草萌发前或除草后进行土壤处理，每 667m² 0.5～0.6kg	降雨或灌溉后使用效果好，避免触及枝叶
草甘膦	灭生性内吸传导型	一、二年生禾本科和阔叶杂草，多年生深根性杂草	41%水剂	茎叶处理，每 667m² 0.3～0.5kg，对水 50～100kg，加 0.2%优质洗衣粉喷布	无风天气喷洒严禁将药液喷洒到果树枝叶上
阿特拉津	内吸传导型	双子叶杂草和一年生禾本科杂草	50%可湿性粉剂和40%胶悬剂	杂草萌发时，每 667m² 用 40%胶悬剂 0.5～0.6kg，或 50%可湿性粉剂 0.4～0.5kg，喷洒土壤和茎叶	在干旱条件下，杀草效果优于西马津
茅草枯	选择性内吸触杀型	多年生和一年生禾本科杂草	工业原粉或 80%粉剂	茎叶处理，每 667m² 0.2～0.5kg，对水 300 倍喷洒，可与西马津混用	对人眼和皮肤有刺激，注意避免
敌草隆	选择性内吸剂	防除马唐、稗草、狗尾草、灰藜等一年生和多年生杂草	25%可湿性粉剂	杂草萌发时，每 667m² 用 0.5～1.0kg，对水50～60kg喷洒土壤和茎叶	避免喷到枝叶上

2. 注意事项

（1）使用时要注意做好防护措施，不要喷到果树上，以免发生药害。

（2）使用前应根据除草剂的性能及所防除杂草的种类，做到对草下药，药到草除。

（3）喷药时应选无风雨天气进行。

第三节 施肥管理

一、苹果树需肥特点及配方施肥原理

苹果树多年生长在同一地点，每年生长、结果都需要从土壤中吸收并消耗大量的无机营养元素。为了满足苹果安全、丰产、优质的需要，就必须根据苹果树的需肥特点、生产目标、肥料特性以及土壤状况进行科学合理的施肥。

（一）果树营养的年周期分配规律

果树的营养状况年周期内不尽相同，表现为春季养分从多到少，夏季处于低养分时期，秋季养分开始积累，到冬季养分又处于相对较高期（图 1-12）。

1. 春季利用贮藏营养建造器官 这一时期包括萌芽、展叶、开花到新梢迅速生长前，即从萌芽到春梢封顶期。此期果树的一切生命活动的能源和新生器官的建造，主要依靠上年贮藏营养。可见贮藏养分的多少，不但关系到早春萌芽、展叶、开花、授粉坐果和新梢生长，而且影响后期果树生长发育和同化产物的合成积累。如果开花过多，新梢和根系生长就会受到抑制，当年果实大小和花芽形成等也无法得到保证。贮藏营养水平高的果树叶片大而厚，开花早而整齐，而且对外界不良环境有较强的抵抗能力，表现叶大、枝壮、坐果率高、生长迅速等。果树盛花期过后，新梢生长、幼果发育和花芽生理分化等对养分需求量加大，根系、枝干贮藏营养因春季生长的消耗渐趋殆尽，而叶片只有长到成龄叶面积的 70% 左右时制造的光合产物才能外运，因此出现养分临界或转换期。此时激

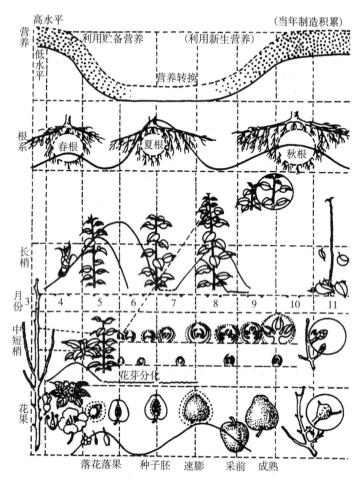

图 1-12　果树营养的年周期分配规律

（引自：http://zhangligong2004.blog.163.com）

烈的养分竞争，常使苹果新梢第 9～13 片叶由大变小、落果加重、花芽分化不良等。如上年贮藏营养充足，当年开花适量，则有利于此期营养的转换，使后期树体营养器官制造的光合产物及时补充供给生产。

2. 夏季利用同化营养期发育花果 这一时期从 6 月落果期到果实成熟采收前。此期叶片已经形成，部分中短枝封顶，进入花芽分化，果实也开始迅速膨大；营养器官同化功能最强，光合产物上下输导，合成和贮藏同时发生，树体消耗以利用当年有机营养为主。所以，此期管理水平直接影响当年果质优劣、产量高低和成花数量与质量。

3. 秋季将有机营养贮藏积累 这一时期大体从果实采收到落叶。此时果树已完成周期生长，所有器官体积上不再增大，只有根系还有一次生长高峰，但吸收的养分大于消耗营养。叶片中的同化产物除少部分供果实外，绝大部分从落叶前 1～1.5 个月内开始陆续向枝干的韧皮部、髓部和根部回流贮藏，直到落叶后结束。生长期结果过多或病虫害造成早期落叶等都会造成营养消耗多，积累少，树体贮藏养分不足，而此期贮藏营养对果树越冬及下年春季的萌芽、开花、展叶、抽梢和坐果等过程的顺利完成有显著的影响，可见充分提高树体贮藏营养是果树丰产、优质、稳产的重要保证。

4. 冬季营养相对沉淀稳定 这一时期约从落叶之后到次年萌芽前。研究资料表明，果树落叶后少量营养物质仍按小枝→大枝→主干→根系这个方向回流，并在根系中累积贮存。翌春发芽前养分随树液流动便开始从地下部向地上部流动，其顺序与回流正好相反。与生长期相比，休眠期树体活动比较微弱，地上部枝干贮藏营养相对较少，适于冬剪。

（二）当前苹果园施肥存在的突出问题

我国苹果主产区果园土壤肥力普遍不高，有机质严重不足，大部分果园不到 1‰，远远满足不了优质苹果生产的需要。目前，苹果园施肥由于缺乏针对性、科学性，存在许多亟待解决的突出问题，主要表现在以下几个方面：

1. 不重视有机肥料的施用 有机肥料在果树生产中的作用是不可代替的。一是所含营养成分丰富、全面，是任何一种化肥种类所不具备的；二是能改良土壤；三是有利于促进土壤中微生物的活动；四是有机肥料在分解过程中能够产生大量的有机酸，可以使一些难溶性养分变为可溶性养分，从而提高土壤养分的利用率。因此，必须重视对果园有机肥料的施用。

2. 施用的有机肥未经腐熟　有机肥要经过腐熟分解后才能被苹果树吸收利用，但目前施用有机肥（如人畜粪尿、堆肥等）多采用边积边运、随运随施，未经腐熟分解直接施入。直接施入未腐熟的有机肥，不但不能及时提供养分，还会因腐熟分解过程中产生的有害物质对苹果树根系产生伤害，而且其腐熟分解后肥效发挥期与苹果树的需肥时间又很难一致，常常造成肥效流失或浪费。

3. 依赖化肥，偏重氮肥　由于有机肥料普遍欠缺，苹果园施肥主要依赖化肥。化肥具有养分含量高、肥效快等特点，但养分单纯，且不含有机物，肥效期短，长期单独使用，易使土壤板结。如过多的氮肥还影响苹果树对钙、钾的吸收，使树体营养失调，芽体不饱满，叶片大而薄，枝条不能及时停长，花芽形成难，果实着色差，风味淡且有异味，痘斑病、水心病普遍发生，贮藏性下降，表现出明显的缺钙症状。

4. 不注意元素间的平衡　果树的生长发育需要吸收多种营养元素，除了大量元素外，微量元素也很重要，若缺乏则易患缺素症。同时，各种元素间还存在着促进或拮抗作用。如氮与钾、硼、铜、锌、磷等元素间存在拮抗作用，如过量施用氮肥，而不相应地施用上述元素，树体内的钾、硼、铜、锌、磷等元素含量就相应减少。相反地，对苹果施少量的氮肥，叶中的钾素含量增多，且土壤中氮含量越少，果树对钾肥吸收就越多，甚至导致因钾素过剩而呈现缺氮症。

5. 施肥时期盲目、随意，基肥施用过晚　苹果树的需肥时期与苹果树的生长节奏密切相关，果农施肥不是以苹果树的需要为前提，而是以资金、劳力等人为因素确定施肥时期，因而达不到施肥的预期目的，有时还会适得其反造成损害。这几年，不少苹果园将秋施基肥推移春施，打破了苹果树的"生物钟"。在春季需肥高峰期，养分不能及时转化分解并被根系吸收，而延迟到夏末初秋肥效才得以充分发挥，使其春梢生长不能及时停止。目前，大部分果农在果实采收后施用基肥，错过了最佳施肥时机，此时地温下降，根系活动趋于停止，肥料利用率大大降低。而落叶后施肥和春施基肥，肥效发挥慢，对果树春季开花坐果和新梢生长作用较小，不利于花芽分化，是不科学的。

6. 施肥方法不当，肥料浪费严重 一是施肥深度把握不适。化肥过浅或过深，不仅造成浪费而且也不利于根系吸收。二是施肥方法不科学，如集中施肥常产生肥害。

7. 不重视肥水配套 施肥和灌溉是土壤管理的核心，肥水配套是提高肥料利用率的前提。有的果园虽然施肥不少，但因土壤干旱而不能最大限度地发挥肥效，因而对果品产量和质量造成很大程度的影响。

8. 叶面喷施不当 叶面喷肥是一种高效、快速的施肥方法，因此被广大果农广泛应用。但是，有些果农在进行叶面喷施中存在着一些不当之处：一是肥料种类选择不当，造成肥害；二是没有很好地掌握最佳的喷施时期；三是喷施浓度掌握不准，或高或低。叶面喷肥浓度一般较低，应遵循少量多次的原则。

9. 忽视施用微量元素肥料 中国科学院南京土壤研究所对全国土壤微量元素锌、硼、锰、钼、铜、铁含量的调查结果表明，我国大部分地区都存在不同程度的微量元素缺乏。土壤中微量元素处于"中度缺乏"的状态，表现出来的症状并不明显，实际上这种缺乏是潜在的，比有症状范围更广泛、更普遍，显然，微量元素潜在缺乏的范围远远超出人们的预料。

二、科学施肥

(一) 施肥时期和施肥种类

1. 基肥 基肥是供给果树生长发育的基础肥料，是供给植物整个生长期中所需要的养分，为果树生长发育创造良好的土壤条件，也有改良土壤、培肥地力的作用。

以施用有机肥料为主的基肥，最宜秋施。秋施基肥的时间，以中熟品种采收后、晚熟品种采收前为最佳，一般为9月下旬至10

月上旬。秋施基肥，具有以下好处：①苹果主要根系分布层的土壤温度比较适宜，根系生长量大，吸收机能也比较活跃，施肥后有利于根系吸收。②施肥后有利于提高叶片的光合效率，增加碳水化合物的积累。③秋季施用有机肥料，有较充分的时间供根系吸收、运转，并在树体内贮藏起来。长期的施肥试验证明，秋季施肥（特别是氮肥），至次年春季芽萌动前，苹果新梢内的淀粉含量、氮素含量以及嫩芽内的过氧化氢酶活性均有显著提高。干周增长量大，花芽质量好，生殖器官发育完善，坐果增多，果实产量和品质都有显著提高。因此，秋季施用基肥，是苹果园施肥制度中的重要环节，也是全年施肥的基础。

基肥要把有机肥料和速效肥料结合施用。有机肥料宜以迟效性和半迟效性肥料为主，如猪圈粪、牛马粪和人粪尿等，根据结果量一次施足。速效性肥料，主要是氮素化肥和过磷酸钙。为了充分发挥肥效，可先将几种肥料一起堆腐，然后拌匀施用。

2. 追肥 追肥指在果树生长季节根据树体的需要而追加补充的速效性肥料，追肥应因树因地灵活安排（表 1-23）。

表 1-23 苹果追肥关键时期

项 目	芽前肥	花后肥	催果肥	采后肥
具体时间	萌芽前 1~2 周	5 月底至 6 月初	7~8 月	果实采收后
生长发育特点	苹果树的氮素营养临界期	此时苹果树中短枝停长，花芽开始分化，树体贮藏营养消耗殆尽，叶片由发叶初期的浅黄绿色转为深绿色，开始完全依靠当年叶片制造的同化养分，是全年碳素营养临界期	叶片光合效能最强，果实生长迅速，是决定果实大小及当年产量的关键时期	贮藏营养积累最佳时期
作用	可促进萌芽、开花、坐果及新梢生长	对花芽分化及幼果生长十分有利	能明显提高产量	迅速恢复叶功能，增加树体贮藏营养

（续）

项　目	芽前肥	花后肥	催果肥	采后肥
肥料种类	应以氮肥为主，施用量占全年氮肥总用量的20%	以氮、磷、钾复合肥为好，氮肥占全年施入总量的20%，钾肥占60%	追肥可选用三元素复合肥，氮肥占全年施用量的10%，钾肥占40%	复合肥，结合施基肥进行
施肥方式	可采用放射状沟施或环状沟施，也可多点穴施。追肥宜浅，深度应在20cm左右，施在根系集中分布区。在保肥、保水能力差的沙滩地、山坡丘陵地，注意追肥应少量多次			

（二）施肥量

离开果园系统的最大营养部分是果实，根据养分平衡的观点，最应该补充的便是果实带走的养分。试验结果表明，每生产100kg苹果，需要补充纯氮（N）0.5～0.7kg、纯磷（P_2O_5）0.2～0.3kg、纯钾（K_2O）0.5～0.7kg。例如，每667m² 产量为3 000kg的果园，需要补充尿素37.5～52.5kg、过磷酸钙50～75kg和硫酸钾30～42kg。在对某具体果园确定施肥量时，还要根据土壤中养分含量状况进行，养分含量多的土壤取下限，反之取上限。

秋施基肥的施用量，除考虑枝叶生长和结果外，还应该满足改良土壤、提高地力和增加树体贮藏营养水平等的需要，因此，一般1～4年生树，每株50～60kg；5～8年生树，100～150kg；9年生以上每株为150～200kg。原则上掌握每生产1kg苹果施1.5～2kg有机肥为宜。

（三）施肥方式

果树常用的施肥方法有：土壤施肥、叶面施肥和树体注射施肥。其中土壤施肥是主要方式。

1. 土壤施肥　根据果树根系分布特点，果树施肥部位应在树冠外缘附近，及树冠投影线内外各1/2比较适宜；有机肥要深施，要求达到主要根系分布层，一般为40～60cm；无机化学肥料（追肥）可以浅施，一般 10～15cm 即可。施用有机肥时，必须把肥料与土壤充分混合后，再填入施肥沟，以利于整个根际土壤改良，同时也可避免肥料过于集中而产生的烧根现象。

常用的土壤施肥方法有环沟施肥法、条沟施肥法、放射沟施肥法、穴状施肥法（图 1-13）。此外还有全园施肥法、穴贮肥水地膜覆盖法。穴贮肥水地膜覆盖技术是把果树的浇水、施肥、保墒结合在一起，在局部范围内为根系生长发育创造良好的环境，从而保证果树的正常生长结果（图 1-14）。

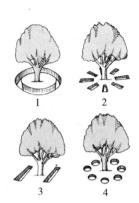

图 1-13　土壤施肥
1. 环状施肥　2. 放射状施肥
3. 条沟施肥　4. 穴状施肥

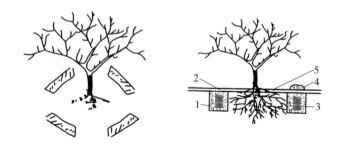

图 1-14　穴贮肥水
1. 贮肥穴　2. 浇水施肥孔　3. 草把　4. 石头　5. 塑料薄膜

2. 叶面喷肥　利用叶片、嫩枝及果实具有吸收肥料的能力，将液体肥料喷于树体的施肥方法。幼叶比老叶、叶背面比正面吸收肥料快、效率高。施用的浓度要适宜，以免造成药害。注意不同肥料的施用时间。

3. 树体注射或输液施肥　利用高压将果树所需的肥料从树干强行注入树体，靠机具持续的压力，将进入树体的液体输送到根、枝、叶的施用部位的施肥方法（图 1-15）。

图 1-15　果树树叶施肥

主要用于矫治生理缺素症，其效果明显优于其他办法。如矫正苹果缺铁失绿症，注射硝磺铁肥（单硝基黄腐酸铁）或复绿剂，5～6d叶片开始变绿，10～15d全树叶片恢复正常，1次注射，有效期可达4年以上。树体注射时间以春（芽萌动期）、秋（采果后）两季效果最好。

（四）施基肥

1. 准备和腐熟肥料　按照苹果树的年龄、结果量计算好有机肥的用量，然后提前半年准备适量的新鲜有机肥。各种新鲜有机肥如家畜粪尿和垫圈材料混合形成的肥料等，需要在堆积过程中通过微生物的作用，腐熟分解成为作物可利用状态的养分和腐殖物质。这样的有机肥才适合施用，常用堆腐有机肥的方法有3种（表1-24）。

2. 分肥　先根据每行树的施用量，将肥料分放到每行行头，再根据每棵树的用量将其分放到树跟前。

3. 确定施肥方式　根据树龄和根系生长情况确定施肥方式。一般幼树结合扩穴采用环状沟施法，逐年向外扩展至全园扩通。成龄树宜采用条状沟或放射沟施法，位置逐年轮换交替。实行苹果园生草和覆盖的苹果园，要推行全园撒施法。基肥施用方法可根据树龄灵活掌握。

4. 找准位置　在树冠投影外缘区域用铁锹画线，确定开挖位置。

表 1-24　有机肥腐熟的方法

腐熟方法	具　体　做　法
疏松堆积法	将起圈的新鲜牲畜粪尿疏松堆积于积肥场地，堆积过程中保持通气良好。在高温条件下，牲畜粪尿腐熟分解快，在短时期内，可以制出腐熟的有机肥
紧密堆积法	从圈内起出的牲畜粪尿，在积肥场地一层层地堆积起来，边堆积边压紧。如果太干，可加适量水以保持湿润，肥堆的高度以 1.5～2m 为宜，待堆积完毕，用泥土把肥堆封好，温度一般保持在 15～35℃。采用这种方法腐殖质积累较多，氮素损失较少，经过 3～4 个月后，有机肥可达半腐熟状态，6 个月以上才能完全腐熟
疏松紧密交叉堆积法	采用疏松紧密交替堆积，既可缩短有机肥的腐熟时间，又可减少氮素损失。 把新鲜有机肥在圈外疏松堆积约 1m 高，不压紧，以便发酵。一般在 2～3d 后肥堆内温度可达 60～70℃，以后还可继续堆积新鲜有机肥，这样一层层地堆积，直到高度 2～2.5m 为止。用泥土把肥堆封好，保持温度，阻碍空气进入，防止肥分损失和水分大量蒸发。一般 45～60d 就可达到半腐熟状态，经过 4 个月后就可完全腐熟。 此外，为了提高有机肥肥效，减少氮素损失，可加入 4% 的过磷酸钙和有机肥混合堆积

5. 分层挖穴　穴深 60cm，宽 30～50cm，表土、心土分开。

6. 分层回填　填土时，先将表土与有机肥混合填入下部，再将行间表土填到上部。

7. 整平灌水

(五) 施追肥

1. 化肥的选购　通过"四看"来选购合适的化肥（以复合肥为例）。

（1）看外观。复合肥颗粒的颜色和形状一般与制造工艺和配方有关，不一定表现为圆滑、光亮、均一等特征。二元肥在高温下经两次造粒可以获得圆滑粒状，但在高温下成粒易散失肥效，对三元肥而言难度更大。目前市场上不少复合肥在外观上肥粒形状均一，表面圆滑而不粗糙，颜色上多白而有光泽或粉红醒目，通常是在造粒工艺、原料颜色等方面经过刻意选择或加着色剂装饰，不仅增加了复合肥的成本，而且采用的着色剂多对肥效无好处。故在选购复合肥时要以其内在质量为前提，不要片面追求外观。

（2）看肥效。复合肥肥效根据其在土壤中的溶解速度快慢分速溶和缓释两种。速溶复合肥肥效快，作物在施肥后数天即见效，可见到植株变绿、长高，但溶解快的肥料随雨水流失也快，利用率低，特别是高温多雨时，淋失严重，流入河道、湖泊会造成水体污染。另外，肥效过快而不持久，往往与作物需肥规律不一致，易造成前期供肥过猛引起徒长而后期不足影响结实。缓释复合肥（又称控释复合肥）是通过一定技术手段适当减慢肥料的溶解速度，使养分释放与作物生长需求趋于动态平衡，以减少肥料损失，提高肥料利用率。故应选择缓释肥料。

（3）看养分含量。复合肥一般含两种以上养分，不同复合肥的养分种类与搭配比例不同（图1-16），其养分含量及有效成分也不同。养分含量高是复合肥发展的一个趋向，人们在选肥上也往往看好养分含量高的复合肥，如N、P、K含量为15-15-15、17-17-17的复合肥产品很受青睐。其实仅浓度高而比例不适当，增产效果并

图1-16 不同成分含量的复合肥

不好，且肥料利用率低，如 N、P、K 含量为 15-15-15 的复合肥在缺磷较重的新开坡地使用效果较好。但对很多农田来说，其比例存在较大问题，主要表现为磷比例过高，使土壤磷含量在近年已呈现很高水平，故在熟地上施用要十分慎重。高含量肥料只有在高利用率的前提下才能充分发挥效果，否则不但花费高，而且会造成水体富营养化，使江湖等环境受到污染。

（4）看价格。不同复合肥由于所含养分成分及含量等不同，价格也有一定差别，三元复合肥比二元复合肥在价格上以肥料总重计算时要贵些，但若以所含有效成分含量计算，实际还更便宜。比如某种 N、K 二元复合肥，每吨售价为 1 000 元，它所含的 N、K 养分百分含量为 20%，折算成每千克养分价格计，养分的实际售价为 5 元/kg；而某种 N、P、K 三元复合肥，每吨价为 1 300 元，它所含的 N、P、K 养分含量为 33%，折算成每千克养分价格计，实际售价只有 3.94 元/kg。因此，在选购复合肥时要学会按质论价，即按其有效成分含量计算其实际价格，而不要以每吨肥的总售价多少来判定其是贵还是便宜，因为肥料的有效成分含量差别很大。

2. 施肥

（1）穴状施肥。

①挖穴。在树冠投影外围，每隔 50cm 左右环状挖穴 3～7 个，宽、深各 25cm 左右。

②施肥。将每株施用的化肥量按穴数平均开，用定量容器，将其放入穴中。

③覆土。立即用土覆盖，以免肥料挥发。

④灌水。灌水量能达到 20cm 左右即可，不要太多，以免养分流失。

（2）穴贮肥水。

①制作草把。把麦秸用铡刀铡成长 35cm 左右的段节，堆放整齐。然后用草绳捆成直径 30cm 的草把。注意一定要捆紧扎实。将草把放在沼液或 5%～10% 的尿液或水中浸泡 1～2h，浸透后捞出待用。

②挖穴备肥。秋季，在树冠投影外缘，挖直径和长度比草把稍大的4～6个柱形坑穴，注意坑穴应围绕树干呈同心圆排列。依据大枝和大根对应分布规律，坑穴位置应尽量和地上部大枝相对应，以更好地为果树供给养分。在穴边准备腐熟的有机肥和磷肥或复合肥。

③埋穴浇水。将处理好的草把立于肥水穴中央。在草把周围施入掺有有机肥、磷肥或复合肥的混合土，每穴施入有机肥4～5kg，复合肥0.05～0.1kg，随填随捣实，草把顶部覆土1～2cm，随即每穴浇水4～5L（灌水量不宜太多，以免造成养分流失），水下渗后对肥水穴及整个树盘进行整理，使肥水穴低于地面1～2cm，形成盘状以利于施肥浇水。在肥水穴上覆盖地膜，可选用0.02～0.03mm厚的聚乙烯薄膜，大小为70cm×70cm。地膜的四周用土压紧，中间用土均匀压实。每个肥水穴的中央将地膜开一小孔，以供日后浇水、追肥或承接雨水用。小孔平时要用砖盖严，防止水分蒸发。

④分次施肥。除在埋草把时施肥外，分别在花前、坐果和新梢速长期结合浇水进行追肥，前期追肥以速效氮肥为主，每穴每次施尿素50g，6月以后适当增施磷钾肥，每穴每次施入磷酸二氢钾50～100g。果园有沼气池的可用沼液直接浇灌效果更佳。对大龄结果多的果树，因营养消耗多，可在沼液中加入适量尿素，以提高氮素浓度，增强树势。对幼龄、长势过旺和当年挂果少的树，应加入磷、钾肥，以促进花芽分化。

⑤肥水穴管理。肥水穴一般可维持2～3年，草把每年更换1次，中途发现地膜破损的应及时更换，后期长草时可用草甘膦防治。进入雨季，可撤去地膜。使穴内贮存雨水。再次设置肥水穴时位置要相互错开。

（3）输液。

①材料准备。购买专用的大树输液设备（包括输液袋及带双针头的输液管），如重复使用时，应先进行反复清洗，以免影响效果。

②配置肥液。按果树根外追肥浓度，在清水中加入肥料，混合

均匀，倒入输液瓶或袋中。如需要防治病虫害，还可以同时加入内吸性的药剂。

③开始输液。将输液袋倒吊在树干上，在树分枝点 15～20cm 处和距离地面 15～20cm 处，用 6mm 的钻头分别斜向下 45°角钻深度为 4～5cm 的孔，插入输液针头即可，使用次数视树木长势而定。

第四节　水分管理

一、水分对果树的重要性

1. 水是树体各个器官的重要组成部分　在树干中水分占 50％ 左右，在根、叶片、嫩梢组织中占 60％ 以上，在果实中水分占 80％～90％，甚至更高。

2. 水是有机物质合成的主要原料　水分直接参与叶片光合作用，光合产物靠水传送到各个器官，根系吸收的营养物质和合成的激素也要靠水输送到地上部树体的各个部位。

3. 调节树温　果树吸收的水分中，95％以上用于蒸腾，调节树温，改善生态环境温度状况。水的比热比一般物质大，1g 水每升高或降低 1℃，要吸收或释放出 4.184J 左右的热量。因此，水对树温的调节与维持和对环境温度的变化起着关键的作用。

4. 促进细胞分裂和增长　在水分代谢过程中，果树能维持一定的细胞膨压，从而促进细胞分裂、增长。但是水分过多会使土壤通气不良，不但根系呼吸和土壤微生物活动受到抑制，还容易积累盐分，引起根系中毒死亡。

二、果树的需水特点

在整个营养生长期都需要水分，只是各个物候期的需水量不同而已。春梢迅速生长期需水量最大，为需水临界期。在冬季休眠期内，需水量最少，但也要一定的水分供应。不同季节需水量不同，主要取决于叶面积大小和空气温度和湿度状况。叶面积大、温度高、湿度小时，果树耗水量大，蒸腾作用强，需水就多；反之，蒸腾作用弱，则需水量就少。

苹果树每生产 1g 干物质需水 146～415g，苹果根系吸收水分主要是用于蒸腾，盛果期苹果树全年蒸腾量相当于 150～170mm 的降水量，雨水被果树利用的部分只占 1/3 左右。

一般土壤条件下，要求不同时期有不同的供水能力。在苹果生长前期，土壤相对持水量应为 70%～80%。果实膨大期持水量应保持在 60%～70%。果树生长后期则应使土壤相对持水量降到 50%～60%。供水不足或过量对果树都有不良影响。

三、果园灌水与排水

根据果树一年中的需水情况，结合气候特点和土壤水分变化规律综合考虑灌水时期。重点应放在果树需水多、降水又稀少的晚春和初夏。此外，灌水时期还应与果园施肥有机结合，以保证肥料的吸收和利用。丰产果园灌水主要注重以下几个时期（表 1-25）。

表 1-25　果园灌水时期

灌水时期	要　　求	作　　用
花前水	以早为佳。灌水不宜过晚，以防延缓低温上升	促进萌芽整齐。如头年越冬灌水量大，土壤不干旱，也可以不灌水
花后水	花后半月至生理落果前进行	正值新梢、幼果快速生长，对水分、养分供应十分敏感，果树需肥水的临界期。可促进新梢生长，提高坐果率，并对后期花芽分化也有好的作用
膨果水	6月下旬至8月	正值主要落叶果树的果实膨大和花芽大量分化期，需水较多，也是北方自然降水较为集中的季节，一般不需要灌水，但若天气干旱则应酌情灌水
采收前后	如秋雨多亦可不浇	结合秋施基肥和果园深翻改土，应进行灌水，目的在于保证根土密接，促进根系迅速恢复生长
封冻水	封冻前	此水不仅能够保证果树冬季对水分的需要，减轻抽条现象，而且有利于预防冬春冻害的发生

总之，何时进行灌水，要视树种、天气、土壤情况具体分析、灵活掌握。在水分缺乏的果园，可只灌花前、花后和封冻水，至少也要灌好花后和封冻水。头水可晚，冬水要足。

四、灌水方式

苹果园灌水，过去多以漫灌为主，投资少，简便，但土壤易板结，耗水量大。近几年，为节约用水，科学用水，提倡果园进行节水灌溉。节水灌溉主要方法见表1-26。

表1-26　节水灌溉方式

灌水方式		优　　点	缺　　点	实际应用
沟灌	在树冠投影下挖条沟或在株间开短沟灌水	灌水量较漫灌少，对土壤结构的破坏较轻	用水量仍较多	有机械开沟条件的果园，目前生产上使用较多
喷灌	用专门的管道系统和设备将有压水送至灌溉地段并喷射到空中形成细小水滴洒到果园	省水、省工，在喷水的同时，还可喷药和喷肥。除满足苹果树的水分需求外，喷灌还具有春季增温防霜、夏季降温防日灼和减轻苦痘病、木栓斑点病等病害发生的功效	需要专门设备，投资较多，设备长期留置果园，不易看管	适于山地、坡地果园和园地平整的生草制果园
滴灌	用专门的管道系统和设备将低压水送到灌溉地段并缓慢地滴到作物根部土壤中	省水、省工，还可结合施肥（溶入矿质营养），能为局部根系连续供水肥，使土壤保持原来结构，水分状况稳定	滴头易结垢和堵塞，应对水源进行过滤处理	提倡应用。每667m^{2}滴灌设备投资在200～300元
渗灌	是利用地下管道将灌溉水输入果园埋于地下一定深度的渗水管道内，借助土壤毛细管作用湿润根际土壤	具有改善根际土壤理化性状、增加根量、使枝条生长平稳、增产增质等效果。与沟灌、喷灌和滴灌等其他灌溉方法相比，更加省水、省工，投资少，效果更好	施工复杂，且管理维修困难；一旦管道堵塞或破坏，难以检查和修理	提倡应用

五、滴灌

1. 了解滴灌系统的组成　滴灌系统由水源、首部枢纽、输水管道系统和滴头4部分组成（表1-27）。

表1-27　滴灌系统组成及功能

组成及规格			功　能
水源	各种符合农田灌溉水质要求的水源，只要含沙量较小及杂质较少，均可用于滴灌，含沙量较大时，则应采用沉淀等方法处理		滴灌用水的源头
首部枢纽	水泵		将水源的水引到管道
	动力机		产生动力驱动管道中水
	化肥施加器		用于灌水施肥施药
	过滤器		过滤水中的泥沙等杂质
	各种控制测量设备		控制水的流量等
输水管道系统	干管	直径20～100mm掺炭黑的高压聚乙烯或聚氯乙烯管，一般埋在地下，覆土层不小于30cm	运输过滤后的水
	支管		
	毛管三级管道	直径10～15mm炭黑高压聚乙烯或聚氯乙烯半软管	将有一定压力的水输到滴头部位
滴头	一般要求具有适度均匀而又稳定的流量，有较好的防止堵塞性能，且耐用、价廉、装拆简便。其流量可根据需水要求确定，灌果树，滴头流量可大些		将水滴滴入土壤中，完成灌溉

2. 滴灌系统的布设　滴灌系统布设主要是根据果树种类合理布置，尽量使整个系统长度最短，控制面积最大，水头损失最小，投资最低。

（1）选择好滴灌系统。滴灌系统分固定式和移动式两种，固定式干、支、毛管全部固定；移动式干、支管固定，毛管可以移动。果树滴灌采用固定式、移动式均可。

（2）滴头及管道布设。滴头流量一般控制在 2~5L/h，滴头间距 0.5~1.0m。黏土中滴头流量宜大、间距也宜大，反之亦然。平坦地区，干、支、毛三级管最好相互垂直，毛管应与果树种植方向一致。山区丘陵地区，干管与等高线平行布置，毛管与支管垂直。在滴灌系统中，毛管用量最大，关系工程造价和管理运行。

滴头密度、滴灌次数和水量，因土壤水分状况和果树需水状况而定。三年生幼树每株安装 2 个滴头即可。对于其他树龄的苹果树，可根据树冠扩大情况，将滴头由 2 个拉至 6 个，每个滴头每分钟滴 22 滴，连续滴 2h 即能满足水分需求。

3. 启动滴灌系统灌溉　按照 2mg/L 的浓度加入化肥（不能利用滴灌系统追施粪肥），营养元素能快速移动、扩散，对根系吸收十分有利，供肥后连续滴灌 5h。5d 后，钾可向下层土壤移动 80cm，向四周移动 15~18cm；硝酸铵可向下层土壤移动 1m，向四周移动 1.2m。

六、贮穴灌

利用前一任务中提到贮藏肥水的穴进行节水灌溉，从果树开始萌芽到新梢旺长期每隔 10~15d 浇 1 次水，秋季 8~10 月可视干旱情况每隔 15~20d 浇 1 次水。每穴每次浇水量以 3~6L 为宜。

七、排水

多雨季节，对于地势较低、地下水位较高及盐碱地果园，要在雨季做好排水工作。当果园土壤含水量达到田间最大持水量时，即应排水。

果园的明沟排水系统，由果园内的排水沟、支渠、干渠组成。地势低洼或盐碱地果园，常采用深沟排水的方法，达到降低地下水位和洗盐的作用。因此，雨季要保持园内不见"明水"，地下水保持在 1.3m 以下。对受涝果园果树，要及时排出积水，将根茎部分土壤扒开晾晒进行抢救，然后要及时松土增进土壤的通透性，尽快恢复树体正常的生理活动。

第四章　整形修剪

第一节　了解整形修剪基本知识

一、整形修剪的原则和依据

一般来讲，整形就是给树体造型，使树体结构合理、通风透光，能最大限度地提高光能利用率；成形快、结果早；骨架牢固、负荷力强；方便管理，整形的重点是在幼树期和初果期。修剪是指良好的树体结构建立后，需要经常地维护和保持，并根据情况变化作适当调整，以最大限度地发挥和维持树体的生产能力。

1. 整形修剪的原则

（1）因树修剪，随枝整形。根据树体生长结果的具体情况进行整形修剪。由于砧木、品种、树龄不同以及立地、栽培条件的差异，果树生长和结果状况千差万别，同一园片不同单株间的生长有时也有很大差异。机械地选用某种树形，实行重剪，剪了重长，追求理想树形，对整形、结果都是不利的。

（2）统筹兼顾，合理安排。幼树至结果初期，整形、结果并重，正确处理骨干枝和结果枝的关系。既要使骨架生长牢固、健壮、结构合理，又要充分利用、改造辅养枝早结果。良好的结果必须以健壮生长为基础，因此对盛果期果树不能片面追求高产，要防止树势早衰、腐烂病上升，应做到结果适量，营养生长健壮，年年丰产。

（3）以轻为主，轻重结合。当前，幼树期、初盛果期在修剪量和程度的安排上，均强调适当轻剪。适当轻剪长留，有利于长树和扩大树冠，可以缓和树势，增加中、短枝比例，早结果、早丰产。在对辅养枝适当轻剪的基础上，对骨干枝和已经结果的枝组则要进行适度短截回缩，对细弱枝进行较多的疏除，这有利于牢固骨架，复壮枝组，改善通风透光条件。

（4）平衡树势，从属分明。同一树上同类枝的生长势和生长量要大体相当，比如3个主枝上的分枝量、主枝粗度、高度、角度，应该相似；不同类枝的生长势、生长量要有主有从，中心领导干要大于各层主枝，主枝大于侧枝，侧枝大于枝组；上一层主枝要高于下一层主枝，下一层主枝应该较粗并较开张等。树势平衡失调的、从属关系不明的，要采取抑强扶弱的剪法进行调整。

（5）冬夏结合，综合运用。冬季修剪要与夏季修剪相结合，冬剪促进生长势，有利于长树和整形；夏剪削弱生长势，有利于花芽形成早结果。幼树冬剪与夏剪结合，可使整形结果两相当，夏季的摘心、拉枝也可促进整形；盛果期大树以冬剪为主，结合夏剪疏除部分细弱枝，有利于通风透光，集中矿质营养和水分，提高保留枝叶的质量。除全树要冬夏剪结合、综合运用外，某一个枝条，也常采用冬夏结合的剪法，培养侧枝、培养枝组。

2. 整形修剪的依据

（1）品种的生物学特性。不同品种间萌芽早晚、成枝多少、分枝角度大小、枝条软硬程度、枝条的类型和比例、中心干的强弱、形成花芽的难易、对修剪反应的敏感程度等，都有明显的差异。因此，应根据树种和品种的不同生物学特性，采取有针对性的整形修剪方法，做到因品种而进行修剪。

（2）树龄和树势。苹果树的年龄时期不同，生长和结果的状况也很不一样，因而整形和修剪所要达到的目的就不同，采取的修剪方法也不会一样。在幼龄至初果期间，一般长势旺盛，枝量较少，长枝较多，中、短枝较少，枝条直立，角度不易开张，花、果数量较少；进入盛果期以后，树体长势逐渐稳定，由旺长转为中庸或者偏弱，总枝量显著增加，长枝减少，中、短枝比例增大，枝条角度开张，花、果数量增多。因此，在整形修剪过程中，就应根据不同年龄时期的生长结果特点，分别采用不同的修剪方法。

（3）栽植密度和栽植方式。栽植密度和栽植方式不同，其整形修剪的方式也各不相同。一般栽植密度大的果树，整形时要注意培养枝条级次低、小骨架和小树冠的树形。修剪时要特别强调开张角度，控制营养生长，促进花芽形成和抑制树冠扩大等，以发挥其提早结果和早期丰产的潜力。对栽植密度较小的果树，则要适当增加枝条的级次和枝条的总数量，以便迅速扩大树冠，充分利用空间，成花结果。

（4）修剪反应。品种不同，对修剪的反应是不一样的。即使是同一个品种，用同一种修剪方法处理不同部位的枝条时，其反应的性质和强度、范围也会表现出很大的差异。果树自身实际上记录着修剪的反应、结果。因此，修剪反应就成为合理修剪的最现实的依据，也是检验修剪质量好坏的重要标志。只有熟悉并掌握了修剪反应的规律，才能做到合理的整形修剪。修剪反应，一要看局部表现，即剪口或锯口下枝条的生长、成花和结果情况；二是看全树的总体表现。

（5）立地条件和栽培管理水平。立地条件不同，栽培管理水平不同，其生长发育和结果状况不一样，对修剪的反应也不一样。土质瘠薄、干旱的山、丘陵地果园，树势普遍较弱，树体矮小，成花快，结果早。对这种果园，除应密植外，在整形修剪时，定干要矮，冠形要小，骨干枝要短，要多短截，少疏枝，注意复壮修剪，以维持树体的健壮生长，保留结果部位；相反，土层深厚，土质肥沃，肥水充足，管理水平高的果园，树势普遍强旺，枝量较大，成花较难，结果较晚。这种果园，除建园时应注意适当加大株、行距外，在整形修剪时应注意采用大、中冠树形，树干也要适当高些，轻度修剪，多留枝条。主枝宜少，层间距应适当加大，除注意轻剪外，还要重视夏季修剪，以缓和树势，促进成花结果。

二、整形修剪基本方法

1. 刻芽 就是在芽上 1～3mm 处横刻伤，要适当伤及木质部（图 1-17）；可以用钢锯条，也可用刀，作用是促进所刻芽萌发成长枝。

一般在芽萌动期进行，旺树发芽后也可以进行。刻芽的重点是枝条中下部的芽和背侧方向的芽。刻芽的促进效果水平枝大于斜生枝，斜生枝大于直立枝，故刻芽应与拉枝开角并用（图 1-17B）。在实际应用中，应掌握粗枝壮枝多刻、中庸枝适当少刻、细弱枝不刻的原则，以及对于萌芽力弱的树种品种多用、萌芽力强的树种品种少用或不用的原则。幼树整形期间，可利用刻芽技术进行定位促枝（图 1-17A）。

图 1-17　刻　芽

A. 幼树刻芽定位发枝　　B. 拉平枝下部和背侧芽在芽上刻伤

2. 多道环割　萌芽前平斜枝，从基部 20cm 处开始，每 20cm 环割一道，进行多道环割，部位应在背上或内向芽的下面，用剪刀夹紧枝条，切入皮部后，转半圈。抑制萌发生长，缓和树势，促进成花。

图 1-18　多道环割

3. 抹芽除萌　萌芽后及时抹去不需要的萌芽，如剪锯口、骨干枝上的萌蘖芽（图 1-19）。对拉枝后背上萌发过多的芽可隔 20～30cm 抹去。可以免去不必要的消耗，节省营养，减少以后的修剪量。

4. 摘心和剪梢　摘心是将新梢的生长点剪去（图 1-20）。剪梢则是将先端不成熟的部分剪掉。二者操作方法相同，但程度有差别。其作用主要是控制新梢的延长生长，促发分枝，增加枝量。其作用强度，剪梢明显大于摘心。苹果多用来控制背上旺梢、缓势、增枝、促花。

图 1-19　主干上的萌蘖芽应及时抹去　　　　图 1-20　摘　心

5. 扭梢　是新梢半木质化时，手握住其基部 5cm 左右处，轻轻扭转 180°，改变方向，用叶柄绊住或别在其他枝梢上的一种夏剪方法（图 1-21）。其作用是缓和扭伤部位以上的生长势，促进幼树旺树花芽分化。

6. 拿枝　又称捋枝，是将枝梢由基部向上捋，也就是用手弯折枝梢，以听到有轻微的"叭叭"声而又不折断枝条为度，从基部开始，直至梢顶，使枝条由直立变成水平状态（图 1-22）。拿枝与扭梢的不同在于：扭梢只伤及局部组织但致伤程度高，而拿枝对枝梢伤及范围广，但致伤程度轻微；扭梢只适用于半木质化的新梢，

图 1-21　扭　梢　　　　　　　图 1-22　拿　枝

而拿枝则不受枝梢木质化程度的限制，一年四季均可以应用。一些枝径较细的多年生枝也可以应用。拿枝的作用是改变枝梢生长势，有利于花芽分化（输导组织受伤、养分运输不畅所致）。主要用来控制竞争枝、直立旺枝。但对处于整形阶段的幼年树，还可以用拿枝来开张角度。

7. 环剥与环割　环剥就是将枝干的皮层（韧皮部）剥去一圈（图1-23）。由于暂时中断了剥口上下有机营养的交换，因此可以有限地提高剥口上部有机营养水平，有利于花芽分化。相反减少了对剥口以下部分的养分供应，特别不利于根系的生长发育，反过来又影响地上部生长，故控势促花效果极佳，环剥还可以促进剥口以下部位萌枝。此技术在苹果栽培上应用较多。

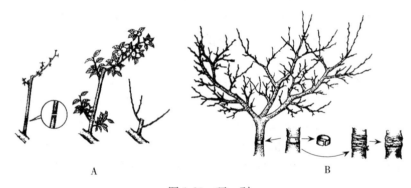

图1-23　环　剥

A. 光腿枝环剥　B. 主干环剥

环剥技术要领是：

（1）只能用于旺树、旺枝，弱树、弱枝不能剥，否则会造成死树、死枝。

（2）环剥时因目的而异，缓势促花应在花芽生理分化期应用，一般在5月中下旬到6月上旬为宜；若为控制秋梢旺长，应在7月进行。

（3）剥口宽度一般为3～5mm，随剥枝粗度增加剥口宽度也相应增加，但最宽不宜超过剥枝直径的1/10。

（4）要求剥口整齐，并保护形成层不受损伤（剥口愈合主要靠形成层向外长新皮）。

（5）不同品种耐剥程度不同，对不耐剥品种（元帅系苹果品种等），应适当留通道，并加强剥口保护（缠裹塑料布）。

（6）剥口部位应选在枝干近基部的光滑处，但不能在分枝处环剥，要离开5cm左右。

8. 开张角度　就是将枝条与垂直方向的分枝角度加大，主要作用是削弱顶端优势，改善通风透光条件，缓和生长势，有利于增加中短枝的数量，促进花芽分化。

各种丰产树形对骨干枝的分枝角度都有一定的要求，对辅养枝的角度要求更大，而多数树种品种的分枝角度偏小，因此，开角是果树栽培中应用最多、最普遍的一项技术措施。开张角度一年四季均可进行，但以枝条比较柔软的生长季较好。通过撑、拉、坠、压法都可以达到开张的目的，但是最常用的是拉枝（图1-24）。

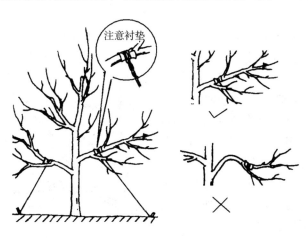

图1-24　拉　枝

拉枝开角时要注意：

（1）着力点要有衬垫物以保护树皮。

（2）拉绳要结实，结合要牢固，防止过后崩断脱落。

（3）要防止劈裂，角度过小的要先绑好基角，然后将被开张的枝条上下摇动数次，使其软化再开张。

（4）掌握好拉的程度，以稍大于目标角度为宜。

（5）拉枝处理后，原枝条要仍然处于最高位置，呈斜、平状态，不能有拱，否则拱处形成新的极性部位，会萌发出难以控制的徒长枝，干扰树体结构。

9. 缓放　又称长放、甩放。对一年生枝不作任何修剪，其作用是缓和枝势，易发中短枝，有利于成花结果（图1-25）。

图1-25　缓　放

缓放的效果与枝条的生长姿势和健壮程度密切相关。一般健壮的平生枝、斜生枝、下垂枝缓放效果好，直立枝下部易光秃，应配合刻芽和开角，主要用于培养结果枝。

10. 疏剪　又称疏枝。是将枝条从基部齐根剪掉（图1-26），不仅对一年生枝使用，也可对多年生枝使用。其作用是改善通风透光条件，有利于花芽分化和果实品质的提高；同时对伤口以上的枝梢生长有抑制作用，且伤口愈大，距伤口愈近，与伤口在同

图1-26　疏　剪

一方向的枝梢受影响愈大，其作用范围比短截广，而作用程度较弱。疏剪主要用于疏除病虫枝、枯死枝、轮生枝，及过于密挤的辅养枝、枝组、徒长枝等。

疏剪的时候，一定要将剪口剪得与基枝平齐，不能留桩，如果

剪口不平，留茬或留桩，不但不利于愈合，还会引起干腐病的发生。疏大枝时要注意伤口对上下的影响，若要减少对伤口上部的影响，可适当留短桩（保护桩），尤其要防止形成对口伤。疏大枝时还要防止劈枝和做好伤口的保护。

11. 短截　又称短剪。就是将一年生枝剪短，是休眠期常用修剪方法之一。其作用是可以提高萌芽力和成枝力，局部促发旺枝，有利于营养生长，但对花芽分化不利。作用程度随短截量的增加而增强，短截削弱生长量，如短截过重可明显矮化树体。短截主要用于骨干枝延长枝（头枝）和枝少空间大处培养枝组的修剪。

依剪去枝条的多少又区分为：轻短截、中短截、重短截、极重短截（表1-28）。

表 1-28　短截方法及修剪反应

短截类型	轻短截	中短截	重短截	极重短截
图示				
修剪部位	在枝条顶芽下或春秋梢交界处剪，剪去枝条的1/4～1/3	在枝条中上部饱满芽处剪，剪去枝条的1/3～1/2	在枝条中下部半饱满芽处剪，剪去枝条的2/3～3/4	在枝条基部留1～2个瘪芽剪枝
修剪反应	形成较多的中短枝，缓和枝势，分化花芽	形成较多的中长枝，生长势旺，成枝力强	抽生1～2个旺枝和少量短枝	抽生1～2个中短枝，可缓和树势，降低枝位

12. 缩剪 又称回缩，就是对多年生枝进行短截。通常情况下要在剪口下留一较壮枝，俗称留辫，否则剪口附近易枯死。

图 1-27 回　缩

其作用与短截相同，但其促进生长的效果与剪口留枝的强弱密切相关。主要应用于结果枝组的更新复壮修剪（图 1-27）、骨干枝延伸方向的控制和辅养枝的处理。

三、常用修剪工具及用法

在果树修剪中，灵巧、适用、坚固的工具是必不可少的。目前，修剪的工具大致可以分为 5 类，要充分了解其名称用途和使用方法详见表 1-29。

表 1-29　常用修剪工具及用法

工具		修剪对象	正确用法	图　示
剪刀类	短柄修枝剪	修剪粗度在 2cm 以下的枝条，不能剪截过粗的枝条，否则会使剪刀中间的螺丝松动，造成剪片剪托部分紧密度降低	让剪刀与枝条垂直，左手拿枝，右手持剪，右手用力剪，左手轻轻扳，扳枝用力方向与剪刀窄片一侧的方向一致，两手用力配合恰当，保证伤口平滑不会劈裂	
	高枝剪	修剪高处的粗度在 2cm 以下的枝条。高处难以准确确定芽子的方位，难以保证不留残桩，所以尽量不要用	让剪刀与枝条垂直，用劲拉动绳子	

（续）

工具	修剪对象	正确用法	图　示
手锯	锯除 2cm 以上的枝条	用力均匀一致，成直线前后拉，不摇摆歪斜，以免夹锯拉不动或损坏锯子。锯除大枝时，稍不注意就会撕裂树皮，影响树体生长，应先从下往上锯一道伤口，再自上往下锯，然后用刀削平伤口，大枝锯剪后的伤口不宜太大，更不能留残茬，伤口应及时保护	
刀具	用来削平伤口的，尤其是大枝锯断后，要用刀子将粗糙的伤口削得平滑，便于愈合	刀刃要快，注意力度把握，避免受伤	
登高用具	抬高站立高度，便于修剪上部枝条	放置平稳，随时调整放置的位置，注意重心平稳，防止跌倒	
保护伤口工具	专门为涂抹伤口配备的，一般用来保护伤口的保护剂为白漆、松香清油	随身携带，及时涂抹，涂抹均匀	

第二节　整　　形

苹果生产中常用的树形有小冠疏层形、自由纺锤形、细长纺锤形以及主干形等（表1-30）。

表1-30　苹果常用树形及结构特点

树形名称	结构特点	图　示	株行距（m）
小冠疏层形	中冠树形。树高3～3.5m，干高50～60cm，冠幅2.5m，全树5～6个主枝，分作2～3层。第一层3个主枝，邻近排列，开张角度70°左右，方位角120°，层内距20～30cm，第二层1～2个主枝，第三层1个主枝，层间距依次为80～100cm和50～60cm。第一层主枝上各培养2个侧枝，第一侧枝距中心干30cm左右，二层以上主枝，直接培养结果枝组		(3～4)×(4～5)
自由纺锤形	中小冠形。树高2.5～3.5m，干高50～70cm，中心干上，每15～20cm排布一个主枝，螺旋上升，共15个左右主枝，同一方向的主枝，上下距离不少于50cm，下层主枝长1.5～2.0m，向上依次递减，主枝开张角度80°～90°，主枝粗度与着生部位的中干粗度比例为3：7，主枝上直接着生结果枝组		(2.5～3)×4

（续）

树形名称	结构特点	图　示	株行距（m）
细长纺锤形	小冠形。干高 70～80cm，树高 2.5～3.0cm，中心干直立强健，主枝 15～20 个，不分层，均匀分布，主枝无侧枝，枝干比 3∶7，基部主枝长 1.0～1.5m，向上依次减少，主枝严格单轴延伸，水平分布，形成一大型结果枝组，保证主枝不过长，不过大		2×（2.5～4）
主干形	属于小冠形。有一个强健的中央领导干，其上直接着生 1m 左右大小不等的 30～60 个横向枝，粗度远远小于中干，结果后多自然下垂。干高 40～60cm，树冠直径小于 1.5m，一般可略高于行距。成形后行间能过三轮车，株间能过人。比细长纺锤形上的横向枝多、细、短，单轴而不延伸。围绕中干结果，受光均匀，果个大。树形建造快，修剪量小、浪费极少，花芽质量高，横向枝更新容易		(1～2)×（3～4）

一、小冠疏层形整形

（1）第一年，春季定植后，留 70～80cm 短截定干，发芽前将剪口下第三芽及向下与之方位成 120°间隔 10cm 左右的芽刻伤。7～8月，选最上一个枝作为中央领导枝，将刻芽长出的 3 个方位、角度适宜的枝条，作为第一层主枝，不行修剪，其余枝条则全部拿枝成水平或略微下垂，以减缓长势。秋季，将所选定的主枝摘心促壮，并拉到 70°；冬季，将选定的中心干和主枝在饱满芽处中短截，促生分枝（图 1-28）。

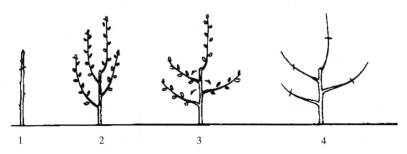

图 1-28　定植当年小冠疏层形整形方法
1. 短截定干、刻芽　2. 摘心促壮　3. 拉枝开角　4. 冬季冒干枝短截

短截时注意芽子的选留，中心干的剪口芽选在上年剪口芽的对面，主枝的剪口芽则应选在外侧，同时剪口下第三芽分别选在各主枝同一侧的背侧，便于培养第一侧枝，其余枝条甩放不剪。

（2）第二年，春季萌芽前，在中心干上距基部第三主枝 80cm以上选两个间隔 15cm 左右并且方向与基部主枝错开的芽，在芽上刻伤。夏季，对竞争枝和基部主枝上的背上枝进行扭梢、拿枝。秋季，将选定的第二层主枝拉到 65°。上一年拿平和冬季缓放的枝条，此时着生一些叶丛枝，间或有少数中、短枝，可以不剪，促进成花结果。冬季修剪时，中心干在饱满芽处短截，各层主枝及其侧枝留外芽短截，注意选留三层主枝、基部主枝的第二侧枝和第二层主枝的侧枝。二层主枝的延伸方向，要与一层主枝错开，不能重叠。此时，第一年夏季拿平的枝条，多数已形成花芽。长势较弱的，可适当回缩；长势较旺的，可疏去其上的直立枝后继续缓放。当年的扭梢、拿枝或拉平枝，可缓放不剪，使其成花（图 1-29）。

（3）第三年，春季刻伤距第二层第二主枝 50cm 左右、第一层主枝距第一侧枝 20cm 左右，第二层主枝距中心干 20cm 以外的背斜侧芽。以培养第三层主枝、第一层主枝的第二侧枝，第二层主枝的侧枝。夏季对竞争枝和背上枝扭梢和拿枝，抑长促花。8月，开

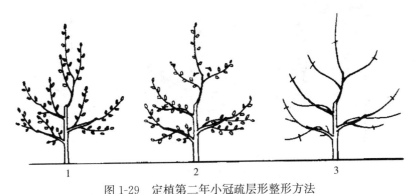

图 1-29　定植第二年小冠疏层形整形方法

1. 夏季生长状　2. 对竞争枝和背上枝扭梢、拿枝，对第二层主枝拉枝

3. 主侧枝延长枝短截，其余枝缓放

张主枝角度，特别是腰角，使其达 $65°\sim70°$，同时，继续采用扭梢、拿枝等方法，处理好辅养枝和其他临时性枝条，以缓和树体长势。冬季，短截中心干及主、侧枝延长枝，其余枝缓放，基本形成。

二、自由纺锤形整形

（1）第一年，春季栽植后在 $80\sim90cm$ 处选饱满芽、顶风向芽剪干，使第一芽枝发育成中心干。壮苗定干，可稍高些，将剪口下第二芽抠去，并自剪口下第三芽起每隔 $2\sim3$ 芽选一芽，共 3 个芽，在上方刻伤，这 3 个芽应方向不同，将来发育成均衡的主枝。弱苗定干要低些，也不要刻芽促枝，否则基枝分布太低，树势缓过来以后造成下强上弱，不利于自由纺锤形整形。夏秋季除中心干外，其余枝条都拉到 $80°\sim90°$。冬季在中心干饱满芽区域上端短截，并抠去剪口下第二芽，以防下年产生竞争枝，主枝长度达 $100cm$ 左右可不进行短截，否则应短截延伸（图 1-30）。

（2）第二年，春季萌芽前将中心干在上年主枝以上每隔 $15\sim20cm$ 刻伤一芽，要求各个芽错落分布，以继续培养主枝，对上年选定的主枝，每隔 $15cm$ 在背上芽下环割一刀。夏季新梢半木质化时，将上年主枝背上长出的新梢和竞争枝扭梢、摘心，抑长促花。

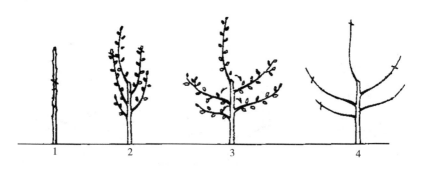

图 1-30　定植当年自由纺锤形整形方法
1. 短截定干、刻芽　2. 摘心促壮　3. 拉枝开角　4. 主侧枝延长枝轻短截

初秋新梢木质化以后，将先选主枝拉到 $80°\sim90°$。冬季，幼树应有 10 个左右枝，一年生枝平均长度 80cm 左右，将主干上距地面 50cm 以下的枝全部疏除，50cm 以上的枝、过旺或直立枝疏除，但不应将邻近的枝连续疏 2 个，否则中心干被削弱，可疏 1 个、弯 1 个。中心干上选 6～7 个长势均衡、方位好的枝，轻短截，其他枝一律不剪，缓放，对中心干延长枝，继续在饱满芽处短截，促进向上延伸和分枝（图 1-31）。

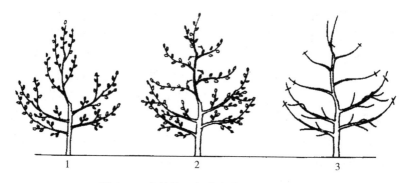

图 1-31　定植第二年自由纺锤形整形方法
1. 直立枝摘心抑长　2. 直立枝扭梢、拿枝抑长促花　3. 主侧枝延长枝轻短截

　　（3）第三年，春、夏、秋季参照上一年修剪。冬剪时，每株枝量应当达 300～380 个，每株应有花芽 10～30 个或更多。中心干延

长枝继续短截，二年生中心干上再留 2 个主枝，其余作辅养枝，要比上一年少 1～2 个。其他措施同前一年。这时应细心修剪主枝上二年生段的枝组或短枝，只要空间允许，就要向斜侧外方延伸，无空间的能拐则拐，不能拐则疏，有花芽的尽量留。夏季扭梢的，有花芽的留，无花芽的可往回缩或削弱其长势，促其成长。

（4）第四年，春、夏、秋季参照上一年修剪。到冬剪时，全树枝量应达 700～800 个，树高 2.5～3.0m 以上，中心干上主枝达 10 个以上。中心干延长枝，不再选生长势强的，而选中庸或稍弱的，轻剪或缓放。至此，整形任务基本完成。

三、细长纺锤形整形

（1）第一年，春季苗木栽植后，在距地面 70～90cm 处定干，并于 50cm 以上的整形带部位选 3～4 个不同方向的芽子，在其上刻芽，促发分枝。秋季将所发分枝拉平。冬剪时只对中心干延长枝轻短截，其余枝缓放（图 1-32）。

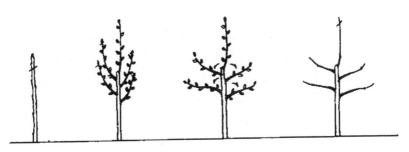

图 1-32 定植当年细长纺锤形整形方法

（2）第二年，中心干上抽生的第一芽枝继续延伸，其余侧生枝一律拉平，长放不剪，一般同侧主枝相距 40～50cm。另外，对主枝的背上枝可采用夏季扭梢和摘心的方法控制，使其转化成结果枝（图 1-33）。

（3）第三年，冬剪时对中心干和小主枝延长枝长放延伸，对小主枝上的直立枝可部分疏除、部分扭梢或拿枝缓放，促其结果。

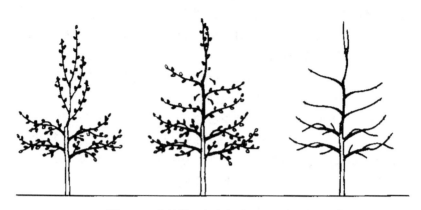

图 1-33　定植第二年细长纺锤形整形方法

（4）第四年，方法同上，基本可以成形。

四、主干形整形（图 1-34）

（1）第一年，扶植中干，健壮苗木，在保证成活率的前提下，不必定干，旱地距地面以上 40cm，水地 60cm，在萌芽前于芽上刻伤，隔两个芽刻一个，顶端 20～30cm 处不用刻，可以萌发出长枝。弱苗、小苗可从基部重短截，注意剪口一定要在品种嫁接口以上。重新发枝后，第二年的管理办法同健壮苗木的第一年管理。当营养生长接近停止时（即枝条顶端的两片嫩叶长到接近平行时），对长度长到 40～60cm 的横向枝，在基部重拿枝。高海拔区域生长

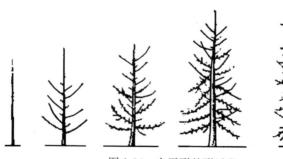

图 1-34　主干形整形过程

缓慢，芽质饱满，轻轻地转一下就行，低海拔区域生长快，芽质饱满，拿枝加摘心，转至下垂。

（2）第二年，春季萌芽前，将一年生中干上的芽每隔两个芽刻一个，二年生中干上没长出的芽要全部刻出来。横向枝、旺枝要全部刻芽，要注意背上芽于芽下刻，背下芽、侧芽于芽上刻。中干上横向枝上的虚旺小枝 15cm 以内的摘心促萌，15cm 以上的扭梢。二年生枝要见串枝花，如果没有花，年底就去掉。一年生枝要成花，二年生枝没花要去掉，去时基部保留 2～3 个芽。

（3）第三年，顶端结的果绝对要保留，偏旺枝基部保留两个芽环割或转枝促发。一般情况下，比筷子细的割一刀，超过烟头粗的中间间隔韭菜叶宽再割一刀，小拇指粗的割三刀。

通过 3 年的细致工作，高度超过 2.5m 的，上部全部刻芽让其成花，横向枝超过 60cm 长度的要整枝下垂，控制冠径扩大，减少枝条扩展速度，至此树形建造完成。

第三节　修剪不同年龄时期的苹果树

苹果树一生要经历幼树期、初果期、盛果期和衰老期 4 个年龄时期，其生长发育特点不同，栽培目的不同，修剪任务也不同（表 1-31）。

表 1-31　不同年龄时期苹果树的修剪任务

年龄时期	生长发育特点	修剪任务
幼树期 （定植至初结果，3～4 年）	①离心生长旺盛 ②枝条直立，年生长周期长 ③组织不充实，越冬性差，易抽条	①按照选用的树形要求，根据土壤和栽植密度，确定主干高度，选留骨干枝，开张主枝角度，迅速扩大树冠，增加主干粗度和分枝数量 ②秋后抑制新梢生长，增加树体营养积累，提高抗寒能力，为幼树安全越冬和适时成花结果打好基础

（续）

年龄时期	生长发育特点	修剪任务
初果期 （初结果至产量明显增加，3～5 年）	①仍离心生长 ②枝条角度逐渐开张 ③以长中果枝结果 ④果个大，风味和耐贮性稍差	①继续选留主枝，完成树体建造；调节主枝角度及其与中心干之间的从属关系；选留和配备侧枝和结果枝组，使产量逐年增加 ②注意调节树体长势，并注意各主枝间的长势平衡，使结果和生长同步增长
盛果期 （产量明显增加至产量开始下降，20～40 年）	①树冠成形，根系和地上部扩大到最大限度 ②光照不良部位出现衰弱，结果部位外移，内部出现光秃	①保持树冠内部良好的通风透光条件 ②中后期适当更新衰弱的骨干枝，但不宜一次更新回缩过重，先回缩到 2～3 年生枝段为宜，以促进后部枝组的长势，加强枝组的更新和复壮，以维持经济产量
衰老期 （产量开始下降至没有经济产量）	①向心生长明显，冠内常发生大量徒长枝 ②产量变少，果实变小，品质变劣	①加重回缩大枝，进行局部更新；选留背上的壮枝换头，培养新的大枝和结果枝组，使树冠逐渐恢复，维持一定产量 ②在确认已无经济价值时，应及时进行全园更新

一、修剪幼树期树

具体方法参考第二节整形部分。

二、修剪初果期树

1. 继续选留主枝，完成树体建造　方法同幼树期修剪。

2. 调节主枝角度及其与中心干之间的从属关系　保持中心干直立，按照树形要求和生长强弱，拉开主枝角度，使其始终弱于中心干，对于生长势旺的主枝，要及时采取拉大角度、基部多道环割或环剥等措施抑制生长。

3. 培养结果枝组，使产量逐年增加　　不同类型的结果枝组，其培养方法不同，排布位置也不同（表 1-32）。

表 1-32　结果枝组的培养方法

结果枝组类型	小型枝组	大、中型枝组
培养方法	先放后缩法	先截后放法
具体做法	第一年对平斜中庸枝缓放，第二年形成短枝（部分为短果枝），第三年结果后在较强部位回缩	第一年对中庸枝短截，第二年去强留弱，余下枝缓放，促使成花
图示		
适用范围	①易形成中短枝、短截易冒条、修剪反应敏感品种的幼旺树上中庸强壮枝条　②自由纺锤形、细长纺锤形和主干形主要采用此法培养枝组	①中弱树及盛果期的斜生中庸枝组　②小冠疏层形、疏散分层形多用此法培养大中型枝组
排布位置	骨干枝各个部位，有空间即可安排	主枝层间、主枝中下部

三、修剪盛果期树

1. 保持良好的树体结构　　良好的树体结构是指树冠圆满，各类枝生长协调，比例适当。中央领导枝、主枝及枝组基部着生位置粗度比例以 9∶3∶1 为宜。及时疏除或削弱不合比例的主枝和枝组，削弱的方法有拉大角度、多疏枝、多环剥或环割、多结果。

2. 保持良好的光照条件　　主枝角度保持在规定角度。及时落头开心，疏除中干上部强旺大枝或过密枝条，打开光路，解决上部光照；疏除树冠外围的强旺枝或背上直立强枝组，回缩两侧交叉枝，抑制结果部位外移，解决侧面光照；再疏除轮生、平行、重叠的大枝组或骨干枝上的徒长枝，解决局部光照，剪锯口及时涂抹剪口愈合剂，使剪口尽快愈合，防止病菌侵染。冬季修剪时应把每$667m^2$枝量调整至8万条左右，生长期控制在12万条左右。

3. 保持结果枝组健壮 结果枝组应以中小型结果枝组为主，尤其是树冠上部主枝和基部主枝外围更应如此。即便是基部主枝的中后部的结果枝组也不应过大。随着树龄的增长、树势的缓和，结果枝组也处于稳定并渐趋衰弱。此时一是及时疏除部分空间较小、生长衰弱的小枝组；二是疏除枝组上的部分弱分枝；三是回缩枝龄已老、结果性能下降、延伸过长、空间较小的长弱枝组。

4. 保持健壮的树势 在加强土肥水管理和病虫害防治的基础上，一是及时疏除密生细弱枝及无用的徒长枝；二是及时回缩细长较弱的枝组及部分生长衰弱的骨干枝；三是保持树体合理负载，修剪后每$667m^2$花枝量以12 000～15 000个，产量2 500～3 000kg为宜。

健壮的树势标准是外围新梢长度30cm左右，且春秋梢间隙明显，冠内枝条粗壮，一类短枝数量占45％左右，花枝率在30％左右。

四、修剪衰老期树

1. 逐步更新主枝 根据衰弱程度，先更新2～3个主枝（回缩到4～5年生枝上），其他主枝分期分批更新，以免大幅度减产。较弱的主枝可回缩到强壮的分枝上，或利用背上的强壮枝组带头，注意抬高主枝角度。

2. 更新中心干 中心干衰弱的，可利用徒长枝或直立壮枝带头；没有合适带头枝的，可在其适宜部位截除，变成开心树形。

3. 充分利用徒长枝 利用徒长枝是更新复壮的重要措施，要据不同情况，合理改造，重点培养。作为骨干枝培养的，可择垂直角度小、长势强壮的徒长枝；作为结果枝组培养的，可选择垂直角度大、长势较缓的徒长枝，并注意向两侧拉开。

4. 精细修剪结果枝组　结果枝组要重回缩，并进行精细修剪。原则是去平留直、去弱留强；去长留短、去下留上。多疏间密生短果枝，保留并复壮背上、背斜、短轴强壮枝组。

值得注意的是，衰老树的更新修剪宜早不宜迟，有些苹果树从盛果后期就应进行局部更新，并加强肥水管理。开始衰老时不更新，极度衰老时一次性全树更新（只留几个极重回缩的大主枝）的做法不宜提倡。

第五章　花果管理

第一节　辅助授粉

授粉受精是果实生长发育的前提。苹果雌蕊受粉以后，才能产生种子。种子发育过程中合成了大量的生长素和赤霉素类物质，在这些物质的作用下，果实才能够长大成熟。授粉受精充分，坐果率高、果个儿大、果形端正、高桩，果实品质高。如果授粉不足，则容易落花落果，果实品质差。

辅助授粉可以弥补昆虫授粉的不足。苹果属于虫媒花，在一般情况下，授粉受精主要靠昆虫，特别是蜜蜂，但昆虫的活动易受气候变化的影响。所以，加强辅助授粉是保证苹果受精坐果的重要措施。

辅助授粉一般采取人工授粉和蜂类授粉两种方式。

一、人工授粉

苹果绝大部分品种自花授粉能力差，因此，在授粉树配置不当、品种单一或花期天气不良的情况下，要进行人工辅助授粉。

（1）采集花粉。

详见表1-33。

表 1-33 采集花粉的步骤

步　骤	具体操作要点
选择适宜的授粉品种	选好适宜的授粉品种（例如富士系品种选择比它开花早一些的品种王林、红星、金冠、嘎拉、秦冠等品种）
采集花朵	当授粉品种的花朵待放或初放（铃铛花）时，在树冠外围采集花朵
取花药	立刻拿到室内剥开花瓣，两手各拿一朵花相对摩擦，使花药、花瓣等落到纸上。然后筛去杂质，留下花药，将采下的花药放在光滑的纸盒内或撒放在干净的纸上
收集花粉	在 20～25℃的室温下晾干，每天翻 2～3 次，2～3d 可散出花粉。最后将花粉装入干燥的小瓶中备用。在干燥条件下，花粉可保持发芽能力，拿到室内过筛，将花药平摊于纸上，阴干 1～2d 后，用手搓出花粉，去除杂物后，将花粉用瓶装好，放干燥处备用。在干燥的条件下，花粉可保持发芽能力 7～20d

（2）授粉。一般在盛花初期，即有 30％以上的花朵开放时，授粉最佳。可采用人工点授、喷粉或喷雾等方法（表 1-34）。

表 1-34 人工授粉的方法

授粉方法	具体操作要点	特　点
人工点授	把采好的花粉混入 3～5 倍的滑石粉或淀粉，混合均匀后装入小瓶，用毛笔或带橡皮的铅笔等蘸花粉，轻轻向柱头一碰，使花粉粒均匀沾在柱头上即可。一般蘸一次花粉可点授 30～50 朵花。一般每花序授 1～2 朵	效果稳定，费时费力
喷粉	把花粉加入 10～50 倍的滑石粉或淀粉，混合均匀后，用喷粉器向花朵喷撒，但要避开大风天气。也可将采集好的花粉按 1：10～20 倍的比例混入滑石粉或干细淀粉，混合后，装入 2～3 层纱布制成的撒粉袋里，吊在竹竿上，敲打竹竿，让花粉落到花柱上，以辅助授粉	简单但不宜均匀

（续）

授粉方法	具体操作要点	特　点
喷雾	将花粉与蔗糖、硼砂等配成悬浊水溶液，用超低量喷雾器授粉。配制方法为：干花粉 10g，加蔗糖 250g，尿素 15g，硼砂 5g，混匀后加水 5kg，搅拌后用 2～3 层纱布滤去杂质，配好后立即喷洒，随配随用，放置时间不要超过 2h，一般在每株树有 50％的花朵盛开时喷用	离花要近，快速周到

二、蜂类授粉

用于苹果树授粉的蜂类主要有蜜蜂和壁蜂，用蜜蜂授粉，一要饲养，二要移动，三是早春低温寡照授粉能力差，应用壁蜂授粉效果更好，具体方法步骤为：

（1）制作好蜂箱和支架。支架高度 0.8m，放置蜂箱处高度 0.4m。上盖遮雨板，蜂箱按 25cm×30cm×30cm 规格制作，分上下两层，每 667m² 果园内相隔一定距离安放 2 个蜂箱，背风向阳。

（2）蜂管用芦苇制作。规格为长 15cm，直径 0.6～0.8cm，按 1∶1 比例将蜂管染成红、绿及本色，每 667m² 果园需蜂管 500 支，等量分别放置于两个蜂箱内（图 1-35）。

图 1-35　壁蜂蜂箱

（3）放蜂。在果园第一朵花开放前一个星期，每 667m² 放蜂 200 头，用输液瓶装蜂蛹，每瓶 100 个，外包报纸，放置于蜂箱内。

(4) 放蜂期管理。放蜂前一周至蜂管回收，田间禁止施用对壁蜂有伤害的农药；从始见有蜂出壳开始，在每个蜂箱前放一把盛开的白菜花，供先出壳的壁蜂取食，果园开花达 5％以上时停止供菜花；白天每隔 1h 左右放一次鞭炮，驱赶鸟类；每个蜂箱前挖一个泥坑，下垫厚塑料膜，塑料膜上放一定量的土壤，加水使土壤保持潮湿，供壁蜂养殖筑巢用。

(5) 蜂管回收。果园谢花后就可将蜂管收回，蜂箱就地放置，蜂管带回通风冷凉的室内，在常温下妥善保管。

第二节 疏花疏果

一、疏花疏果的作用和原则

1. 苹果疏花疏果的作用　苹果进入盛果期后，任其自然结果，常会出现大、小年结果的现象。大年时，由于结果多、树体负载量大，尽管产量高一些，但果品质量差。这不仅降低了经济效益，同时也往往造成树体衰弱，甚至未老先衰，大量感病，直至造成树体死亡。因此，苹果管理必须严格控制树体的负载量，实施疏花疏果，才能获得高产、稳产、优质的效果。

2. 疏花疏果的原则　在疏花疏果过程中必须坚持两个原则：

(1) 克服惜花轻疏观念，严格操作。有经验者可根据距离法，平均每 20cm 左右留一个果；经验缺乏的人，可以按照单位面积产量标准进行，正常果园每 667m² 留果量 10 000～12 000 个，逐株逐枝分解，获取单株单枝留果量概念。

(2) 正确安排留果位置，质量第一。操作中要把握：多留外围果，少留内膛果；多留中长枝果，少留短枝果；多留枝条两侧果，少留背上和背下果；留顶花芽果，不留花芽果；留有果苔副梢的果，少留无台副梢的果；留莲座叶多的果，不留座叶少的果；尽可能留用中心花、中心果，少留边果；选留大花果、大幼果，疏去小花果、小幼果；选用长柄果，疏去短柄花果；选用端正果，疏去畸形、偏斜、受伤果。

二、疏花疏果应注意问题

1. 分步进行，预防花期霜冻　为防花期霜冻危害，疏花疏果可分 3 步。①疏花序：花序显现伸长后，按照留果指标要求，把着生位置不适当的花序整序疏除，为保险起见可多留 10％～20％作为机动果；②疏果：落花后基本能判定坐果时，将留用的整序果疏为单果，同时将留用的机动果下降至 5％左右；③定果：生理落果期以后，根据幼果生长发育状况，最后确定其留用与否。此次定果要严格按照指标要求选留幼果，宁可少留，也要把那些不能生长发育为优等果实的"胎里坏"去掉。

2. 根据市场需求和品种特点，灵活掌握留果指标　大果且受市场欢迎的品种，如红富士，决不多留，一般每 667m² 留下10 000～11 000 个幼果，红星可适当放大，每 667m² 留用 12 000～13 000 个幼果；中、小型果，如嘎拉，一般每 667m² 留果量为13 000 个左右。

3. 根据果园管理水平和树龄、枝势，适当调整留果指标　管理水平高、树龄小、树势强，应当多留，否则少留。特别是老弱树则应以提高树体长势为前提，尽量少留果，甚至不留果。

三、确定留果量

1. 确定每 667m² 目标产量　根据过去几年的产量确定平均产量，在其基础上增加 10％，即为目标产量，例如某盛果期苹果园目标产量计算（表 1-35）。

表 1-35　某盛果期苹果园前 3 年每 667m² 平均产量及下年目标产量（kg）

过去 3 年产量		3 年平均产量	下年目标产量
第一年	1 500		
第二年	2 500	2 500	2 500×（10％＋1）＝2 750
第三年	2 000		

2. 确定目标株产量　用目标亩产量与每亩株数相除，即为目标株产量。例如上例中，每 667m²55 株，那么目标株产量即为 2 750kg÷55＝50kg。

3. 确定每主枝留果量　用目标株产量与每株主枝数相除，再乘以每千克果数即为每主枝留果数。例如上述果园采用的是自由纺锤形，平均每株 12 个主枝，每千克果数为 3 个，那么每主枝留果数即为 50kg/株÷12 个/株×3 个/kg＝13 个，具体操作时可以根据树势和枝势来进行调整，强者多留，弱者少留。

4. 确定每主枝花朵留量　一般实际留花量比理论留果量多 10%～20%，优先留生长强的主枝和部位，生长弱的主枝和部位少留。

四、疏花疏果的方法

（一）人工疏花疏果

1. 疏花　从露蕾后至盛花期均可进行疏花，最好的时期是花序分离期。具体方法是用细长的剪刀，先隔一定距离（如 10cm）剪去几个花序，再将留下的花序剪去几个花朵，留下 3 个左右的健壮花朵。

2. 疏果　在花后 20d 左右，幼果膨大期进行定果。用细长剪刀按照前面所确定的留果量和疏果原则进行定果。

3. 注意事项　必须用剪刀在花柄和果柄中下部剪除欲疏除的花序、花朵和幼果，不能徒手进行，以免损伤结果枝。

（二）化学疏花疏果

面积较大的或花量过多时，可考虑先进行化学疏除，然后进行精细的人工疏除。常用的化学药剂有二硝基甲苯、乙烯利、石硫合剂、萘乙酸等。此法省力，但稳定性差，应试验后再使用。

第三节　果实套袋

一、果实套袋好处多

果实套袋是目前生产无公害果品的有效方法之一。苹果果实套袋的好处表现在以下几个方面：

1. 颜色艳丽，果皮细嫩　套袋可明显提高果实着色，可达全红果，果面光洁美观，无果锈，外观好，据实验，果面着色大于75％的比例占86.7％。因为苹果的彩色是由表皮组织中的花青素苷决定的，花青素则是由果皮组织中的光敏素启动合成的，光敏素在不见光的情况下是没有活性的，只有在有光的条件下才能被激活。果实套袋后，在黑暗条件下，随着果实的增长，果皮组织中没有活性的光敏素越积累越多，当去袋见光后立刻具有了活性，启动了花青素的合成机制，大量的花青素合成并显现了彩色，另外黑暗条件下，果皮组织中的叶绿素会分解，果皮底色会变得很浅（黄色），比不套袋的果实的底色（绿色）要浅得多，底色越浅，彩色越明亮。果实在袋中，不受风吹日晒、雨淋虫咬，因而果皮细嫩光洁。

2. 与外隔离，预防病虫　套袋后，果实与外界隔离，病菌、害虫不能入侵，可有效防治轮纹病、煤污病、斑点落叶病、痘斑病、桃小食心虫、梨椿象等病虫的危害。

3. 冰雹触袋，减轻危害　冰雹多发生于幼果期。此时果子尚小，悬于袋中，冰雹落到鼓胀的袋子上，减缓了它的机械冲力，可使果实免受其害。

4. 减少农药，绿色环保　套袋后，果实不直接接触药，同时可减少打药次数。不套袋果园一年需打8次农药，套袋果园打4～5次即可。可以有效地减少农药的残留量，有利于生产无公害绿色食品，为出口创汇奠定基础。

5. 市场青睐，收益丰厚　近年来苹果市场已由卖方市场转向买方市场，客商对果品质量要求越来越严格，一些果园虽然产量高，但商品率低下，效益并不好。套袋可使果园商品率提高到90％左右，同时果面细嫩光洁，着色艳丽，外观极佳，农药残留低，售价高、易出售，从去年市场销售情况看，套袋果比不套袋果价高出5倍左右，且供不应求。

A   B

图 1-36 套袋苹果

A. 套袋栽培 B. 果实色亮丽，形娇美，面光洁

二、操作不规范出现的问题

1. 疏果不彻底，幼果早脱落 套袋后 3～4 周出现幼果脱落现象。其原因是套袋前没有认真做好疏果工作，树体负载量大，枝果比和叶果比都不尽合理，营养不良造成落果。

2. 套袋不合时，烂果糙果多 套袋过早，套袋后 2～3 周发现有些果烂在袋内，其原因是套袋过早遇高温所致。当 5 月下旬至 6 月中旬出现超过 28℃的高温时，袋内温度已超 30℃，这样就会使幼果严重灼伤，导致烂果或干缩。套袋过晚，果实退绿差，果面粗糙，影响果面光洁，着色差。

3. 套前不打药，病虫袋内害 由于套袋前没有及时打药，或打药不够细致周到，留下隐患。遭病虫侵染的幼果被套袋后，病虫继续对其进行为害。

4. 套时不选果，秋现畸形果 在秋季发现少数果的果形不正，甚至畸形。这是因为套袋时没有认真选果，套袋果发育不良。也有的是因为套袋时不小心，使果柄出现机械损伤所致。

5. 袋子质量差，后患无穷多 纸袋防水性差会使袋子过早烂掉，起不到套袋的效果。纸袋的遮光物质厚薄不一，会导致果实着色不匀。袋小果大，采前被果撑破。袋子缺少排水孔会使袋内积水造成果实腐烂。

三、套袋前准备

1. 合理负载,彻底疏果 参见疏花疏果部分。

2. 根据品种,选择果袋 以红富士等红色品种为主的高档果应选用外灰内黑的双层袋,单层袋可选用外灰内黑的纸袋,规格一般为 150mm×(184~188)mm;以促使果面光洁和降低果实中农药残留量为主要目的时,如金帅苹果等,宜选用单层袋。要选用纸张优质、加工工艺精制,防水性、遮光性、透气性能好、有利于生产无公害果品的果袋。

3. 全园喷药,彻底杀菌 套袋前为防病菌侵染,应喷一次杀菌剂,50%甲基托布津 800 倍液;50%多菌灵 800 倍液均可。

四、如何套袋

1. 时机选择 生理落果后是套袋最佳时机。对于早熟品种可适当提前,一般花后 25d 开始,中晚熟品种在花后 35d 开始,6 月中旬要结束,而在特殊干旱年份,可推迟至 6 月底 7 月初。一般在喷药后的 2~3d 进行。在一天的套袋时间上,上午 8:00 到11:30,下午 2:00 到 6:00。

2. 纸袋处理 套袋前 3~5d 将整捆果袋用单层报纸包好埋入湿土中湿润袋体,可喷水少许于袋口处,以利扎紧袋口。

3. 套袋方法 具体套袋步骤如下(图 1-37)。

(1)纸袋要鼓起,气水孔张开。左手托住纸袋,右手撑开袋口,或用嘴吹开袋口,令袋体膨起,使袋底两角的通气放水孔张开。

(2)小心套上去,果柄置口基。手执袋口下 2~3cm 处,袋口向上,套入果实,套上果实后使果柄置于袋的开口基部(勿将叶片和枝条装入袋子内)。

(3)袋口由两边,向中间折扇。从袋口两侧依次按"折扇"方式折叠袋口于切口处。

(4)翻转 90°,再旋转一周。将捆扎丝扎紧袋口于折叠处,于

图 1-37　果实套袋操作
A. 鼓起纸袋　B. 套入果实　C. 折叠袋口　D. 扎紧袋口

线口上方从连接点处撕开，将捆扎丝反转 90°，沿袋口旋转一周扎紧袋口，使幼果（穗）处于袋体中央，在袋内悬空、以防止袋体摩擦果面，不要将捆扎丝缠在果柄上。

4. 注意事项

（1）用力要向上，免幼果脱落。套袋时用力方向要始终向上，以免拉掉幼果，用力宜轻，尽量不碰触幼果。

（2）袋口要扎紧，避虫又挡风。袋口必须扎紧，以免害虫爬入袋内为害果实和防止纸袋被风吹落。

（3）裸露果子不套袋，以免发生日灼害。树冠上部及骨干枝背上裸露果实应少套，以避免日灼病的发生。

（4）露水干后再套袋，毛毛细雨不套袋。套袋时应在早晨露水已干、果实不附着水滴或药滴后进行，防止产生药害。遇毛毛细雨天气不要套袋，否则，易加重果锈产生。

（5）如遇干旱热天气，三四天前灌透水。天气干旱严重时，应在套袋前三四天浇一次透水。

（6）如遇阴冷低温天，天气转暖再套袋。遇阴冷、低温天气不要立即套袋，等天气转暖，过一二天后再套，否则易发生日灼。

（7）套袋期间如遇雨，未套部分需补药。应将未套部分树及时补充喷药。

（8）套袋也要讲顺序，先下先里后上外。

（9）套袋结束要洗手，安全生产要记牢。果实袋涂有农药，套袋结束后应洗手，以防中毒。

五、摘袋

1. 摘袋以前先修剪，保证通风又透光　摘袋前几天应将内膛、背上徒长枝及部分严重影响光照的密生无用枝疏除。

2. 喷好杀虫杀菌剂，保证果实无公害　摘袋前2～3d周密细致地喷好杀菌杀虫药剂，摘袋后既无病菌侵染，又无害虫为害，同时还能大大压低病虫越冬基数。

3. 天气干旱要浇水，保证果实水分足　遇干旱天气，应提前浇水，之后再摘袋。

4. 如遇恶劣天气时，天气转好再摘袋　遇阴冷、低温、大风天气，应等天气转暖，过1～2d再摘袋。

5. 温差达到7～8℃，摘袋有利果着色　在保持适宜的湿度情况下，最好在温差7～8℃时摘袋，利于果实迅速着色，确保色泽鲜艳。

6. 避开炎热中午天，摘袋果实不日灼　一天当中，上午8～11时，避开炎热的中午，到下午4～6时，摘袋为好。

7. 红色苹果双层袋，摘袋要分两次来　内袋为红蜡袋的应分两次摘袋（树冠下部内膛的也可一次性摘袋），内袋为黑袋的如遇不良天气（特别是干旱、炎热天气），最好将树冠外围的先松开袋口，过两天后再摘。

8. 摘袋后铺反光膜，最好当日及时铺 摘袋后及时铺设反光膜，最好当日摘袋的地块当日铺设。

9. 摘叶转果一起来，保证果实着色好 摘除果实周围部分影响光照的叶片，适时转果，确保果实充分着色。

第四节 艺术化处理

苹果艺术化处理是指利用苹果的着色原理，将吉祥祝语、书法、简笔画、剪纸等艺术作品制作到苹果表面，在果皮上形成红色与浅黄色相间的各种图案或文字艺术。这些带有美丽动人图案或喜庆吉祥文字的红色苹果，被称为艺术苹果。这类苹果附加了果业文化韵味，拓展了苹果销路，增强了市场竞争力，备受消费者青睐和好评，经济效益也成倍增长。此类果生产时有着较高的要求，原态果必须是无菌套袋的，而且品种好、着色好。艺术苹果生产是一项细致且技术性较强的工作。

1. 选择品种 选择大果型、品质优良的红色品种，如元帅系品种、红富士系品种等。

2. 果实套袋 同第三节。

3. 选择果实 在树势健壮、光照良好的红色品种树上，选着生部位好、果形端正、摘袋后果面光洁的大果，注意选果应相对集中，以利贴字图和采收。

4. 摘袋贴字图 结合摘袋，将"即时贴"字图贴在选择好的果实朝阳面正中央（贴前擦去果粉，以免影响粘贴效果），用手掌轻压，使之贴牢，保证图案平整、无皱折、不起角。

5. 贴后管理 及时摘除遮光叶片，铺反光膜。喷 2～3 次 0.3% 磷酸二氢钾，7～10d 喷 1 次，促进果实增糖着色，切忌喷施含乙烯利的增红剂。

6. 采摘 采摘时带着粘贴的字图，装箱时揭去贴字图，换包保鲜纸。

第五节　采　　收

一、确定采收期

苹果采收的早晚直接影响产量、品质及贮藏性。若采收过早，果实发育不完全，果个轻、外观色泽差，含糖量低、品质差；若采收过晚，果肉发绵快，抗病能力低不耐贮藏。只有适期采收，才能达到果实的食用品质最佳，贮藏寿命最长，从而获得较高的收益。

苹果适宜采收期是根据果实的成熟度来确定的（表1-36）。

表1-36　确定采收期的指标

项　　目		指　　标
外观性状	果实大小、形状、色泽、果粉、种子	果实大小、形状、色泽都达到该品种固有性状，果粉形成，种子变黑
内在指标	果实硬度	一般为5.4～6.8kg/m²，成熟愈早硬度低，贮藏果品要比鲜食硬度稍大
	固形物含量	成熟时果肉固形物含量为12%～15%，依品种成熟期推迟，固形物含量高
	果肉淀粉含量	成熟时果肉中的淀粉转化为糖，因而淀粉含量下降。通过将碘液涂于果实横截面上的方法确定。若70%～90%没有染上色，说明已成熟好
	果实生育时期	每个品种从盛花期到成熟期都有一个相对稳定的天数，一般早熟品种为100～120d，中熟品种125～150d，晚熟品种为160～175d。 因不同地区果实生长期积温不同，采收期会有所差异，各地最好在自己习惯采收期前后10d内分期采收

注：任何一种果实成熟度的确定指标均有其局限性，同一品种在不同产地及不同年份，果实的适宜采收时间可能不同，因此确定某一品种的适宜采收期，不可单凭一项指标，应将上述各项指标综合考虑，确定果实的成熟度。

通过"一看、二测、三对"综合分析，确定适宜的苹果采收期。一看指看果实大小、形状、色泽、果粉和种皮颜色；二测指用手持果实硬度计（图1-38）测定果实硬度、果肉可溶性固形物含量和淀粉含量；三对指与往年的采收时间和果实发育时间进行对照。

图1-38 手持果实硬度计
1.专业机架接头 2.紧固旋钮
3.驱动指针 4.表盘 5.压头
6.压头刻度线

具体测定方法如下：

1. 测定果实硬度

（1）测量前。转动表盘，使驱动指针与表盘的第一条刻度线对齐（GY-1型的为刻度线2，GY-2型和GY-3型的为刻度线0.5）；将待测水果削去1m² 左右的皮。

（2）测量。用手握硬度计，使硬度计垂直于被测水果表面，压头均匀压入水果内，此时驱动指针开始驱动指示指针旋转，当压头压到刻度线（10mm）处停止，指示指针指示的读数即为水果的硬度。

重复3次，取平均值。如果测定出的硬度在5.4～6.8kg/cm²表明已经成熟，可以采收。

（3）测量后。旋转回零旋钮，使指针复位到初始刻度线。

注意：①测量前检查指示指针是否在驱动指针的右侧，如果发现不是，则应旋转回零旋钮，使指示指针在驱动指针的右侧。②为了达到更理想的精度，测量前，用手压压头，满量程强压2～3次，使之润滑。③应均匀缓慢插入，不得转动压入，更不能冲击测量。④压头与水果表面应垂直。⑤测量完毕将果汁清理干净。

2. 测定果实可溶性固形物含量 用手持测糖仪（图1-39）测定可溶性固形物的含量指标值。测定步骤如下：

（1）调零。打开手持式折光仪盖板，用干净的纱布或擦镜纸小心擦干棱镜玻璃面。在棱镜玻璃面上滴 2 滴蒸馏水，盖上盖板。在水平状态，从接目镜处观察，检查视野中明暗交界线是否处在刻度的零线上。若与零线不重合，则旋动刻度调节螺旋，使分界线面刚好落在零线上。

（2）取放样品。打开盖板，用纱布或卷纸将水擦干，把果样

图 1-39　手持测糖仪
1. 棱镜　2. 棱镜盖
3. 橡胶握把　4. 接目镜护罩

的两端切下各 1.5cm³，在折光仪的棱镜上各挤出 2～3 滴果汁，盖上棱镜盖，等 30s 左右，让样品在样品台上面均匀分散开来，并且使样品的温度和周围温度达到平衡。

（3）读数。在水平状态，从接目镜处读取视野中明暗交界线上的刻度，即为果实汁中可溶性固形物含量（%）。

重复 3 次，取平均值。如果测得可溶性固形物为 12%～15% 时，表明果实已达可采成熟度。

注意：①每一样品测完后，要用蒸馏水冲洗仪器，并用擦镜纸擦净，每 10 个样品为一组，10 个样品的平均数即为该样品的可溶性固形物含量。②手持折光仪工作环境温度 20℃，取样最好在上午 10 时和下午 3 时。

3. 测定果肉淀粉含量　可用碘化钾—淀粉染色法来测定。具体步骤如下：

（1）准备材料。苹果 5～10 个、托盘天平、500mL 烧杯、培养皿 5 个、不锈钢刀、碘化钾、碘、纯净水。

（2）制备染色液。先用天平称取 2g 碘化钾、0.5g 碘，将其混合后溶于烧杯的纯净水中到 500mL，即成碘—碘化钾染色液。

（3）染色。取染色液少许放入培养皿中待用。用不锈钢刀将苹果横切成两半，迅速将切面浸入染色液中，片刻后取出，观察切面

变色情况。若切面呈深蓝紫色，着色面积比较大，表明此时果肉淀粉含量较高，果实尚未成熟，不宜采收。若切面色泽较浅，且着色面积较小，说明此时果肉中的大部分淀粉已转化为糖，这时采收已为时过晚，果实不耐久藏。若切面着色面积为 $1/3\sim1/2$，介于已成熟和不成熟之间，说明近半数淀粉转化成糖，成熟适中，是最适采收期。这时的苹果个头大、品质好、产量高、耐贮藏，可明显增加经济效益。

二、采收

1. 采果天气选择 应选择好天气采果，不宜在有雨、有雾或露水未干前进行。

2. 准备工作 根据采果人数量准备采果袋、盛果箱（筐）、采果梯等采收工具；剪短指甲，戴手套，穿软底鞋。

3. 正确采果 用手托住果实，食指顶住果柄末端轻轻上翘，果柄便与果台分离，切忌硬拉硬拽。采摘顺序是先采树冠外围和下部，后采内膛与上部。

4. 剪果柄 采摘时一定要保留果柄，采摘后将果柄剪至稍低于梗洼，以防止扎伤果面。

注意：①采收高处的果实时，要用梯子，少上树，以免撞落果实，踩断果枝。②对成熟度不一致的品种，要分期采收，可提高果实品质和便于管理。③整个采收过程要做到轻摘、轻放、轻倒，无伤采摘。

第六节　贮藏保鲜

一、苹果贮藏特性

苹果属典型的呼吸跃变型果品，采后具有明显的后熟过程，果实内的淀粉会逐渐转化成糖，酸度降低，果实退绿转黄，硬度降低，充分显现出本品种特有的色泽、风味和香气，达到本品种最佳食用品质。此后，会因为果实内营养物质的大量消耗而变得质地绵软、失脆、少汁，进而衰败、变质、腐烂。因此，苹果采摘完后，要避免阳光的照射，应尽快存储起来，一般用于贮存或外运的苹果采后要及时预冷，入库时间不超过48h，将果温尽快降到0～2℃。

苹果品种按成熟度可分为早熟种、中熟种和晚熟种，中、晚熟品种比早熟品种耐贮藏；早熟品种如7月前成熟的早捷、藤牧1号等品种，和8月以前成熟的红嘎拉、美国8号等品种果质地松、味多酸、果皮薄、蜡质少，由于在高温季节成熟，呼吸强度大，果实内积累不多的养分很快被消耗掉，所以不耐远运和贮藏。中熟品种如新红星、金冠、红津轻、乔纳金等，多在9月成熟，这类苹果多甜中带点酸，肉质较早熟种硬实些，因而较早熟种耐贮运。其中金冠、乔纳金易失水皱皮，红星果肉易发绵，这类苹果冷藏会延长贮期，气调贮藏效果会更明显。晚熟品种如、红富士等在10月成熟，这类苹果内质紧实、脆甜稍酸，由于晚熟积累养分较多，最耐长期贮运，冷藏或气调贮藏可达7～8个月。

适宜的贮藏条件，是苹果贮藏保鲜的保障（表1-37）。

表1-37　苹果贮藏适宜条件

条件	具体要求
低温	苹果耐低温贮藏，冰点一般在－3.4～－2.2℃，多数品种贮藏适温在－1～0℃。不同品种的贮藏适温不同，同一品种，不同产区对低温的敏感性也不同，如红玉苹果0℃贮温适宜，国光可在－2℃下贮藏，红元帅苹果贮温－2～－1℃。气调贮藏适温应比普通冷藏高0.5～1℃
高湿	要求92%～95%的相对湿度。多数冷库需人工洒水、撒雪来加湿，以减少贮藏期的自然损耗（干耗），保持果实的鲜度
气体条件	苹果适宜低氧、低二氧化碳气调贮藏。一般苹果气调贮藏适宜的气体条件氧是2%～3%，二氧化碳0～5%，但不同品种具体要求的氧和二氧化碳气体指标有不同，黄元帅苹果要求氧是1%～5%，二氧化碳是1%～6%；红富士苹果氧是2%～7%，二氧化碳是0～2%

二、预冷

苹果采收正值秋季高温季节，尤其是中熟品种采收时，日均温还在25℃左右，果实不仅有自身释放的呼吸热，还持有大量的田间热，果温高于气温，采收后的果实必须散热降温方可进行贮藏。可选背阴干燥的通风处露天置放。白天盖草帘，夜晚揭开，1～2d内完成预冷，在此过程中，还要防止雨淋。

三、贮藏保鲜方法

贮藏保鲜可根据当地自身条件选择如地沟贮藏、土窖贮藏、土窑洞贮藏、通风库贮藏、机械冷库贮藏以及先进的气调库贮藏等各种方法（表1-38）。原则是要因地制宜，简单实用，投资小，易管理，并提高保鲜质量。

表 1-38　苹果贮藏保鲜的常用方法

贮藏方法	原　理	适用范围
简易贮藏	指不具备固定贮藏库设施，而是利用自然低温进行沟藏、堆藏、窖藏等	苹果产地，晚熟品种可以用，中熟苹果不适宜
通风库贮藏	在贮藏库中安装强制通风设备（轴流式风机）。排除库内的热空气，通过进风道，引进库外的冷空气	苹果产地、城镇，中熟品种、晚熟品种均可
冷库贮藏	利用降温设施创造适宜的湿度和低温条件的仓库	
气调冷藏	在冷藏的基础上，增加气成成分调节，通过对贮藏环境中温度、湿度、气体浓度等条件的控制，抑制果实呼吸作用，延缓衰老过程，更好地保持苹果新鲜度和商品性，延长梨果贮藏期和保鲜期（销售货架期）。气调冷藏与普通冷藏相比，果品的贮藏期能延长1倍，出库后货架期可延长到21～28d，是普通冷藏的3～4倍	苹果产区城镇，中熟品种、晚熟品种均可，是最好的贮藏保鲜方法

第六章 病虫害防治

果树病虫害防治的目标是：从果园生态系统的整体出发，创造有利于果树生长、有利于有益生物繁衍而不利于病虫滋生和为害的环境条件，保持果园生态系统的平衡和生物多样化，保证果品安全。

果树病虫害防治的原则是：积极惯策"预防为主，综合防治"的方针，以环境安全和果品安全为前提，以农业和物理防制为基础，提倡生物防治，按照病虫害的发生规律，科学使用化学防治技术，长期有效地控制病虫危害。

化学防治必须提倡使用生物源农药、矿物源农药，禁止使用剧毒、高毒、高残留农药和致畸、致癌、致变农药。主要做法：一是加强病虫害的预测预报，有针对性地适时用药，未达到防治指标或在益害比合理的情况下不用药；二是根据天敌发生特点，合理选择农药种类、施用时间和施用方法，以保护天敌，充分发挥天敌对害虫的自然控制作用；三是注意不同作用机理农药的交替使用和合理混用，以延缓病菌和害虫产生抗药性，提高防治效果；四是严格按照规定的浓度、每年使用的次数和安全间隔期要求施用，喷药均匀周到。

一、识别与防治苹果主要病害

苹果树腐烂病、苹果轮纹病和苹果早期落叶病是各大苹果园共有的主要病害（表1-39），危害非常严重，应积极做好防治工作，以免造成不可挽回的损失。

表 1-39　苹果主要病害识别与防治要点

病名	苹果树腐烂病	苹果轮纹病	苹果早期落叶病
别名	烂皮病	粗皮病、轮纹烂果病	斑点落叶病、褐斑病等
图示		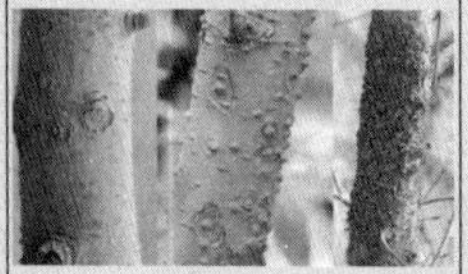	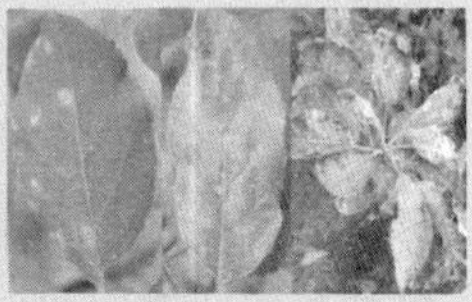
识别与诊断	 主要为害结果树的枝干。溃疡型在树干及主枝下部。初为水渍状，稍隆起，皮层松软，后变为红褐色，常流出汁液，有酒糟味，最后病部失水干缩下陷，呈黑褐色，病健交界处裂开，病皮上密生黑色小粒点，雨后，从小黑点涌出橘黄色丝状物。枝枯型发生在2～5年生小枝、干桩等部位，病部红褐色、水渍状，后环绕枝条，失水干枯	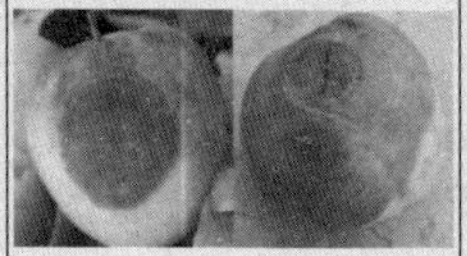 主要为害枝干和果实。多以皮孔为中心，初期出现水渍状的暗褐色小斑点，逐渐扩大形成圆形或近圆形褐色瘤状物。病部与健部之间有较深的裂开，后期病组织干枯并翘起，中央突起处周围出现散生的黑色小粒点。在主干和主枝上瘤状病斑发生严重时，病部树皮粗糙，呈粗皮状。果实进入成熟期陆续发病。发病初期在果面上以皮孔为中心出现圆形、黑至黑褐色小斑，逐渐扩大成轮纹斑	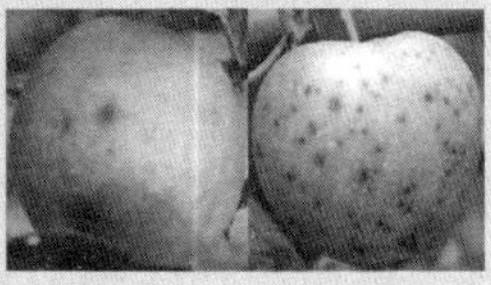 主要为害叶片，也可为害幼果。叶片染病初期出现褐色圆点，其后逐渐扩大为红褐色，边缘紫褐色，病部中央常具一深色小点或同心轮纹。天气潮湿时，病部正反面均可长出墨绿色至黑色霉状物。秋梢嫩叶染病严重。果实染病，在幼果果面上产生黑色发亮的小斑点或锈斑。这是一类真菌类病害，它包括斑点落叶病、褐斑病、灰斑病及轮斑病，都是叶子发病后早期枯黄脱落，防治方法较为接近

（续）

病名	苹果树腐烂病	苹果轮纹病	苹果早期落叶病
综合防治	（1）增强树势提高抗病能力。通过土壤改良，增施有机肥和磷肥，及时灌排、疏花疏果，防止冻害等措施增强树体抗病能力；在此基础上，通过伤口和枝干涂抹杀菌保护剂防治腐烂病、轮纹病，套袋防治病源侵染果实，通过合理修剪，通风透光，破坏早期落叶病各类真菌繁殖所需的环境条件 （2）铲除病源。冬季清扫落叶，早春刮除老翘皮、剪除病枝，集中烧毁，病处涂抹杀菌剂；芽前喷淋5波美度石硫合剂，消灭越冬病源；集中进行刮治病斑（彻底刮净腐烂变质部分，深达木质部，病刮掉其周围1cm宽的健皮，要求刮口平滑，无死角和毛茬），并涂抹腐必清或果腐康等药剂，桥接复壮较大的病斑 （3）生长季喷药。不套袋的果实，花后2周到8月上旬，每隔15d左右交替使用石灰倍量式波尔多液200倍液，70%甲基硫菌灵可湿性粉剂1 000～1 500倍液，1%中生菌素水剂200～300倍液，50%异菌脲可湿性粉剂1 000～1 500倍液，腐烂病严重的果园6～7月分别喷抹腐必清或果腐康等药剂		

常见的病害还有苹果炭疽病、苹果褐腐病、苹果霉心病、苹果锈果病、苹果干腐烂病和苹果白粉病等。各个果区应根据发生情况重点防治

二、识别与防治苹果主要虫害

苹果主要遭受的虫害为食心虫类、螨类、卷叶虫类和蚜虫类。根据它们的发生规律，及时采取有效的防止措施可取得很好的防治效果。

（一）食心虫类

危害苹果的食心虫主要有梨小食心虫、桃小食心虫等（表1-40）。

表1-40　苹果主要食心虫识别与防治要点

虫名	梨小食心虫	桃小食心虫
别名	梨小、梨小蛀果蛾、桃折梢虫	桃蛀果蛾

（续）

虫名	梨小食心虫	桃小食心虫
图示		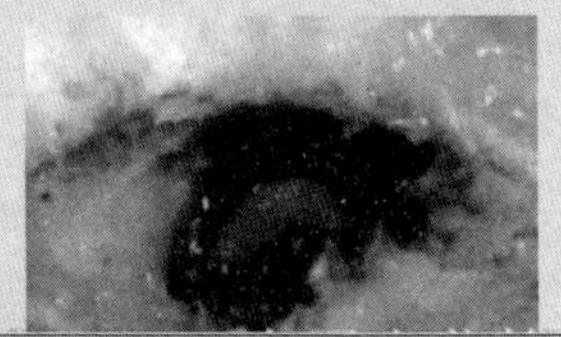
识别与诊断	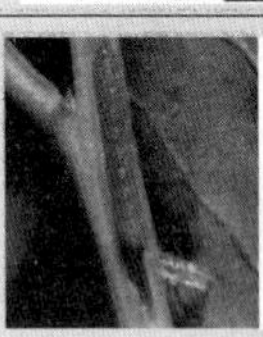  幼虫为害果多从萼、梗洼处蛀入，早期被害果蛀孔外有虫粪排出，晚期被害多无虫粪。幼虫蛀入直达果心，高湿情况下蛀孔周围常变黑腐烂渐扩大，俗称"黑膏药"。苹果蛀孔周围不变黑。多从上部叶柄基部蛀入髓部，向下蛀至木质化处便转移，蛀孔流胶并有虫粪，被害嫩梢渐枯萎，俗称"折梢"	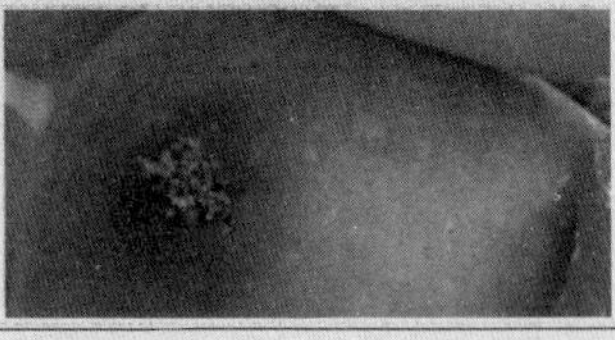 初孵幼虫先在果面爬行啃咬果皮，但不吞咽，然后蛀入果肉纵横串食。初期在蛀孔部位出现水珠状半透明的果胶滴，俗称"流眼泪"，以后蛀孔周围果皮略下陷，果面有凹陷痕迹形成"猴头果"。"猴头果"幼虫在后期食量大增，并排粪于果实中形成"豆沙馅"，使果实失去使用价值，造成严重损失
习性及发生规律	在北方，梨小食心虫老熟幼虫在树干翘皮下、剪锯口处结茧越冬，单植苹果园梨小发生2～3代。越冬代成虫发生在4月下旬至6月中旬；第一代成虫发生在6月末至7月末；第二代成虫发生在8月初至9月中旬。第一代幼虫主要为害芽、嫩叶、叶柄，极少数为害果。有一些幼虫从其他害虫为害造成的伤口蛀入果中，在皮下浅层为害。第二代幼虫为害果增多，第三代果为害最重，第三代卵发生期8月上旬至9月下旬，盛期8月下旬至9月上旬。在桃、苹果兼植的果园，第一代、第二代主要为害桃梢，第三代以后才转移到苹果园为害	1年发生1～3代，以老熟幼虫在3～10cm土深处结茧越冬。春末夏初遇雨后破茧出土，5月上中旬为出土盛期。幼虫出土后，1d内即可在树干基部附近的土缝或杂草根际处结成夏茧，后化蛹。蛹期9～15d。6月下旬至7月上旬为成虫发生盛期，白天潜伏于枝干背阴处，夜间活跃交尾产卵于萼洼处，7～10d孵出幼虫，幼虫蛀入果后，为害20d左右老熟、脱果入土结茧。7月中旬以前脱果的幼虫结夏茧发生第二代。幼虫盛发期：第一代在7月下旬至8月上中旬，第二代在8月中下旬至9月上旬

（续）

虫名	梨小食心虫	桃小食心虫
防治方法	（1）物理防治。春季细致刮除树上的翘皮，可消灭越冬幼虫；在第一代和第二代幼虫发生期，人工摘除被害虫果；在果园中设置糖醋液（红糖：醋：白酒：水＝1：4：1：16）加少量敌百虫，诱杀成虫；悬挂频振式杀虫灯从3月中旬至10月中旬，可以有效诱杀 （2）利用天敌。以梨小食心虫诱芯为监测手段，在蛾子发生高峰后1～2d，人工释放松毛赤眼蜂，每667㎡10万头，每次30万头/hm²，分4～5次放完，可有效控制梨小食心虫为害 （3）化学防治。8月开始卵果率调查，达1%～2%开始喷药，10～15d后卵果率达1%以上再喷药。可用药剂：2.5%溴氰菊酯乳油2500倍液，10%氯氰菊酯2000倍液及40%水胺硫磷1000倍液	（1）地面撒药。在5月下旬至6月中下旬（田间性外激素诱捕器连续2～3d都能诱到成虫），即越冬代幼虫出土盛期，进行地面撒药。每667㎡可用15%乐斯本颗粒剂2kg或50%辛硫磷乳油500g与干细沙土15～25kg充分混合均匀后撒在树盘地面，力求细致周到，撒后划锄，使药土与表土混匀 （2）树上防治。幼虫初孵期，喷施48%乐斯本乳油1 000～1 500倍液，对卵和初孵幼虫有强烈的触杀作用。也可喷施20%杀灭菊酯乳油2 000倍液，或10%氯氰菊酯乳油1 500倍液，或2.5%溴氰菊酯乳油2 000～3 000倍液，每隔7d喷1次，连喷2次，防治效果良好 （3）农业防治。摘、拣虫果，深埋，果实套袋

（二）螨类

危害苹果的螨类主要有山楂叶螨、果台螨和苹果全爪螨。它们的共同特点是吸食叶片和嫩芽的汁液，使叶片出现失绿小斑点，严重时小斑点扩大成片，最终叶片变黄脱落。不同的类型为害方式略有不同，在做好休眠期防治和虫情测报的基础上，根据3种红蜘蛛的发生规律，抓住苹果开花前后和麦收前的3个关键时期，适期喷药，同时注意后期防除，以压低越冬虫口，便可有效控制红蜘蛛的危害（表1-41）。

表 1-41 苹果主要螨类识别与防治要点

虫名	山楂叶螨	果台螨	苹果全爪螨
别名	山楂红蜘蛛	苹果长腿红蜘蛛 苜蓿红蜘蛛	苹果红蜘蛛
图示		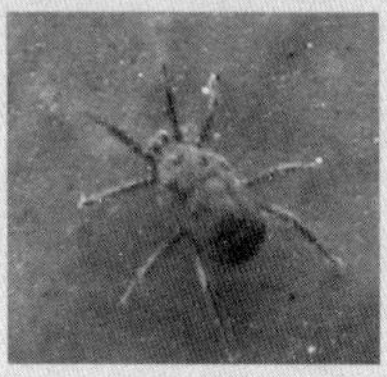	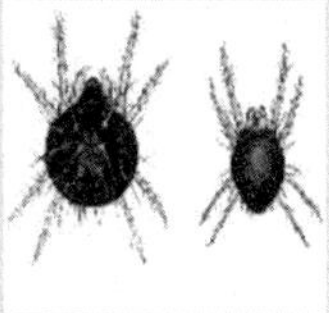
识别与诊断	主要危害叶片、嫩芽和幼果。一般群居于叶背面，吐丝拉网，丝网上黏附微细土粒和卵粒；叶正面出现许多苍白色斑点，受害严重时，叶背面出现铁锈色症状，进而脱水硬化，全叶变黄褐色枯焦，形似火烧，受害严重的果园，6～7月大部分叶即可脱落，促成受害果树二次开花发芽，受害严重的芽，不能继续生长而枯死	主要在叶片正面吸食危害，能形成较大的褪绿斑点，叶片背面无铁锈色，此种红蜘蛛不吐丝拉网，受害叶柄、枝条等处附有大量的白色螨皮，可造成叶片枯焦、早落	受害嫩芽不能正常展叶开花，甚至整芽死亡，受害叶正面布满黄白色斑点，最后全叶枯黄，不早落叶，也不拉丝结网
发生规律	1年发生6～10代，受精雌虫在树皮裂缝内及土缝中越冬，6月之前危害较轻，6月中下旬以后，在高温干燥的气候条件下繁殖很快，7月进入严重危害阶段，7月下旬至8月上旬，雨季到来，天敌增多，虫口密度逐渐下降，8月中旬雌虫进入越冬场所，有的可延续到9～10月越冬	1年发生3～7代，以卵在主枝及侧枝的阴面及果台等处越冬，翌年4月苹果发芽时开始孵化，6月中旬至7月上旬危害最重，一般以8月初见卵	1年发生6～9代，以卵在果台、果痕及二年生细枝上越冬，高温干燥有利于苹果全爪螨的繁殖危害

（续）

虫名	山楂叶螨	果台螨	苹果全爪螨
防治方法	（1）人工防治。山楂红蜘蛛越冬前，于树主干或主枝上绑缚草把，诱集越冬雌螨，草把要上松下紧，待其雌螨越冬结束后，将草把解下烧毁，刮除粗老翘皮、清除落叶和杂草进行深埋外，可以消灭山楂红蜘蛛越冬雌螨和苹果红蜘蛛及苜蓿红蜘蛛的越冬卵 （2）生物防治。3种红蜘蛛的天敌很多，常见的有天敌昆虫、捕食螨类和病原微生物，应注意保护利用 （3）药剂防治。①果树休眠期，在苹果树萌芽前，应采用3～5波美度石硫合剂或20号柴油乳剂30倍液，周密喷洒枝干。②果树生长期，在苹果开花前1周，即苹果树花蕾膨大花序分离期，谢花后7～10d和苹果落花后25d左右喷药，喷药时，使叶正、反两面着药均匀，可有效控制红蜘蛛危害，苹果开花前用0.2～0.5波美度、花后用0.1～0.3波美度石硫合剂，夏季也可用0.01～0.05波美度石硫合剂进行淋洗式喷洒，5月下旬用5%的尼索朗可湿性粉剂1 000～2 000倍液，73%的克螨特乳油2 000～4 000倍液，25%的扫螨净600～800倍液，20%的灭扫利乳油3 000～6 000倍液，上述药剂应轮换使用，以防红蜘蛛产生抗药性		

（三）卷叶虫类

近几年来，苹果小卷叶蛾、顶梢卷叶蛾、黄斑卷叶蛾等卷叶虫类发生比较普遍，影响了苹果的生长发育。卷叶蛾类的防治必须抓住关键时期，综合防治。不能等到发现卷叶、啃果时才进行喷药，因为这时虫体已包在虫苞内，药液很难接触到虫体（表1-42）。

表1-42　苹果主要卷叶类害虫识别与防治要点

虫名	苹果小卷叶蛾	顶梢卷叶蛾	黄斑卷叶蛾
别名	苹卷蛾	苹果顶芽卷叶蛾	黄斑长翅卷蛾
图示			

（续）

虫名	苹果小卷叶蛾	顶梢卷叶蛾	黄斑卷叶蛾
图示		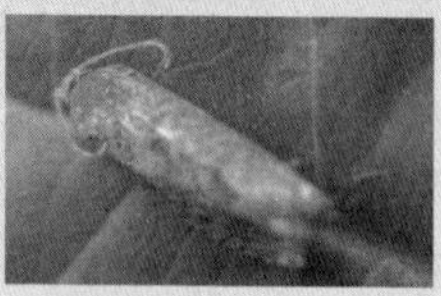	
识别与诊断	幼虫在嫩芽、幼叶、花蕾等处危害。小幼虫常将嫩叶边缘卷起缀合；大幼虫常将2～3片叶平贴，吃成空洞或缺刻，或将果实啃成不规则小坑洼	幼虫为害幼芽、叶及嫩梢，常以幼虫将苗木及幼树新梢顶端几张嫩叶卷成一团，吐丝作巢，潜伏其中食害叶片，影响幼树树冠形成和结果，也使苗木发育受阻	幼虫吐丝连结数叶或将叶片沿主脉向正面纵折，在其内取食为害和化蛹
发生规律	1年发生3～4代。以低龄幼虫在树皮裂缝、剪锯口及枯叶等处结茧越冬。次年苹果发芽后开始出蛰。幼虫在嫩芽、幼叶、花蕾等处危害。虫体稍大，吐丝，缀叶连成虫苞，潜伏其中为害。越冬幼虫一般在5月中、下旬化蛹，6月羽化。成虫日伏夜出，具趋化性。卵块产于叶片或果实上，呈鱼鳞状排列。幼虫极活泼，有假死和转苞为害习性，老熟后在卷叶内结茧化蛹	一年发生4代。以幼虫在枝梢顶端干枯卷叶中越冬，少数在侧芽和叶腋间越冬。早春苹果萌芽，越冬幼虫出蛰，危害嫩叶。4月中、下旬逐渐转移到新梢顶部，吐丝卷缀嫩叶为害。幼虫老熟后在卷叶内作茧化蛹。越冬代成虫于5月上旬发生，即交尾产卵，卵期约7d。5月中、下旬第一代幼虫出现，为害嫩叶。以后各代幼虫发生期分别为7月上旬、8月上旬和9月上、中旬。9月孵化的幼虫一直危害到10月逐渐作茧越冬	一年发生3～4代，越冬型成虫在杂草落叶间越冬。次年3月上旬在苹果花芽萌动时即出蛰活动，产卵于枝条及芽附近。第一代各虫态发生较整齐，以后各世代重叠，第一代幼虫孵化后蛀食花芽及芽的基部，以后各代卷叶为害。第四代在10月中旬并以此越冬。幼虫共5龄，有转移叶片为害的习性，老熟幼虫将叶平折，缀合在内化蛹

（续）

虫名	苹果小卷叶蛾	顶梢卷叶蛾	黄斑卷叶蛾
综合防治	(1) 冬季刮除翘皮，消灭部分越冬幼虫，减少越冬基数 (2) 花序分离前是防治卷叶虫的第一个时期。4月中旬为幼虫出蛰盛期，此时越冬幼虫出蛰虫态整齐，是全年药剂防治的第一个时期，此时均匀喷洒48%毒死蜱1 500～2 000倍液进行防治。有的果农因花期放蜂而耽误喷药，导致后期防治难度大，危害加重。喷药与放蜂可隔开适当的时期 (3) 花后第一遍药是防治卷叶虫的第二个关键时期。5月上中旬幼虫出蛰后危害幼芽、嫩叶和花蕾，尤以啃食果实表面严重，此时是防治卷叶虫的第二个关键时期，可喷洒48%毒死蜱1 500～2 000倍液进行防治 (4) 夏至前后是防治卷叶虫的第三个关键时期。6月中旬，越冬代成虫产卵孵化盛末期，为第三个关键时期，当卵孵化率达70%左右时，及时喷洒48%毒死蜱2 000倍液进行防治。在每次喷药时，可结合防治其他病虫害进行综合防治 (5) 生物防治。人工释放赤眼蜂。越冬代虫出现后，第四天开始放赤眼蜂，每隔7d放一次，共放4～5次，每667m²释放10万头左右，卷叶蛾卵块寄生率高达85%左右，基本可控制为害		

（四）蚜虫类

苹果蚜虫是苹果园生产中的主要害虫之一。常见的主要种类有苹果绵蚜、苹果黄蚜和苹果瘤蚜。苹果绵蚜因虫体乳红色，长满棉絮状绒毛，药液难以接触虫体，因此防效较差，属我国检疫对象。苹果黄蚜和瘤蚜主要吸食嫩梢和叶片的汁液及叶绿素，大量发生时，受害叶变形，光合功能下降，影响新梢生长（表1-43）。

表1-43　苹果主要蚜虫类害虫识别与防治要点

虫名	苹果绵蚜	苹果黄蚜	苹果瘤蚜
别名	苹果赤蚜、红蚜	苹果绣线菊蚜、苹果蚜	卷叶蚜虫

（续）

虫名	苹果绵蚜	苹果黄蚜	苹果瘤蚜
图示			
识别与诊断	主要集中于枝干上的剪锯口、病虫伤口、翘皮裂缝、新梢叶腋、短果枝、果柄、果实的梗洼和萼洼以及根部危害。被害部位形成肿瘤，并覆盖着大量的白色絮状物	一般在苗圃及幼园树上发生较为普遍。主要群集叶面及新梢和嫩叶上危害，危害初期叶周缘下卷，以后叶片向下弯曲或稍横卷，密布黄绿色的蚜虫和白色的蜕皮，严重影响新梢生长，叶片早落	叶片被害后，边缘向背面纵卷成筒状，叶面有红斑皱缩，后期干枯，为主要特征。严重时全株叶片卷缩成条。幼果被害后生有不整齐红斑，果面变畸形
发生规律	管理粗放果园局部零星发生。一年发生13～17代，以若蚜在枝干伤疤裂缝内和近地表根部越冬。5月上旬越冬若虫成长为成蚜，产生第一代若蚜。5月下旬至6月是全年繁殖盛期，7～8月受高温和天敌影响，数量减少，9月中旬以后又有增长，11月中旬陆续休眠	发生较为普遍。每年发生10代，以卵在枝条裂缝，芽苞附近越冬。苹果树发芽时卵孵化，经20d左右孵化结束。5～6月春梢抽发期危害最重，6～7月出现有翅蚜，扩散危害。10～11月产生有性蚜，交尾后产卵越冬。山地苹果栽植技术种群数量大时常与蚂蚁共生	发生较为广泛。每年发生10多代，以卵在当年生枝条的芽缝里芽腋基部及剪锯口等部位越冬。苹果树发芽时卵孵化，比黄蚜稍早。5月下旬至6月中旬发生有翅蚜，迁飞扩散危害。10月下旬产生有性蚜，交尾产卵后越冬

（续）

虫名	苹果绵蚜	苹果黄蚜	苹果瘤蚜
防治方法	（1）加强检疫。不要从苹果绵蚜疫区调运苗木，接穗及其他有关材料。杜绝通过果品运输渠道扩散蔓延 （2）物理防治。冬春刮树皮，生长季节人工摘除虫叶、虫枝、虫果；8月中下旬于树干上绑诱虫带，待次年2月底或3月上旬解下集中销毁 （3）化学防治。发芽前树上喷布99％的柴油乳剂100倍液，可杀死苹果黄蚜和瘤蚜，兼治介壳虫类；树干周围1m以内土壤撒施5％的辛硫磷颗粒2～2.5mg/株，可杀灭越冬棉蚜若虫；5～6月和秋季9～10月喷布48％乐斯本1 500倍液或10％吡虫啉可湿性粉剂3 000倍液，也可连续交替使用70％吡虫啉6 000倍液或5％吡虫啉乳油3 000倍液或40％蚜灭多乳油1 000～1 500倍液喷雾，共喷3～4次 （4）生物防治。应在果树开花后到收麦前后尽量不喷对天敌杀伤力大的广谱农药，尽量发挥七星瓢虫、异色瓢虫、草蛉、日光蜂等天敌的作用		
注	苹果园蚜虫的防治必须抓住萌芽前的关键时期，可以达到事半功倍的效果		

第二篇
梨优质高效栽培

梨脆嫩、多汁、香甜可口，具有止咳、化痰、润肺的功能。随着人们生活水平的提高和食品安全意识的加强，对无公害梨的需求量与日俱增。近年来，我国生产的梨，物美价廉，出口量不断增加，市场前景广阔。无公害梨生产应该符合《无公害食品　林果类产品产地环境条件》（NY 5013—2006）、《梨生产技术规程》（NY 5101—2002）。

第一章　育　　苗

第一节　了解梨苗

一、梨苗类型

梨苗的类型与苹果苗基本相同，即实生（乔化）砧嫁接苗、自根（矮化）砧嫁接苗和矮化中间砧嫁接苗3种。只是在我国梨的密植栽培中，矮化砧木应用不多，因此一般梨苗都是乔化（实生）砧木。

二、优质梨苗标准

《梨生产技术规程》（NY/T 442—2001）中规定的一年生优质梨苗标准（表2-1）。

表2-1　梨一年生壮苗标准

[引自《梨生产技术规程》（NY/T 442—2001）]

项　目	指　标	项　目	指　标
侧根数量	≥5条	茎倾斜度	≤15°
侧根长度	≥20cm	根皮与茎皮	无干缩皱皮及损伤
茎	均匀、舒展、不卷曲	整型带内饱满芽数	≥8个
茎高度	≥100cm	砧穗接合部愈合程度	愈合良好
茎粗度	≥0.8cm	砧桩处理与愈合程度	砧桩剪除，剪口环状（或完全）愈合

第二节　培育梨苗

梨苗培育原理和方法与苹果苗培育基本相同，只是选用的砧木不同。梨的实生砧木由于栽培区域、与不同品种嫁接亲和力不同而不同（表2-3）。梨适宜的矮化砧木比较缺乏，欧美各国生产上利用榅桲作梨的矮化砧木，但这些砧木只适合西洋梨的一些品种。我国从20世纪80年代开始研究，认

图2-1　榅　桲

为云南榅桲（图2-1）可作梨的矮化砧木，但榅桲存在不抗寒、与很多梨品种不亲和、不抗盐碱、固地性差等问题，使生产上广泛应用受到限制。近10多年来，中国农业科学院果树研究所筛选出了极矮化、矮化、半矮化系列砧木类型，经各地试栽应用，反映良好，有广阔的应用前景。如PDR（极矮化）、S系列（矮化、半矮化）砧木类型。生产上常用的是乔化（实生）砧木（表2-2）。

表 2-2　梨常用砧木

砧木	杜梨（棠梨）	秋子梨	豆梨	褐梨
果实				
特点	根系发达，抗旱，抗寒，耐盐碱。嫁接亲和力强北方地区，嫁接白梨、秋子梨品种群品种	抗寒力极强、抗腐烂病，不耐盐碱，亲和力强，与西洋梨亲和力弱。适宜东北、华北北部及西部地区，嫁接白梨、秋子梨品种群	原产华东、华南，野生于温暖潮湿的山坡、杂木林中。在长江流域以南嫁接砂梨、西洋梨	抗旱，耐涝，适应性强，与嫁接品种亲和力强，生长旺盛，丰产，但结果稍晚。在长江流域以南嫁接砂梨、西洋梨
层积时间	60～80d		30～40d	

　　培育梨实生砧，参阅培育苹果实生砧。

　　嫁接参阅苹果相关部分。要注意因为梨树的形成层活动停止较苹果早，所以芽接时期必须安排在苹果之前。

第二章　建　园

第一节　确定梨园类型

一、梨园的类型和模式

参阅苹果相关部分。

二、无公害梨园建立的条件

无公害梨产地应选择在生态条件良好，远离污染源，并具有可持续生产能力的农业生产区域。

1. 梨园适宜的生态条件 适地适树的原则，无公害梨的生产基地必须具有适合梨生长发育所需的环境生态条件（表2-3）。

表2-3 无公害梨园生态条件

生态条件	具体要求
温度条件	不同种类的梨其耐寒力不同。秋子梨能耐$-35 \sim -30℃$的低温。白梨可耐$-25 \sim -20℃$，砂梨及西洋梨可耐$-20℃$的低温。秋子梨适宜的年均温为$6 \sim 13℃$；白梨为$8 \sim 14℃$，砂梨为$13 \sim 23℃$，西洋梨为$10 \sim 14℃$
光照条件	梨是喜光树种，年需日照$1\,600 \sim 1\,700h$，一般以一天内有3h以上的直射光为好。树冠郁闭时，内膛小枝易衰弱枯死，花芽也不易形成，所以，栽植密度、树冠高度、修剪方法等都要注意梨树喜光的特性
土壤条件	以土层深厚、疏松、排水良好的沙质壤土为宜。有机质含量在1.0%以上。土层深厚，活土层在50cm以上。地下水位在1m以下。土壤pH6~8，含盐量不超过0.2%
水分条件	梨树不同种类其抗旱力表现各异，秋子梨适宜的年降雨量为$500 \sim 750mm$，西洋梨为$450 \sim 950mm$，白梨为$450 \sim 900mm$，砂梨则为$500 \sim 900mm$。所有梨的抗涝性都比较强，我国梨产区有"涝梨旱枣"的谚语，但在高温死水中浸泡$1 \sim 2d$即死亡
地形条件	坡度低于$15°$。坡度在$6° \sim 15°$的山区、丘陵，坡向以东到西南为宜，并修筑梯田

2. 无公害梨园应有的环境质量标准 环境质量（环境空气质量、灌溉水质量和土壤环境质量）必须符合中华人民共和国农业行业标准《无公害食品 林果类产品产地环境条件》（NY 5013—2006）

第二节 规划和建设梨园

参阅苹果部分相关内容。不同的是：

一、主要品种群

产中主要按照分布区域和生长结果特点将梨分为 5 个品种群（表 2-4）。

表 2-4 梨主要品种群

主要品种群	特 点	主要栽培区域	代表品种	适宜砧木
白梨品种群	果实较大，果皮黄色或绿黄色，多长圆、卵圆或倒卵圆形，果肉白色，质脆多汁，味甜清香，石细胞少，采收即可鲜食	喜干燥冷凉气候。以华北、西北各省栽培为主	河北鸭梨、雪花梨、山东莱阳茌梨、长把梨等	杜梨、秋子梨
秋子梨品种群	果实较小，果实圆形或扁圆形，果皮黄绿色或黄色，顶端萼片宿存。果肉硬，石细胞多，有涩味。经后熟果肉变软，甜味增加，香味浓郁	抗寒力强，主要以东北、华北、西北地区寒冷地带栽培为主	辽宁香水梨、南果梨、河北京白梨、甘肃兰州软儿梨等	杜梨、秋子梨
砂梨品种群	果实近圆形或扁圆形，果皮褐色或黄绿色。果肉脆型，多汁，微淡甜	喜温暖湿润气候，抗寒力较差，主要在长江和淮河流域、华北西北东北较温暖多雨的地区栽培	丰水、幸水、晚三吉等	砂梨、豆梨

（续）

主要品种群	特 点	主要栽培区域	代表品种	适宜砧木
西洋梨品种群	果实呈葫芦形或倒卵形，果皮黄绿色或黄色。果实需经后熟变软食用才佳，呈奶油质地，味甜香浓	适应性较差，抗寒力弱，主要分布在渤海湾、黄河故道和西北区	巴梨、贵妃梨等	杜梨、秋子梨
新疆梨品种群	果实中大，葫芦形或卵圆形，萼片大多宿存，兼有软肉和脆肉两种	在新疆、甘肃、青海地区适应	库勒香梨、斯尔克甫梨、兰州长把梨等	杜梨、麻梨

二、市场看好的优良品种

品种很多，目前综合表现较好的有十几个，其中在华北、西北及东北地区栽培面积较大的品种有 9 个（表 2-5）。

表 2-5　优良梨品种

品种	来源	果实形状	栽培特点	果实图示
红香酥梨	库尔勒香梨与郑州鹅梨杂交	果实卵圆形，萼片脱落或宿存。平均果单重 270g，果面洁净光滑，具蜡质，无锈斑，成熟时底色黄绿，着色浓红，贮后底色变为金黄，更加艳丽。果肉白色，酥脆多汁，石细胞少，香甜味浓，含可溶性固形物 14%～16%，品质极上	树势中庸，树姿直立，短果枝结果为主，果台副梢连续结果能力强，有腋花芽结果性，以鸭梨、黄冠梨等为授粉树	

（续）

品种	来源	果实形状	栽培特点	果实图示
玉露香	库尔勒香梨与雪花梨杂交	平均单果重 236.8g；果实近球形。果面光洁细腻具蜡质，保水性强。阳面着红晕或暗红色纵向条纹。果皮薄，果心小，可食率 90%。果肉白色，酥脆，石细胞极少，汁液多，味甜具清香，口感极佳；可溶性固形物含量 12.5%~16.1%，糖酸比 68.22~95.31：1，品质极佳。在土窑洞内可贮 4~6 个月	萌芽率高，成枝力中等，易成花，坐果率高。宜中密度栽植，株行距一般以（2~3）m×4m 为宜。盛果期产量每 667m² 控制在 2 000 ~ 3 000kg 为宜	
早酥梨	苹果梨为母本，身不知为父本	果实倒卵圆形，胴部常有 5 条明显的棱沟，顶部突出；平均单果重 200g，果皮绿黄色，果点小，萼片宿存，闭合。果肉白色，质细酥脆，汁液多，味甜爽口，含可溶性固形物 11.5%~14.6%，品质上等	生长势强，树冠中等大，树姿半开张，结果早，丰产。以短果枝结果为主。适应性及抗寒性均强	
绿宝石（中梨1号）	新世纪梨做母本，早酥梨为父本	平均单果重 230g，最大单果重 520g，果皮绿色，果点稀少，果面光滑，果肉白色，脆嫩，汁多味香，可溶性固形物含量为 15.2%，最高 18.5%，其口感好，品质优良	树势强健，幼树直立，易形成腋花芽，早果、丰产、稳产。喜肥沃沙壤土，耐盐碱，对黑星病有较强的抗性	

（续）

品种	来源	果实形状	栽培特点	果实图示
酥梨	原产安徽砀山	经长期培育又分为白皮酥、青皮酥和金盖酥等品系，以白皮酥和金盖酥品质较好。果实大型，平均单果重 250g 左右，广卵圆形。果梗中长，萼片多脱落，梗洼和萼洼均较深广，有蜡质光泽。果点小而密，果核较小。果肉白色，石细胞多而大，酥脆多汁，味浓甜，可溶性固形物含量 12%～14%，品质上等	结果量过大，要注意调节，以防形成大小年。要配足授粉树。较抗寒，适于冷凉地区栽培。抗病虫力较弱，易受黄粉虫为害，应加强防治	
中华玉梨（中梨 3 号）	大香水和鸭梨	果形似鸭梨状，果实大，平均单果重 250g，最大 600g；果皮绿黄色、光滑、果点小而稀，套袋后洁白如玉；果肉乳白色，石细胞极少，汁液多，肉质细嫩松脆，风味香甜爽口，含可溶性固形物 12.8%～13.5%，品质优于酥梨、鸭梨。极耐贮藏	树势较旺，树姿较开张，树形宜采用双层开心形为宜，抗病性强。自花不实，必须配置好授粉品种（中梨 1 号、红香酥等）才能获得丰产	

（续）

品种	来源	果实形状	栽培特点	果实图示
雪花梨	河北赵县一带	果实大型，平均单果重250～300g，长卵圆形或椭圆形。果梗中长，梗洼浅，萼片脱落，萼洼深广。果面较粗糙，采收时绿黄色，贮后变鲜黄色。果皮较厚，果心较小。果肉乳白色，肉质细脆，汁液多，味甜，可溶性固形物含量12%，品质上等	幼树注意轻剪，用拉枝法开张角度。雪花梨自花授粉不实，要配置足量的授粉树，重视合理负载，防止出现大小年	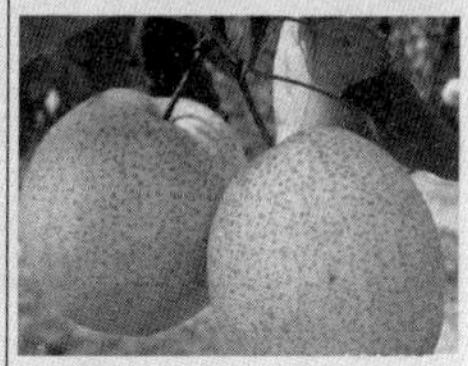
库尔勒香梨	新疆库尔勒地区	果实长圆形，果实中大，平均90～120g。果皮绿黄色，阳面有红晕，贮后变鲜黄色，果面光滑，果点小。果肉黄白色，肉质细嫩，靠果心部分较粗，汁多浓甜，有特殊香味，品质极上。果实9月中旬成熟，耐贮藏	具有较强的区域栽培特点，国内各地多次引种栽培，均因生长结果不良，品质大幅下降而终告失败	
莱阳茌梨	山东莱阳、栖霞一带	个大，平均单果重250g，纺锤形。梗粗硬，基部膨大，斜生，梗洼一侧常隆起。萼片宿存，少数脱落，萼洼浅。果面粗糙，采收时绿色，贮后转为黄绿色。果点大而密，深褐色，果皮薄，果心大，果肉淡黄白色，石细胞少，肉质细脆多汁，可溶性固形物含量12%～15%，品质极佳	幼树生长旺盛，以轻剪长放为主，多留枝，少短截。在生产中要求落花后10～15d内掐萼，茌梨自花授粉不实，需配置授粉树	

三、适宜的授粉品种

几种栽培品种适宜的授粉品种（表 2-6）。

表 2-6　部分栽培品种适宜的授粉品种

栽培品种	授粉品种	栽培品种	授粉品种
红香酥	砀山酥梨、雪花梨、鸭梨	绿宝石	早酥、新世纪、雪花梨
玉露香	砀山酥梨、雪花梨、鸭梨	砀山酥梨	茌梨、鸭梨、中梨 1 号、黄冠
早酥梨	苹果梨、锦丰、鸭梨、雪花梨	中华玉梨	红香酥、鸭梨

四、栽植方式与密度

平地、滩地和 6°以下的缓坡地为长方形栽植；6°～15°的坡地为等高栽植。土壤肥水、砧木和品种特性不同，栽植密度不同（表 2-7）。

表 2-7　栽植密度

密度（每 667m² 株数）	行距（m）	株距（m）	适用范围
33～55	4.0～5.0	3.0～4.0	乔砧密植栽培
66～95	3.5～4.0	2.0～2.5	较矮化品种或半矮化砧木的半矮化密植栽培
127～222	3.0～3.5	1.0～1.5	矮化和极矮化砧木的矮砧密植

第三章　土、肥、水管理

第一节　了解梨生长结果习性

一、生长特性

1. 枝条　梨的营养枝按其长短可分为短枝、中枝和长枝。长度 5cm 以下者是短枝，5～15cm 为中枝，15cm 以上通称长枝，其中长度在 30cm 以内，生长充实芽体饱满的枝为普通营养枝，长度在 30cm 以上，生长的骨干枝背上，长势旺，芽子不饱满的枝为徒长枝（图 2-2）。梨幼树枝量增长较慢，成龄树树冠也较稀疏。

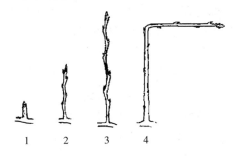

图 2-2　梨的各营养枝

1. 短枝　2. 中枝　3. 长枝　4. 徒长枝

梨的枝条每年一般只有一次加长生长。生长高峰期在落花 15d 左右，此后减慢，7 月份大部分停止生长。短枝生长期仅 5～7d，中枝 2 周左右。

梨树枝的加粗生长较慢，因而它的枝干角（主枝与中心干的角度）、枝间距稳定性较差。另外，梨树枝条脆，易劈裂，故在拉枝、拿枝上要选择枝软的夏秋季节。

2. 叶　梨叶具有生长快、面积形成早的特点。梨叶片有一个明显的亮叶期。叶片生长时表面无光泽，停止生长便显出油亮的光泽，并且由于梨的叶片生长期比较集中，所以就出现了一个亮叶期。时间一般在展叶后 25～30d。亮叶期表示顶芽鳞片形成，开始向花芽转化。

3. 根　梨树根的生长与土壤温度关系密切。一般萌芽前表土温度达到 0.4～0.5℃时，根系便开始活动；当土壤温度达到 4～5℃时，根系即开始生长；15～25℃生长加快，但以 20～21℃根系生长速度最快；土壤温度超过 30℃或低于 0℃，根系就停止生长。梨树根系生长一般比地上部的枝条生长早 1 个月左右，且与枝条生长呈相互消长关系。

结果梨树由于开花结果的影响，根系生长一般只有两次生长高峰：

（1）第一次出现在 5 月上中旬到 6 月下旬。此期，同化养分供应日渐充足，土温又在 20℃左右，最适宜梨树根系快速、旺盛地生长，是投产梨树根系生长最重要的时期。以后，随着气温和土壤温度的不断升高，梨树根系生长逐渐变慢。

（2）第二次出现在果实采收后。特别是 9 月上中旬起，随着同化养分的迅速积累，土温又逐渐回落到 20℃左右，因而根系出现生长高峰，一般维持到 10 月中旬左右，但生长量不及第一次。以后，随着气温的急剧下降，根系生长又渐趋缓慢，至地上部出现落叶后，梨树根系也随之进入相对休眠阶段。

梨树根系生长与栽培管理关系密切。若结果过多，导致树势衰弱；粗放管理，出现病虫严重为害；或受旱、涝等，根系生长就会受到严重影响，不仅生长量大大减少，而且在年生长周期中，往往无明显的生长高峰。因此在抓梨园日常田间管理时，要始终加强梨园的疏果管理、病虫管理、土壤管理和肥培管理等工作，为丰产、优质奠定基础。

一般土层深厚，疏松肥沃，垂直分布能达到树高的一半，水平分布则能超过树冠的 2 倍以上。但梨树根系绝大部分集中分布在离地表 30～50cm 的范围内，而且愈近主干，根系分布愈密，入土愈浅；反之，入土深，分布稀。

二、结果习性

1. 结果枝　梨树一般以短果枝结果为主，中长果枝结果较差。梨的花芽为混合芽，春季萌发后先抽一段短梢，在其顶端开花结果。结果后膨大部分称果台，果台上的侧生枝称为果台副梢或果台枝。短果枝结果后，果台连续分生较短的果台枝，经过 3 年后，多个短果枝聚生成短果枝群，常呈鸡爪状，并能连续结果（图 2-3）。

2. 花序和花　为伞形总状花序，边花先开，中心花后开。先

开的花具有一定优势，疏花疏果
时应注意多保留。梨的开花期比
苹果早，华北地区多在 4 月中旬
左右，比苹果约早 10d，常遭晚
霜为害。梨花受冻的临界温度
为：蕾期－3.85～－1.65℃，开
花期－2.2～－1.65℃，幼果期
－1.65～－1.12℃。通常情况
下，秋子梨，西洋梨花期冻害较
轻，白梨、砂梨较重。

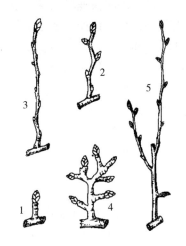

图 2-3　梨的各种结果枝
1. 短果枝　2. 中果枝　3. 长果枝
4. 短果枝群　5. 腋花芽果枝

　　梨多数品种自花不实，一般
自花结实率 10%以下，这是一些
梨园花而不实的重要原因。所
以，在建园时，必须合理配置授
粉树，并注意进行人工授粉或放
蜂传粉。梨花具授粉受精能力的
时间一般仅 5d 左右。故老梨园或授粉树配制比例不足的生产园，
若进行人工辅助授粉时，应重点选择花序基部刚开的 1～3 朵花进
行授粉，以期事半功倍。

　　3. 坐果与落果　梨属坐果率高的果树种类。在正常管理情况
下，只要授粉受精良好，一般均能达到丰产目的。梨树正常的生理
落果，其实是梨在系统发育过程中所形成的一种自疏现象，不构成
生产威胁。只有因不良气候或管理失误而引起严重落果，才会对当
年的产量造成影响。梨树正常的生理落果一般有 3 次高峰。第一次
一般出现在 4 月上旬末，大多认为是授粉受精不良所引起。第二次
出现在 4 月下旬末，第三次一般从 5 月上中旬开始。后两次主要由
于树体营养不良或营养供求失衡造成。若肥水供应不足或偏施氮肥
新梢呈徒长，都可能出现落果加重现象。

　　4. 果实发育　根据果实的生长发育规律和特点，梨果实发育
一般分 3 个时期：

（1）果实快速增大期。从受精后开始膨大起，到幼嫩种子开始出现胚为止。该期主要是幼果的细胞迅速分裂，由于细胞数目的不断增加和堆积，果实体积快速增大，表现为果实纵径比横径增加更明显，因此，幼果在该期呈椭圆形。

（2）果实缓慢增大期。从种子开始出现到种子停止增大为止。该期主要是种子迅速发育增大，而果肉和果心部分体积增大缓慢，变化不大。因此，此期果实外观变化不明显，属缓慢增大期。

（3）果实迅速膨大期。此期从种子停止增大到果实发育成熟为止。该期主要是果肉细胞体积和细胞间隙容积的迅速膨大，使果实体积、重量随之迅速增加，特别是果实横径的显著变化，使果实形状发生根本性改变，最终形成品种之固有果形。此期，种子体积增大很少或不再增大，而种皮却逐渐由白色变为褐色，进入种子成熟期。

梨果实的发育、膨大与气候条件关系密切。晴天，一般以晚上膨大为主；阴天，膨大速度就不及晴天；雨天由于空气湿度大，叶片蒸腾拉力小，使树体吸肥吸水能力减弱，膨大少甚至不膨大，或异常膨大造成裂果，尤其是后膨大期，若高温干旱后骤降暴雨，往往会引起未套袋果实的大量裂果，造成严重损失。梨果实膨大速度，尤以雨后初晴第一天最快，常呈直线膨大，第二天起，膨大速度就明显下降。

第二节　土壤管理

一、梨树对土壤条件的要求

梨树对土壤的适应性较强，但从优质高产和提高投入产出效率的角度讲，梨树有其适宜的土壤条件。梨树在土壤 pH6～8 的范围内均可生长，但 pH6～7.2 的微酸性至中性土壤最为适宜；梨树在土壤含盐量 0.2% 以内才能正常生长。

土层厚度与梨园产量呈正相关，每 $667m^2$ 产量 5 000kg 的丰产梨园，土层厚度大都在 1m 左右；而土层厚度只有 20～30cm 的园片，每 $667m^2$ 产量一般只有 500～1 000kg。对梨树生长发育起明显促进作用的是活土层厚度，某些平地梨园，表土层下有坚硬胶泥或板沙，阻碍根系生长。

土壤质地对梨树长势特别是梨果品质有明显影响。土壤疏松、排水良好的沙壤土是梨树生长结果最适宜的土质。许多著名的梨产区、梨果品质最优的地段多是通体细粉沙土，如莱阳茌梨等。黏土、黏壤土，梨树虽可生长，但根系发育不良，梨果个头偏小，少蜡质，肉质粗，果心大，甜度低，酸味浓，芳香味差。某些品种在黏土地多有缺锌、缺硼、缺铁等病，必须改良、矫治。

土壤肥力是影响梨园产量的重要因素。当前梨园土壤普遍缺氮，其次是缺磷及部分微量元素。不同系统的品种对土壤要求不同。砂梨品种宜偏酸，豆梨砧木耐酸性土，杜梨砧木耐盐碱。茌梨只有在沙质壤土上才能达到产量、品质兼优；香水梨在山丘土薄地易裂果，巴梨要求土壤肥沃，薄沙丘陵地树弱，缺素症明显。

二、土壤管理的基本方法

梨园土壤管理包括土壤改良与周年土壤管理，是梨树栽培技术的一项重要措施。对梨园的土壤进行科学管理，使梨树达到上述要求的良好土壤环境，促进梨树根系和树体的良好生长，增强树体的代谢作用，提高果实品质和产量。

土壤改良是通过深翻客土或掺沙、增施有机肥对果园土壤理化性状改善。加强土壤培肥、土壤耕作、间作、除草剂使用的管理，以及根据土壤、叶片营养检测和树相诊断结果进行科学的施肥和排灌等工作尤为重要。要使梨园土壤肥力逐步提高，最有效的措施就是向土壤增施有机肥。土壤中的有机质具有良好吸附性、渗透性和缓冲性能，其吸水能力可高达自身重量的 $5\sim6$ 倍，保肥能力提高 $5\sim6$ 倍，同时土壤微生物数量增多，生命活动旺盛，进一步促进土壤有机质的分解矿化，大量释放出各种营养元素，不断供给梨树的生长和发育，不断使土壤肥力得到补充和提高。中国农业科学院果树研究所对秋白梨园的深翻试验证明，深翻园比未深翻园增产 38.1%。

三、土壤改良

从建园开始，在 3～4 年内打好活化土层的基础。

1. 通行齐沟栽植　因为此种密度的根系，2 年内株间即根与根相连接。要挖成深宽各 1m 的通沟栽植，沟中只将表土和粗质粪肥（每 667m^{2}4t）拌和填入。

2. 深翻　在 3～4 年内，每年从栽植沟外沿内外深翻扩穴，全园扩通，并加入有机质粗肥。这样，使全园都由生土地变成深、暄、肥的"海绵地"，地下部根系骨架也同步布满全园，为快长树、早结果打下坚实基础。很多亩产万斤的高产典型梨园都是这么做的。这种深、暄、肥"三同时"的改土方法很成功。尤其对山丘薄地、多年弃耕地、黏地、盐碱地梨园的改良，效果尤佳。

应该注意的是梨树深翻伤根后恢复较慢。因此生产上应尽量做好建园前的深翻改土和幼树扩穴深翻。成龄梨园深翻最好在树势健壮的条件下进行，并配合良好的土肥水管理。深翻的方式应采取单株半圆式或分年各行的方式进行，深度应达 70cm。

四、刨树盘和行间耕耙

刨树盘，是我国老梨区世代流传的好经验，而今被一些人所忽视，应重新提请密植园重视起来。密植园树密则根密，根群纵横交织，布满全园，需要更多的养分、水分和空气，刨树盘和行间耕耙，能使全园土壤疏松，空隙度大，蓄水保墒抗旱，通气好，有机物分解快，养分供应及时，使全部吸收根充分发挥吸收功能，效果好，方法简便。可在采收后结合撒施粪肥，用镐浅刨或用锨连同落叶枯草，一锨压一锨地翻扣埋严，行间用机犁耕翻，既清理了果园，也减少了多种越冬病虫。

其他措施参考苹果部分。

第三节　施肥管理

梨生长结果需要多种矿质营养元素，但对氮、磷、钾需要量最多，每100kg梨果，需纯氮0.3～0.45kg、磷0.15～0.2kg，钾0.3～0.45kg。吸收比例大约为氮：磷：钾为1：0.5：1，对铁、锌、硼等微量元素吸收量少，但也不可缺少。

不同树龄的梨树需肥规律不同。幼树以长树、扩大树冠、搭好骨架为主，以后逐步过渡到以结果为主。由于各时期的要求不同，因此对养分的需求也各有不同。梨树幼树需要的主要养分是氮和磷，特别是磷素，其对植物根系的生长发育具有良好的作用。成年果树对营养的需求主要是氮和钾，特别是由于果树的采收带走了大量的氮、钾和磷等许多营养元素，若不能及时补充则将严重影响梨树来年的生长及产量。

梨需肥规律与各器官的生长发育规律相一致。梨树在年生长周期内，前期需肥量大，供需矛盾突出。其中萌芽、开花期对养分的需要量较大，但主要是利用树体上年贮存的养分；新梢旺盛生长期，氮、磷、钾的吸收量最大，尤其对氮的吸收量最多；花芽分化和果实迅速膨大期钾的吸收量增大；果实采收后至落叶期主要是养分的积累和回流，以有机营养的形式贮存在树体内。

一、制订全年施肥计划

根据梨树需肥规律、生产经验制订全年施肥计划（表2-8）。

表2-8 梨园施肥表

施肥时期		施肥种类	施肥量	作　用
			占全年氮、磷、钾总量百分比（%）	
基肥	采收后（9月）	有机肥，并加入全年磷量和少量氮	50、100、0	有利于主要养分的积累和回流，提高营养贮藏水平
追肥	萌芽前10d左右	氮肥	20、0、0	促进根、芽、枝、叶生长，提高坐果率

（续）

施肥时期		施肥种类	施肥量	作　用
			占全年氮、磷、钾总量百分比（%）	
追肥	花芽分化前（5 月下旬）	三要素复合肥或果树专用肥为主	20、0、60	促进幼果发育和花芽分化
	（盛果期树）7～8 月	复合肥，以钾肥为主	10、0、40	促进果实膨大，提高品质

二、结合深翻施有机肥

参考苹果部分。

三、追肥

参考苹果部分。

第四节　水分管理

一、水对梨的作用

水是梨树的重要组成成分，1 个 200g 重的梨果，水分净占 90%，即 180g，而其干分仅占 20g。梨果虽为固体形态，却比液态的牛奶含水还多，枝叶等含水量也占 50%～80%，足见水对梨树之重要。

水的作用是：①根从土壤中吸收的无机养分，只有溶于水才能为梨吸收和运输到地上部各器官中；②叶片的光合作用，只有在有水参与下才能制成养分送到其他器官中去。总之，吸收、制造、运输、光合、呼吸、蒸腾等一切生命活动，都离不开水。

根吸收的水，95%被叶片蒸发掉，以维持树体的正常体温，不然叶就会被烧焦。梨树每产生 1g 干物质，要耗掉 400g 水。$1m^2$ 叶面积每小时要蒸腾 40g 水，少于 10g 时，各种代谢不能正常进行，叶就要从果实中夺取水分，使果皱皮或掉落。严重时叶萎蔫，气孔关闭，二氧化碳不能进入，光合作用不能进行。一旦缺水，轻则叶黄、生长不良，果小质劣；重则落花、落果、枯衰，乃至死亡。

因此及时地适量供水，保持土壤湿度，才能保证养分吸收、制造、运输、光合、呼吸、蒸腾等代谢活动的正常进行，促进根、枝、叶的生长、花芽分化、果实膨大，高产优质。

一年中不同的物候期需水多少有所不同，比如，萌芽开花期、新梢旺长期、花芽分化始期、果实迅速膨大期、秋施粪肥后需水较多。总之，梨树全年都需水，但时期不同，时多时少。基本是前多、中少、后多。

二、灌水

梨园灌水不是等果树已从形态上显露出缺水状态（如果实皱缩，叶片卷曲等）时，而是要在果树未受到缺水影响之前进行，否则，将严重影响果树生长与结果，损失难以弥补。根据梨树的需水规律，应掌握灌—控—灌的原则，达到促—控—促的目的。按梨树不同物候期的需水规律，梨树一年应灌 4～5 次水，主要灌水时期表如表 2-9。

表 2-9　梨一年中的主要灌水时期

灌水时期	作　用	灌　水　量
萌芽开花期（萌芽水）	根、芽、花、叶争相展开，萌芽前充分灌水，对肥料溶解吸收，新根生长，萌芽开花速度、整齐度、坐果率、幼果细胞分裂数量等，有明显作用	需水较多，每年都要灌 1 次
新梢旺长期（坐果水）	促春梢速长，早长早停，增加早期功能叶片数量，并可减轻生理落果	需水量多，是全年需水临界期，宜灌大水

（续）

灌水时期	作　用	灌　水　量
花芽分化始期	维持最大持水量的 60% 即可，这是全年控水的关键时期	需水不多，在不太干旱时不灌或少灌，控水可控长促花
果实迅速膨大期（膨果水）	此期水分多少是决定果实细胞大小、果个大小的关键	需水较多，灌水要多而稳，久旱猛灌，易落果、裂果
秋施基肥后（封冻水）	促进肥料分解，促进秋根生长和秋叶光合作用，增加贮藏养分，提高越冬能力	灌水要足

三、判断是否需要灌水的依据

1. 依据物候期　观察梨树是否处于需水较多的物候期，即萌芽前、开花后（新梢旺长期）、花芽分化始期、果实迅速膨大期和营养贮藏期，如果正处于这几个时期，则应考虑灌水。

2. 依据土壤含水情况　缺水与否，可以从土壤含水量直接测得。一般认为，土壤最大持水量在 60%～80% 为梨树最适宜的土壤含水量。有测定条件的，最好是测定后再决定灌水与否，当含水量在 50% 以下时，且持续干旱就要灌水。无测定条件的，也可凭经验测含水量，如壤土和沙性土梨园，挖开 10cm 的湿土，手握成团而不散，说明含水量在 60% 以上，不旱则可暂不灌水。反之，如手握不成团，撒手即散，则应灌水。

3. 依据天气情况　久旱不雨，干热风频频，蒸发强烈等天气，如我国西北、华北、东北等易干旱地区，风沙地区，多是春秋两头长时期干旱，应勤灌、多洒，并千方百计蓄水保墒，有时保水比灌水更重要。夏季多雨年份，不但不灌，反而要及时排水。

4. 依据树体　各种各样的缺水因素，最终都要在树体特别是在叶子上敏锐地表现出来，所以，经验丰富的栽培者，常常是观树看叶后决定是否灌水。中午高温时，看叶是否"低头"，如发现萎蔫低头，且一夜过后仍不能复原，应立即灌水，要灌透，否则水过地皮干，反而加重旱情。

四、预算灌水量

田间最大持水量的 $60\%\sim80\%$ 为最适于梨树生长发育的土壤水分。低于这个数值，就要灌水，差值越大，灌水量也越多。

灌水前，可在树冠外缘下方培土埂、建灌水树盘，通常每次每平方米灌水70～100kg，每个树盘一次灌水量为 $3.14\times$ 树盘半径^2（m^2）$\times$（$70\sim100$）kg/m^2；每 $667m^2$ 梨园全部树盘的灌水量为：每个树盘一次灌水量$\times$每 $667m^2$ 株数。

生产实践中的灌水量往往低于计算出的理论灌水量，应注意改良土壤，蓄水保墒，节约用水。

五、灌水操作

灌水方法有沟灌、喷灌、滴灌、渗灌等。后三者是既节水又不破坏土质的灌水方式（参见苹果相关部分），条件不具备时，可选用以下简易灌水方式：

1. 树盘或树行灌水　在树冠外缘的下方作环状土埂，或树行的树冠外缘下方作两条平行直通土埂，埂宽 20～30cm，埂高 15～20cm，通过窄沟将水引入树盘或树行内，经一定时间，待水与埂高近似时，封闭土埂，水下渗不泥后，及时中耕松土。

2. 沟灌　在树冠外缘向里约 50cm 处，挖宽 30cm、深 25cm 的环状沟或井字沟，通过窄沟将水引入环状沟或井字沟内，经一定时间，待环状沟或井字沟水满为止，水渗下后，用土埋沟，保蓄水分。

3. 穴灌　在树冠外缘稍向里挖 10 个穴左右，每个穴的直径为

30cm，穴深 60cm，挖穴时勿伤粗根。用桶将每个穴灌满水，再用草封盖穴口。

六、排水

1. 及时排水　土壤含水量高于田间最大持水量的 60％时，土壤呈饱和积水状态，要及时排水。

2. 完善排水系统　对于易涝地形，从建园开始就应设排水系统。排水系统不完善的，应在雨季来临前补救配齐，防患于未然。排水系统，应因势设施：

（1）低洼盐碱地，顺地势水势，挖成纵横阡陌的干支通沟，排水于园外。

（2）山坡地梨园，在修好梯田的基础上，于梨园高处，挖环山截水壕，防止雨水流冲坏梯田，并在梯田内侧顺行挖竹节式浅沟，做到水小能蓄，水大能排。

（3）有隔水石层、胶泥层的梨园，山脚下的"尿炕地段"，应打破死隔子，挖暗沟或明沟，顺水出园，或下渗。

（4）下水位高的梨园，每 4 行树挖一道排水沟，在台田面上栽果树。

第四章　整形修剪

第一节　整　　形

为了达到丰产稳产优质、经济寿命长的目的，应根据栽植密度、品种特点和栽培区域，将梨树培养成适宜树形。北方地区梨树常用树形有主干疏层形、小冠疏层形、单层高位开心形和自由纺锤形（表 2-10）。

表 2-10 梨常用树形

树形	密度（每 667m² 株数）	结构特点	图 示
主干疏层形	33～42	树高小于 5m，干高 0.6～0.7m。主枝 6～7 个（一层 3 个，二层 2 个，三层 1～2 个）。层间距：一二层 1m，二三层约 0.6m。一层主枝层内间距 0.4m。每个主枝留侧枝数：一层 2～3 个，二层和三层各 2 个	
小冠疏层形	33～55	树高 3m，干高 0.6 m，冠幅 3～3.5m。第一层主枝 3 个，层内距 30cm；第二层主枝 2 个，层内距 20cm；第三层主枝 1 个。一二层间距 80cm；二三层间距 60cm，主枝上不配侧枝，直接着生大中小型枝组	
单层高位开心形	45～67	树高 3m，干高 0.7m 中心干高约 1.7m。0.6m 往上约 1m 的中心干上枝组基轴和枝组均匀排列，伸向四周。基轴长约 30 cm。每个基轴分生 2 个长放枝组，加上中心干上无基轴枝组，全树共 10～12 个长放枝组。全树枝组共为一层	

（续）

树形	密度（每667m²株数）	结构特点	图　示
纺锤形	66～95	树高不超过 3m。主干高0.6cm 左右。中心干上着生10～15 个小主枝，小主枝围绕中心干螺旋式上升，间隔20cm。小主枝与主干分生角度为 80°左右，小主枝上直接着生小枝组	

小冠疏层形、自由纺锤形的基本整形过程参考苹果部分，但要注意梨树与苹果树整形区别。

梨树的极性生长和干性比苹果明显，梨树发枝力弱，分枝角度小，树冠较稀疏，幼树干性十分明显，因此对梨树的整形要注意以下 8 个方面。

（1）梨树的成枝力比苹果低，要注视刻芽或刻短枝发长枝，培养骨干枝。

（2）主枝数量要比苹果适当增加，层间距离可适当减少。

（3）中心干要注意控制，过强及时换头。

（4）竞争枝要注意控制，适当疏枝或强度短截。

（5）特别要注意加大主枝角度。

（6）注意培养外侧生长枝，以备扩大树冠。

（7）树冠内部徒长枝应注意利用换头或从基部剪去，防止扰乱树形。

（8）梨树常采用邻接和轮生，侧枝对生。苹果树则强调基部主枝的层内距，严防"掐脖"，削弱中央干长势；主枝上的第一侧枝，要求距主干稍远，以免形成"把门侧"，更不允许侧枝对生，削弱主枝长势。

第二节 修剪不同年龄时期的梨树

一、梨树修剪与苹果修剪的不同

在苹果和梨树的整形修剪中正确区别两者之间的差异，合理运用修剪技术，才能达到丰产稳产目标。

1. 梨树干性强，层性也比苹果明显 梨树干性层性明显强于苹果，幼树期常出现上强下弱，修剪要注意控制上强下弱现象（图2-4）。

2. 梨树的萌芽力较苹果强，成枝力较苹果树弱（图2-5） 梨

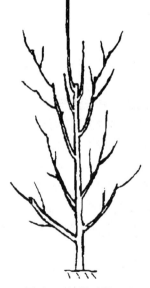

图2-4 上强下弱

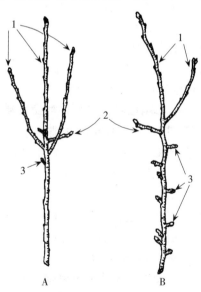

图2-5 梨、苹果萌芽率和成枝力

A. 苹果　B. 梨

1. 长枝　2. 中枝　3. 短枝

树长枝较少，修剪时可适当轻短截，少疏枝，以增加枝量。梨树萌芽率高，短枝较多。

3. 梨树枝条停止生长比苹果早　梨树多数枝条在 5 月下旬至 6 月上旬停止生长，顶芽饱满，易形成顶花芽，短枝除个别品种，一般无侧芽。梨树除个别幼树、旺树、旺枝有 2 次以上生长外，因枝条停止生长早，大多数长、中枝易形成顶花芽和腋花芽，梨树短枝节间短，叶腋间常无侧芽或只有发育不充实、芽体很小的侧芽，但顶芽很饱满。所以梨树短枝不可短截，短截后常不易萌发导致枝死。长枝基部一般

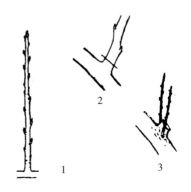

图 2-6　梨长枝极重短截的反应
1. 梨长枝基部盲节
2. 极重短截　3. 形成干桩，副芽萌发

为盲节，不宜使用极重短截，否则，也容易形成枯桩，同时逼迫副芽萌发徒长枝（图 2-6）。

4. 梨树单枝之间生长势较苹果树差别大　中短枝较长枝生长势弱，同一枝条抽生的新梢，因芽的异质性，先端枝长而粗，下部明显变弱，单枝之间生长势差别大。梨树多数品种，长枝上易抽生长、中短枝，而中、短枝上则很难再长出中、长枝。因此结果后，多数品种以短果枝群结果为主，且短果枝群寿命长，修剪时，要注意疏间衰老枝芽，以更新复壮，疏间时，要疏中留侧、疏下留上、疏弱留强、疏密留稀、疏远留近。要特别注意不同类型枝条和结果枝组的培养和更新复壮。

5. 梨树喜光性比苹果强　梨树对光照强度比较敏感，一般在光照强度 60％以上时易形成饱满花芽。树冠郁闭光照不足时，内膛结果枝组特别是小枝组易衰老或枯死。修剪时留枝不宜过多或过少，主枝的层间距离要适当大些，并要注意全树各部位枝量、枝类

的调整。

6. 梨树枝条比苹果脆硬　梨树不宜在休眠期开张角度。梨幼树枝条直立，分枝角度小、且硬，不易开张。盛果期后骨干枝较开张，枝头易下垂，大部分梨品种幼树树冠呈圆锥形，影响早期成花与结果。在整形修剪中需及早开张主枝角度，但开张过大，延长枝的生长势会减弱。梨幼树主枝角度一般比苹果幼树主枝角度小些，随着树龄的增长和产量的逐年提高。梨树冠逐渐达盛果后期，主枝角度增大，其先端易下垂，要及时抬高角度。梨树枝条较脆硬，受重压时，基部易劈裂，尤其在休眠期表现较明显，冬春整形修剪时要特别注意。梨树开张主侧枝角度，要在生长期6～7月进行，梨树的枝条年龄越轻脆度越大，1～2年生枝脆度最大，所以夏季中梨树不宜进行扭梢。应采用拿枝、弯枝、坠枝等变向夏剪措施，环剥多用于以后准备疏除的多年生枝上。

7. 梨树的隐芽寿命比苹果长　梨树骨干枝的更新容易，如老梨树更新复壮。梨树枝条基部具有副芽而且发育较好，一般不宜萌发而成为潜伏（隐芽），寿命很长。但在受机械损伤或重修剪等刺激时易萌发或抽枝，便于衰老树和骨干枝的更新复壮，更新后再生能力也较强。

8. 梨树成花比苹果树容易　梨树长枝缓放后，一般当年形成花芽。短枝多次结果后，果台上能继续抽生短枝，易形成短果枝群，短果枝群寿命较长，但多次或连续结果后，生长易衰弱，如苹果梨、早酥梨，要及时疏剪，更新复壮。

9. 梨树修剪反应比苹果敏感　为了促使梨幼树早果丰产，应在辅养枝弯枝、开张角度的基础上采用环状倒贴皮结合夏季修剪，促进形成花芽的效果比苹果明显。

10. 梨树内膛结果后易衰老　梨树树冠直立上强下弱严重，内膛衰老造成结果部位外移比苹果快，影响丰产、稳产。因此要充分利用内膛粗壮徒长枝缓出花芽，更新修剪内膛枝，控制极性生长和解决好光照，才能取得较好收成。

二、不同年龄时期的修剪目的

梨树不同年龄时期的修剪目的不同（表2-11）。

表 2-11 梨树不同年龄时期修剪目的

年龄时期	修剪目的
幼树期（定植至初次结果，一般3～4年）	整好形，培养好骨架，促发分枝，扩冠促枝早结果
初果期（初次结果至产量明显增加，一般3～5年）	继续培养骨架，兼顾培养结果枝组，为进入盛果期做准备
盛果期（产量明显增加至产量最高，再至产量开始下降，一般20～40年）	控制树体生长，把树体控制在预定范围内，保持树冠不荫蔽，以利通风透光，维持健壮（外围新梢为30cm左右，中短枝健壮；花芽饱满，约占总芽量的30%。枝组年轻化，中小枝组约占90%）稳定的中庸树势，克服大小年结果现象，使盛果期延长
衰老期（每667m² 产量不足1t至没有经济产量）	恢复树势，复壮枝组，延长结果年限

三、幼树和初果期树修剪

1. 促发长枝，培养骨架 在培养骨架时，多短截和刻芽、刻短枝，以促发较多长枝（图2-7）。

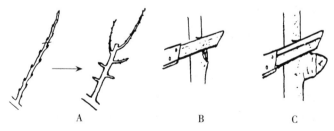

图 2-7 幼树期促发长枝的方法

A. 短截　B. 刻芽　C. 刻短枝

2. 开张角度，缓和树势 对长枝轻剪缓放，对直立壮枝拉平，保留中短枝，尽量利用抽发的枝梢，扩大树冠。除疏剪部分过密枝外，一般不进行疏剪。梨的枝条直立易形成"夹皮"，而且质地脆硬，达到一定粗度后开张角度会比较困难，因此应及早进行。

图 2-8 中心干弯曲延伸

3. 抑强扶弱，平衡树势 对中心干通过换头来使之弯曲延伸（图 2-8）。对强枝加大角度、少短截，弱枝带头、环剥环割等方法削弱长势，对弱枝采取相反的方法。

4. 培养枝组，提高产量 一般以先放后缩法为主，在主侧枝两侧培养小型结果枝组（图 2-9A）；以先截后放法为辅，培养中大型结果枝组（图 2-9B）。

A   B

图 2-9 培养枝组的方法

A. 先放后缩 B. 先截后放

四、盛果期的修剪

1. 保持树冠通风透光 及时落头开心，疏除顶部过密枝（开顶窗）（图 2-10）；疏除侧部外围过密枝、直立枝、交叉枝，开侧窗；疏除下部下垂枝（裙枝），使下部通风透光。回缩株间碰头枝（图2-11），解决全园群体光照，从而保持良好的通风透光条件。

2. 保持树体中庸健壮 对树势较旺的植株，要控制旺长，多

疏除、少短截，去直立枝留
斜生枝，多留花芽，以果压
树势，使其趋向于中庸树
势；对树势较弱的植株，采
用较重的修剪方法，中截强
枝，疏去弱枝；对部分中、
短果枝采取短截，疏去部分
花芽，变结果枝为营养枝，
增加营养枝比例；对树势稳
定的植株，重点是对结果枝

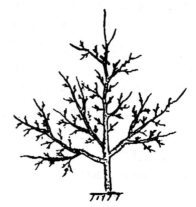

图 2-10　落头开心

组修剪；对花量多的梨树，
剪除劣质花芽，短截腋花枝，调整结果枝和营养枝的比例。

图 2-11　株间碰头枝　　　　图 2-12　多年生下垂枝在
　　　　　　　　　　　　　　　　　　背上枝处回缩

五、衰老期的修剪

1. 留背上枝回缩　对下垂的多年生枝进行回缩，回缩部位要
选良好的背上枝，当头枝要壮枝壮芽（图 2-12），使其向上生长，
并剪去部分花芽，疏去弱枝。

2. 分批次更新骨干枝　每年更新 1～2 个大枝，3 年更新完毕，
同时做好小枝的更新。

3. 充分利用徒长枝　利用徒长枝来充实残缺的树冠，恢复树
势，重获丰产。

第五章 花果管理

第一节 预防霜冻

梨树的花期比苹果早 10d 左右，易遭受晚霜危害。花蕾期遇到 −4.0℃左右低温、花期遇到−2.9～−2.3℃的低温，持续半小时以上，花器官就要受到冻害，不能正常授粉受精，大大降低产量，常给梨园经营者造成巨大损失，在春季易发生晚霜危害的地区，必须做好预防。

预防晚霜危害，主要有如下措施：

1. 综合措施 加强综合栽培管理，增强树势，提高树体营养水平，增强树体自身抵御霜冻的能力。

2. 延迟开花，避开霜冻 早春灌水、发芽前灌水或树冠喷水，均可延迟开花 3～5d。

3. 熏烟改善梨园小气候 用柴草锯末，在凌晨气温下降至−2℃时，点燃熏烟，以阻止冷空气下沉。

（1）准备柴草堆。提前准备柴草堆。在梨园小区周围和小区内的小路、宽行等空间较大的地方，约 40m 堆一个草堆。柴草堆要压上一些泥土，压得实心一点，减少其与空气的接触面积，点燃后不会产生明火，更容易产生浓烟。

（2）熏烟。当预报有霜冻时，在凌晨气温下降至−2℃时全部点燃柴草堆，使其在梨园上空慢慢燃烧产生浓烟保护层，阻碍冷空气下沉。

4. 枝干涂抹白涂剂 白涂剂可反射阳光，使树体温度回升变慢，延迟开花。

（1）准备材料。按照以下比例准备材料：石灰 5kg、硫黄粉 0.5kg、食盐 1.5kg、植物油 0.1kg、面粉 0.5kg、水 15kg。

（2）配制。先将石灰、食盐分别用热水化开，搅拌成糊，然后再加入硫黄粉、植物油和面粉，最后将水加入搅匀。

（3）涂刷。将白涂剂分装到塑料小桶中，用长柄宽毛刷均匀地涂刷到梨树的主干和大主枝上面，避免结块和流失。

第二节　辅助授粉

一、梨与苹果开花结果习性的区别

梨的花序为伞房花序，边花先开，边花结的果品质好，苹果为伞形花序，中心花先开，中心花结的果品质好（图2-13）。在授粉、疏花疏果时应该注意。

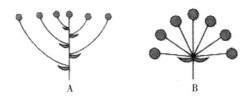

图 2-13　梨、苹果花序

A. 梨花序　B. 苹果花序

二、授粉方法

梨属于自花不实的果树，除必须在建园时配置授粉树外，还需要利用人工或昆虫进行辅助传粉，以提高产量、单果重和果实整齐度。人工辅助授粉方法有鸡毛掸子授粉、挂花枝、纱布袋授粉、喷粉喷雾授粉、人工点授、液体授粉。昆虫辅助授粉可利用壁蜂和蜜蜂（图2-14）。

图 2-14　授粉昆虫

A. 壁蜂　B. 蜜蜂

第三节　疏花疏果

一、梨与苹果落花落果的区别

梨树与苹果相比花量大，落花重，落果轻。每花序有5～10朵花，而且梨树在花期落花较严重，但坐果后落果较轻，一般不发生第二次落果。第一次落果发生在谢花后的30～40d。因此梨树在花期应当注意疏花，节约营养，但疏花不能过度，更不能采用以花定果的疏花疏果方式，以免造成坐果不足，影响产量。但第一次落果结束后（一般在谢花后4周）即可疏果定果，而苹果必须在6月生理落果结束后才能定果。

二、疏花疏果的原则

1. 尽早进行　开花坐果及幼果细胞的多少主要靠树体贮藏的营养决定，尽早把多余的花果疏掉，减少无谓消耗；只有把养分全部集中到应留的花果上，才能长成大果。所以早疏比晚疏好，疏蕾比疏花好，疏花比疏果好。但要视当年的花量、花期天气、树力、坐果力等情况，再决定是疏蕾、疏花、疏果，或是三者相配合。

2. 因树（枝）而异　如果全园平均单株负载量一定，具体疏每棵树（枝）时，还要因树（枝）而异，壮者多留，弱者少留。满树花果的大年树（60%以上花芽），要早动手多疏重疏。弱枝弱序可全枝全序疏除，留出空台下年结果，只留壮枝单果，不留双果。大中果型品种，每20cm左右留1个果即可。花量25%左右的小年树，适当少疏多留、少留或不留空台。壮树壮枝多留枝头果以果压势。弱树（枝）不留枝头果。背上壮结果枝组多留，背下弱结果枝组少留。

3. 因副梢而异　副梢多而壮的表明能长成大果，在全树花量不足时可留双果；中庸副梢和壮台留下单果；无副梢弱台在不留果也够量的情况下，可以不留。

4. 因序位而异　在一定花序中，梨是边花先开，依次向内，先开者一般幼果大，易长成大果，果形端正。所以应留边花边果，疏去其余的花或果（图2-15）。

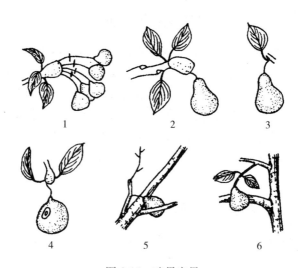

图 2-15　疏果定果
1. 疏中部序果，留边处序果　2. 留壮台果　3. 留下垂果
4. 疏病虫伤果　5. 疏枝夹伤果　6. 疏大枝磨伤果

5. 因幼果而异　果柄长而粗，幼果长形，萼端紧闭而突出的易发育成大果，故应留之，疏去那些果形小、萼张开不突出的果；疏去那些病虫果、歪果、小果、锈果、叶磨果（图2-15）。

第四节　果实套袋

给梨果套袋可减少病虫为害，减少农药污染，改善果实外观质量。套袋梨的果面细嫩光洁、肉细汁多，深受广大消费者的青睐。

一、梨果套袋前准备工作

1. 选择优质果袋　目前市场上梨纸袋种类繁多，应合理选择。对纸袋的基本要求是：遮光度良好，经风吹雨淋后不易变形、不破损、不脱蜡，雨后易干燥，对梨果的不良影响极小。有的纸袋经药剂处理后，袋内的病虫少。袋的规格通常为宽 14～16cm，长 18～19cm，袋口中间有一个半圆缺口，便于张开纸袋，袋口底部两侧有出气孔，便于雨水流出，以免袋中积水。不同的梨品种，在纸质、纸层和颜色上均有不同要求。例如绿宝石最好选用外花（木浆纸）、内黑双层袋或外花、中黑、内为棉纸的 3 层袋，内层黑纸要在 45g 以上，棉纸要柔软，以防擦伤幼嫩表皮。而黄金梨由于果个较大，果袋型号采用（16～17）cm×（18～19）cm，木浆纸制作，遮光性好，内纸采用柔软棉纸的特制纸袋较好。较早套袋的梨品种，幼果果皮的组织特别幼嫩，因此，内衬棉纸特别重要，可以避免在套袋过程中人为擦伤果皮，形成果锈。

2. 搞好病虫害防治 套袋前搞好病虫害防治是套袋能否成功的关键技术。5 月中下旬，套袋前喷施 10％吡虫啉 3 000 倍液＋70％甲基托布津 800 倍液，以防治黄粉虫、绿盲蝽、黑点病等，果梗和萼凹部位应重点用药。

二、套袋时期

套袋应在落花后 30～45d、疏果后至果点锈斑出现前进行。目前所使用的纸袋经透光度测定，大部分透光率均在 1％以下，在幼果期过早套袋会影响果粒的发育，过晚套袋则果皮转色较晚，外观色泽较差，气孔变成果点，角质层表面易发生龟裂。尤其是青皮梨，当大小果分明、疏果完成后就应着手套袋。

对一些易生锈斑的品种，为减轻锈斑的发生，在幼果期增加一次小果套袋，一般在着果后可分辨果实形状时开始疏果，待确定留果数，即使用单果小套袋，最晚套小袋时间应在谢花后 20d 完成，否则失去意义。套小袋后 20d 左右就应加套大袋，气温高且烈日无风天气，套袋时间应提早，否则袋内温度过高，可能使果皮变色甚至日灼或裂果，气温低且经常有微风的天气或海拔较高的冷凉地区，适当推迟套袋时间影响不大。

海拔高、日夜温差大、雨量少的地区，两次套袋效果佳；气温高通风较差且低洼潮湿地区，使用套小袋不理想，以一次套袋效果好。所以，为发挥梨果套袋的综合效果，一定要适时套袋，适当的套袋时期应是在果皮开始转粗期间最理想。

三、采前处理

梨果含糖量套袋后比不套袋有所下降，采前除袋在一定程度上增加果实的含糖量，但效果不甚明显，反而对果点和果皮颜色有较大影响，所以采前除袋降低了套袋改善果实外观品质的效果。

因此，对于不需要着色的品种应带袋采收，等到分级时除袋，这样可以防止果实失水、碰伤和果面的污染。对于在果实成熟期需要着色的品种，如红皮梨，套袋一般用双层袋，应在采收前 2～3 周除袋，为防止日灼，可先除外袋，内袋过 2～3 个晴天后再除掉，去除内袋后红皮梨很快着色，外观更加漂亮。

四、套袋操作流程

详见图 2-16。

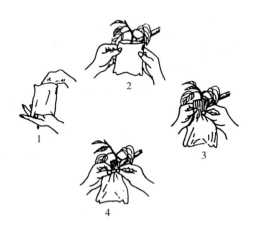

图 2-16　套袋操作

1. 鼓袋　2. 套果　3. 折叠　4. 扎口

1. 鼓袋　先将手伸进袋中，使袋膨起来，托起袋底，使两底角的通气放水孔张开。

2. 套果　手持袋口下 2～3cm 处，套上果实。

3. 折叠　从中间向两侧依次折叠袋口。

4. 扎口　于袋口下方 2.5cm 处用纸袋自带铁丝绑紧。果实袋应捆绑在近果台的果柄上部，注意应将梨果置于袋中央部位，使之悬空，以防止纸袋摩擦果面而形成锈斑。绑口时千万不要把袋口绑成喇叭状，以免积存药液流入袋内，引起药害。每花序套 1 个果，1 果 1 袋。

五、套袋操作注意事项

（1）整个套袋过程中，不要用手触摸幼果，防止人为碰伤果皮。

（2）绑扎松劲要适当，不要用力过大，防止折伤果柄，拉伤果柄基部，或捆扎丝扎得过紧影响果实生长，或过松导致刮风时果实脱落。

（3）袋口不能扎成喇叭口状，以防积存雨水、药物流入袋内，或病虫进入袋内，也不要把叶片套入袋内。

（4）套袋时，通气放水口一定要张开，果实一定要处于袋子中部。

（5）套袋期遇雨或药后 6d 未套完者，应重新细致喷药。

（6）露水未干或药液未干时不能套袋。

（7）梨果套袋最好全园、全树套袋，便于套袋后的集中统一管理。若要部分套袋，则要选择初盛果期的中庸或中庸偏强树，不要选择老弱树、虚旺树、病树、孤树、风口树、小老树。

第五节　采收及商品化处理

一、采收前准备

梨果实采收前的管理直接影响到梨果的外观品质、内在品质、贮运品质和食用安全，因此要严格按照规程进行。

1. 合理防治近成熟期病虫 近成熟期禁用有毒农药，套袋园采前20d禁用，未套袋园采前30d禁用。有轮纹病梨园采前10d可用百菌敌500倍加绿芬威3号1000倍防治。有梨木虱为害的梨园在采前20d可用2%全球鹰5000倍或1.8%虫螨杀星4000倍＋5%啶虫脒4000倍＋高金增效灵（每支加水30kg）防治。采收前的10～20d，对树体喷洒0.6%～1.2%的氯化钙，可提高其耐贮性，减少果实褐变。

2. 停止浇水或及时排水 在采收前的20d左右应停止浇水，如遇连续降雨，要及时排水，以免产生不耐贮藏的"水催梨"。

3. 采收期确定 果实的采收时期主要根据市场需求、果实的成熟度及果实的用途来确定。而确定果实成熟度的主要依据是品种特性、果实发育天数、果皮色泽、种子色泽、果肉硬度、果梗脱离难易程度等因素。通常将梨果的成熟过程分为3个阶段（表2-12），不同用途的梨果应在不同成熟度时采收。过早或过晚采收的梨果贮藏期褐变率均高于正常采收的果实褐变率，但适当晚采有利于提高梨的耐贮性，防止生理性病害的发生。用于贮藏和长途贩销的可适当早采；用于本地鲜销和加工果汁、果酒的应在成熟后采收，但在果肉变软前必须采收完毕，套袋果可适当迟采。用于冷藏的如遇连续阴雨或大雨后应隔1～2个晴天再采。

4. 采收操作正确，避免果实受伤，降低贮运性

表2-12 梨不同成熟期

成熟期	特 点	备 注
坚熟期，即绿熟期，生产上所说的可采成熟度时期	果实完成了生长和各种物质积累过程，大小已经定型，绿色减退，开始呈现本品种近于成熟的色泽，糖分增加、酸度逐渐降低	用于远途运输和罐藏、蜜饯等加工的果实可于此期采收。西洋梨需后熟才能食用，一般也可于此期进行采收

（续）

成熟期	特　点	备　注
完熟期，即生产上的可食成熟度时期	种子变褐，果梗易和果台脱离，果实表现出该品种固有的色、香、味和外形，果实的化学成分和营养价值达到最佳食用阶段	用于就地销售鲜食、短距离运输和果汁、果酒加工的果实可于此期采收。用于冷库贮藏、窑洞贮藏的果实也常于此期采收
过熟期，即生理成熟时期	种子充分成熟，果肉开始软绵，营养价值大大降低	一般用于采种的果实可于此期采收

二、正确采收

梨果的采收要做到无伤，因为梨果伤口和空气产生氧化反应而变色，同时病菌从伤口侵入梨果易造成腐烂，失去商品价值。目前仍主要是人工采摘，采收前要准备好采收工具。采收可以用果篮、果筐，也可以用塑料筐，这些容器有一个共同的特点，就是透气，因为梨是怕热的水果，所以选用的容器一定要透气。

三、商品化处理

主要包括选果→分级→单果包装→装箱等环节。

1. 精心选果　采后及时进行选果，大体分出等级果和级外果（次果）。选果时首先剔除病虫果、畸形果、机械损伤果、小果、不符合卫生指标果。

2. 清洗分级　将梨果用干净的清水冲洗，去除表面带有的病虫和微生物，然后剔除病虫果，并按级别要求将梨果分级，不同的梨，级别标准也不一样。

3. 单果包装　梨果一般不采用薄膜单果包装或纸箱内衬薄膜的包装方式，因为这样会使二氧化碳的体积分数过高而造成果肉与果心的褐变。但是用一种简便、经济、实用的厚为 $0.01\sim0.02\mathrm{mm}$

的聚乙烯小袋单果包装，既能起到明显的保鲜效果，又不会使梨果发生二氧化碳伤害。另外，将梨果用纸或发泡网套包装后，放入纸箱中，并在纸箱侧面打孔，也能达到通气、保鲜的效果，套袋梨果可不摘袋即作单果包装。

4. 装入纸箱 装箱不宜过满，每箱以 25kg 为宜，同一箱同一批采用同一等级果，同一箱中要求果实大小基本一致，放置时要求果实排列整齐、果梗侧斜、层间用纸板隔开。装箱后应立即运回冷库贮藏。

第六节　贮藏保鲜

参阅苹果部分。

第六章　病虫害防治

一、使用农药注意事项

梨园病虫害防治要坚持"预防为主，综合防治"的方针，尽量通过科学合理的栽培管理措施，创造良好的梨园生态，增强树体抗病虫能力和自然天敌防治害虫的能力，但是当梨园病虫害发生严重时，运用农药防治是必不可少的防治措施。为了减轻农药对果品、空气、土壤和地下水的污染，以及对天敌的伤害，同时节省成本，提高效益，使用农药时应注意以下几点：

1. 对症下药 选用最适合的农药品种防治每一种病虫害。不同的病菌和昆虫对同一种药剂毒力的反应是不同的。也就是说，每一种农药都有它一定的防治范围和对象，如粉锈宁可以有效地防治梨锈病和白粉病，而对黑星病等其他病害的防治效果就很差。吡虫啉（一遍净）对防治刺吸式口器中蚜虫、飞虱等为害效果显著，而对螨类则无效。溴氰菊酯（敌杀死）对防治梨小食心虫、蚜虫、梨木虱以及各种毛虫、刺蛾等效果好，而对螨类无效。此外，病害侵染过程的不同时期对药剂的敏感性存在着差异。病菌孢子在萌发侵入梨树的阶段，对药剂较为敏感，药剂防治效果较好；当病菌已侵入到果树体内并已建立寄生关系后，对药剂的耐药力增强，防治效果变差，如梨锈病。因此，防治病害要掌握在发病前或发病初期施药。

2. 准确用药　正确的用药浓度是指能有效防治病虫害的最小用药浓度，又不使梨树产生药害的用药浓度。如果盲目加大用药浓度，既造成药剂的浪费，又容易使病虫害产生抗药性，同时还可能出现梨树药害、人畜中毒，对果实和环境造成污染；过稀则达不到防治的目的。

用药量是单位面积上农药有效成分的用量。对梨树病虫为害进行防治时，既要注意枝、干、叶、果喷洒均匀周到，又要注意不要过量，尤其是气温高时，留在叶面上的药液能很快蒸发水分，造成浓度上升，可能对梨树造成药害。

农药的使用方法较多，在施药时要根据防治对象的为害特点和农药品种、剂型特性，选用正确方法施药。如乳油、可湿性粉剂、胶悬剂、水剂、可溶性粉剂可加水稀释喷雾；粉剂、颗粒剂不能加水喷雾。并且喷雾应由内到外，从上到下，不能漏喷，也不能多喷，以叶片充分湿润、又不会形成流动水滴为宜。

3. 安全用药　农药的安全使用，主要包括对人、畜、果树、果品及天敌的安全。在防治梨园病菌虫害时，优先选用高效、低毒、低残留农药和生物农药，严格控制农药使用量。严禁高毒、高残留的农药在已结果的果树上喷施。同时所使用的农药必须具备"三证一号"（农药登记证、生产许可证、生产批准证、标准号）。施药人员在操作前，应了解药剂性能及安全用药的注意事项，做好应备的安全措施。

4. 保护天敌　加强病虫害的生物防治是生产绿色、无公害果品的需要。在自然界中，果树病虫害的天敌很多，有寄生性的赤眼蜂、金小蜂等，有捕食性的瓢虫、草蛉等，还有苏云金杆菌、白僵菌等使害虫致病的微生物天敌。这些天敌对果树病虫害有强大的自然控制力，我们在进行化学药剂防治病虫害时应尽量注意保护这些天敌。

（1）多用内吸性或选择性较强的农药，少用广谱性或剧毒性的农药。如螨类早期应施用专性、长效性杀螨剂，以保护天敌。广谱性农药在防治害虫的同时也消灭了天敌，天敌的繁殖能力比害虫弱，因而易引害虫猖獗性的大发。

（2）选择适当的施药时间。最好的防治时期是害虫已达到防治指标或已到防治关键时期，而天敌尚未形成时喷药。若园内天敌数量较多时，应不用药或有选择地用药，以利于天敌控制害虫。如蚜虫为害前期时天敌少，应用化学防治控制，而后期天敌种类和数量增多，只要不造成经济为害，就应尽量少用农药，以保护天敌。

（3）选择适当的农药剂型。同一种农药以颗粒剂、微粒剂对天敌的影响小，乳油、粉剂对灭敌杀伤力大

（4）选择适当的施药方法。如抓住害虫局部发生的时机，进行挑选防治，减少大面积普遍用药。如生产上敌杀死应用频繁，因其能杀死多种多样害虫，但敌杀死对梨园内的天敌杀伤严重，连续多次全面使用易导致害螨猖獗。

5. 合理混配　由于在梨树某一生长期内，经常有多种病虫同时为害，因此梨农经常将两种以上药剂按一定比例混配在一起喷洒。但农药混用是有严格要求的。

（1）必须明确本次喷药防治的主要对象及发生阶段，确定各防治对象的有效药剂或互补药剂。

（2）各混配农药必须在混配后有效成分不发生变化，混配后药效不降低或对梨树不产生药害。如石硫合剂与波尔多液混合使用易产生药害，同时防治效果也明显下降。

（3）同类药剂作用方式和防治效果相同，起不到增效和扩大防治对象作用，不宜混用。

（4）混合后的药液毒性若变成剧毒，则不宜混用。

6. 制作农药使用档案　梨园病虫害防治时，应记录病虫害发生的种类与为害的情况，以及使用农药的种类、剂量、次数、技术

等档案。

7. 安全管理　农药要有专人保管，有流转制度，要有固定的安全存放地（按种类存放，并贴有标签），过期、废弃、严禁的农药要及时集中处理，不得污染环境。

二、识别与防治梨主要病害

为害我国梨树的严重病常有 10 种左右。其中梨黑星病发生最普遍，腐烂病、干腐病在北方梨区发生严重，西洋梨被害最重，常造成枯枝死树。轮纹病不仅为害枝干，也为害果实，还会引起贮藏期烂果。梨褐心病、青霉病和梨果柄基腐病是贮藏期的主要病害。此外还有黑斑病、锈病等叶部病害，南方梨区发生较严重。梨腐烂病、轮纹病等的鉴别与防治可参考苹果部分。

（一）梨黑星病

梨黑星病又称疮痂病，是中国南北梨区发生普遍，流行性强，损失大的一种重要病害。从落花期一直为害到果实成熟期。

1. 识别与诊断　能为害所有幼嫩的绿色组织，以果实和叶片为主。果实发病初期为淡黄色圆形斑点，以后逐渐扩大，病部稍凹陷，上长黑霉，后木栓化，坚硬并龟裂。幼果受害为畸形果，成熟期果实发病不畸形，但有木栓化的黑星斑。叶片受害，沿叶脉扩展形成黑霉斑，严重时，整个叶片布满黑色霉层。叶柄、果梗症状相似，出现黑色椭圆形的凹陷斑，病部覆盖黑霉，缢缩，失水干枯，致叶片或果实早落（图 2-17）。

　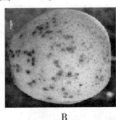　

A　　　　　　　　B　　　　　　　　C

图 2-17　梨黑星病

A. 幼果病状　B. 成果病状　C. 叶病状

2. 发生规律 在腋芽的鳞片内、枝梢病部或落叶上越冬。第二年春季一般在新梢基部最先发病，病梢是重要的侵染中心，病菌由此通过风雨传播到附近的叶、果上，当环境条件适宜（11～20℃）时，经5～48h，进入叶果，再经过14～25d的潜育期，表现出症状。以后病叶和病果上又能产生新的分生孢子，陆续造成再次侵染。该病的发生与降雨关系很大，雨水多的年份和地区发病重。西洋梨和日本梨不感病，中国梨发病重。

3. 防治方法

（1）增强树体抗病能力。加强果园管理，合理施肥，合理灌水，增强树势，提高抗病力。

（2）消灭病菌侵染源。早春梨树发芽前、秋末冬初清除病梢、叶片及果实，并集中烧毁。生长期清除落叶，及时摘除病梢、病叶及病果，清扫落叶和落果，带出园外集中处理。

（3）喷药防治。关键时期：5月中旬（白梨萼片脱落后，病梢初现期）、6月中旬、6月末至7月上旬、8月上旬。经试验硫酸铜配成的波尔多液及硫酸铜的各种演变剂型，效果最好，也可与80%的代森锰锌可湿性粉剂800倍液，50%退菌特可湿性粉剂600～800倍液等交替使用。

（二）梨褐心病、梨青霉病和梨果柄基腐病

梨褐心病、梨青霉病和梨果柄基腐病是梨果贮藏期常见病害，应据致病原因积极防治，避免造成损失（表2-13）。

表2-13　梨贮藏期病害识别与防治要点

病名	梨褐心病	梨青霉病	梨果柄基腐病
别名	梨黑心病、空心病	梨水烂病	
图示			

（续）

病名	梨褐心病	梨青霉病	梨果柄基腐病
识别与诊断	用聚乙烯箱密封或气调贮藏梨易发病，其症状是果心部分变褐，形成的褐斑只限于果心，有的延伸到果肉中。有时，组织衰败也可产生空心，致病部组织干缩或中空	发病开始时，病斑近圆形，淡黄色，果肉很快腐烂。由外向内部深层扩展，果肉软腐凹陷，病健部明显，病果表面出现霉斑，菌丝初为白色后渐产生青绿色粉状物，呈堆状，即病菌分生孢子，腐烂果实有一股霉味	基部开始腐烂发病。分3种类型： ①水烂型。开始产生淡褐色、水渍状溃烂斑，很快使全果腐烂 ②褐腐型。产生褐色溃烂病斑，向果面扩展腐烂，较水烂型慢 ③黑腐型。黑色腐烂病斑，向果面扩展较褐腐型慢
防治方法	生理性病害。比较复杂，可能与冷害、缺钙、实衰老、贮藏环境中气体成分不适宜有关	青霉菌在空气中有分布，借气流传播，也可通过接触等操作传染。包装房、贮藏室的带菌情况与发病轻重关系密切，病菌容易从伤口侵入而致病	腐生性较强的霉菌，促使果实腐烂。采收及采后摇动果柄造成内伤，是诱发致病的主要原因。贮藏期果柄失水干枯往往加重发病
	①生长前期肥水要充足，促使树体健壮，后期忌用大量的氮素肥料并控制灌水量 ②适当提早采收 ③果实采收后逐步降温及时入库	①采收、分级包装及贮运过程中，尽可能防止机械伤口，剔除带有病伤果实 ②贮藏中及时去除病果，防止传染 ③包装房和贮藏窖应采用严格消毒措施	①采收和采后尽量不摇动果柄，防治内伤 ②贮藏时湿度保持在90%～95%，防治果柄干燥枯死 ③采后用50%多菌灵1 000倍液洗果，有一定防治效果

三、识别与防治梨主要虫害

为害梨的虫害主要有梨大食心虫、梨小食心虫、梨黄粉蚜和梨木虱等（表 2-14），梨小食心虫的识别与防治要点可参阅苹果部分。

表 2-14　梨主要病虫害识别与防治要点

虫名	梨大食心虫	梨黄粉蚜	梨木虱
别名	梨大	梨黄粉虫	
图示			
识别与诊断	为害果实和花芽。先从花芽基部蛀入心髓，用碎屑和虫粪在蛀入孔处堆积成小丘，用丝缠绕封死，虫芽干瘦不能萌发。幼果期蛀果，蛀孔外排有虫粪，果柄基部被丝缠绕在枝上，病果干后变黑，俗称"吊死鬼"	食性单一，只为害梨。成虫和若虫群集在果实萼洼处为害繁殖，虫口密度大时，可布满整个果面。受害果萼洼处凹陷，以后变黑腐烂。后期形成龟裂的大黑疤。套袋果经常是果柄周围至胴部受害	以成、若虫刺吸芽、叶、嫩枝梢汁液进行直接为害，分泌黏液，招致杂菌，使叶片造成间接为害、出现褐斑而造成早期落叶，同时污染果实，严重影响梨的产量和品质

（续）

虫名	梨大食心虫	梨黄粉蚜	梨木虱
习性及发生规律	以幼虫在芽内结茧越冬，一年1～2代，春季花芽膨大期转芽为害，幼果期转果为害，一般为害1～3个芽，2～3个果，幼虫从芽基部蛀入为害，从幼果顶部蛀入为害。幼虫老熟后在最后为害的果内化蛹，化蛹前先作羽化孔，蛹期约10d，以2代为例，成虫6月上旬为羽化盛期，成虫产卵于果台及枝芽腋间，卵期5～7d。第一代幼虫蛀果为害期在6～8月，第二代成虫在8～9月羽化，多产卵于芽缝内，幼虫8～9月蛀芽到髓心结茧过冬	1年10余代，以卵在树皮裂缝内越冬。开花时卵孵化，若虫先在翘皮或嫩皮处取食为害，以后转移到果实萼洼处为害，并继续繁殖。喜阴忌光，多在背阴处为害，套袋果更易遭受为害，采收较早带有虫梨果，在贮藏期间仍继续为害，萼洼被害部逐渐变黑腐烂。成虫活动力差，主要靠梨苗输送。在温暖干燥的环境中如气温为19.5～23.8℃，相对湿度为68%～78%时，活动猖獗，高温低湿或低温高湿都对梨黄粉蚜活动不利。无萼片的梨果受害轻于有萼片的梨果。老树受害重于幼树	1年发生3～7代，以冬型成虫在落叶、杂草、土石缝隙及树皮缝内越冬，3月中旬为出蛰盛期在梨树发芽前即开始产卵于枝芽痕处，发芽展叶期将卵产于幼嫩组织茸毛内叶缘锯齿间、叶片主脉沟内等处。若虫有分泌胶液的习性，在胶液中生活、取食及为害。直接为害盛期为6～7月，因各代重叠交错，全年均可为害；到7～8月，雨季到来，由于梨木虱分泌的胶液招致杂菌，在相对湿度大于65%时，发生霉变。致使叶片产生褐斑并坏死，造成严重间接为害，引起早期落叶
防治方法	①物理防治。芽萌动期掰虫芽，转果期及第一代幼虫害果期采摘虫果。老熟幼虫化蛹期摘虫果集中烧掉或深理②保护利用天敌。将虫果集中，待寄生蜂、寄生蝇等天敌出现后，将它们放回梨园③化学防治。芽膨大露白期转芽初期可喷敌杀死、氯氰菊酯或功夫菊酯等；转芽期可喷杀虫味、灭扫利；成虫发生期喷灭扫利、杀虫味等	①物理防治。人工刮粗树皮及清除残附物，重视梨树修剪，增加通风透光②生物防治。利用天敌，如瓢虫、草蛉和芽茧蜂等，也可人工释放天敌③化学防治。粉蚜的苗木转运前，将苗木泡在水中24h以上，再阳光暴晒，可杀死其上的虫和卵；春季药剂涂干，4～5月和7～8月为害盛期，用10%吡虫啉可湿性粉剂3 000～4 000倍液，1.8%的阿维菌素乳油5 000～6 000倍液，0.3%的苦参碱水剂800～1 000倍液等喷杀	①物理防治。清除枯枝落叶杂草，刮老树皮、严冬浇冻水，消灭越冬成虫②保护利用天敌。天敌有草蛉、瓢虫、寄生蜂等③化学防治。3月中旬越冬成虫出蛰盛期喷洒菊酯类药剂；在梨落花末期，即第一代若虫较集中孵化期，是梨木虱防治的最关键时期。选用10%吡虫啉乳油4 000～6 000倍液，3.2%阿维菌素乳油5 000～8 000倍等药剂和浓度。发生严重梨园，加入适量助杀或消解灵、有机硅等助剂，以提高药效

第三篇
葡萄优质高效栽培

葡萄柔软多汁，营养丰富，既可鲜食，又可制成葡萄汁、葡萄干和葡萄酒，经济价值很高。国外栽培葡萄以供酿造葡萄酒为主，我国则以鲜食为主。鲜食葡萄栽培过程应符合《无公害食品　鲜食葡萄生产技术规程》（NY/T 5088—2002）要求。

第一章　育　苗

第一节　了解葡萄苗木

一、葡萄苗木的种类

生产上应用的葡萄苗主要有扦插苗和嫁接苗两种类型。嫁接苗利用砧木的抗逆性，可加强品种的抗寒、旱、涝、盐碱和病虫的能力，扩大了葡萄的栽植范围。如中国东北、内蒙古等冬季严寒地区，广泛利用山葡萄、贝达作为葡萄栽培品种的抗寒砧木，大大提高了葡萄的越冬能力；全世界发生葡萄根瘤蚜地区，普遍采用河岸葡萄、沙地葡萄及其杂种作为欧洲葡萄的抗根瘤蚜砧木，均是成功的例证。

大部分葡萄栽培地区应用扦插苗。扦插苗是从母体上剪取葡萄茎蔓的一部分，在适宜的环境条件下，生长成为独立的新植株的育苗方法，育苗过程简单，繁殖系数较高。

此外，少量繁殖时，可以利用将母体上的枝条直接压埋在土壤中培育新植株，此方法称为压条苗。

二、葡萄苗木分级标准

葡萄苗木分级标准应参照《葡萄苗木》（NY 469—2001）（表3-1、表3-2），也可以根据当地实际情况制定具体的标准，例如辽宁省农牧厅园艺处根据辽宁省葡萄生产情况制定了葡萄苗木质量标准（表3-3）。

表 3-1　葡萄自根苗质量标准

［引自《葡萄苗木》（NY 469—2001）］

项　　目		级　　别		
		1级	2级	3级
品种纯度		≥98％		
根系	侧根数量	≥5	≥4	≥4
	侧根粗度（cm）	≥0.3	≥0.2	≥0.2
	侧根长度（cm）	≥20	≥15	≥15
	侧根分布	均匀、舒展		
枝干	成熟度	木质化		
	高度（cm）	≥20		
	粗度（cm）	≥0.8	≥0.6	≥0.5
根皮与枝皮		无新损伤		
芽眼数		≥5		
病虫为害情况		无检疫对象		

表 3-2　葡萄嫁接苗质量标准

[引自《葡萄苗木》（NY 469—2001）]

项　目			级　别		
			1 级	2 级	3 级
品种与砧木纯度			≥98%		
根系	侧根数量		≥5	≥4	≥4
	侧根粗度（cm）		≥0.4	≥0.3	≥0.2
	侧根长度（cm）		≥20		
	侧根分布		均匀、舒展		
枝干	成熟度		充分成熟		
	高度（cm）		≥30		
	接口高度（cm）		10～15		
	粗度（cm）	硬枝嫁接	≥0.8	≥0.6	≥0.5
		绿枝嫁接	≥0.6	≥0.5	≥0.4
	嫁接愈合程度		愈合良好		
根皮与枝皮			无新损伤		
芽眼数			≥5	≥5	≥3
病虫为害情况			无检疫对象		

表 3-3　辽宁省葡萄苗木质量标准

项　目		等　级	
		一等	二等
根系	侧根数量	≥6	≥4
	侧根粗度（cm）	≥0.2	≥0.2
	侧根长度（cm）	≥20	≥15
	侧根分布	分布均匀，不偏向一方，舒展，不卷曲，有较多小侧根及须根	

（续）

项 目		等 级	
		一等	二等
蔓（一年生）	粗度（cm）	≥0.7	≥0.5cm
	剪留节数	4～5	3～4
	芽眼情况	芽眼饱满健壮	
自根苗插条长度（cm）		≥20	≥15
嫁接苗砧木高度（cm）		≥25	
嫁接苗接口愈合程度		完全愈合	
根皮与枝皮		无机械损伤	
病虫为害情况	检疫对象	无根瘤蚜、美国白蛾等	
	其他病虫害	无根头癌肿病	

第二节　培育葡萄苗木

一、培育葡萄苗的基本过程

1. 培育葡萄扦插苗的基本过程　剪取插条→插条剪截→插条催根→扦插→扦插苗。

2. 培育葡萄嫁接苗的基本过程　培育砧木→剪取接穗→嫁接→嫁接苗。

二、扦插成活原理

植物的细胞具有全能性，每个细胞都具有相同的遗传物质，都具有潜在的形成相同植株的能力。同时，植物体具有再生机能，即当植物体的某一部分受伤或被切除而使植物整体受到破坏时，能表现出弥补损伤和恢复协调的功能。枝条扦插后，在其内的形成层和维管束鞘组织中形成根原始体，从而发育成不定根，并形成根系。

插条扦插后，通常是在插条的叶痕以下剪口断面处，先产生愈合组织，而后形成生长点。在适宜的温度和湿度条件下，插条基部发生大量不定根，地上部萌芽生长，长成新的植株。

大部分葡萄的枝蔓，只要条件适宜，都可以生长不定根，发育成新的植株。但是，葡萄的芽眼萌芽和发生新根所需要的温度差异较大，气温稳定在10℃左右，芽眼就能萌发，可要发生新根，土壤温度须达到25℃左右，而以25～28℃生根最快。若在自然环境条件下直接扦插，因气温回升较地温快，都是先发芽后生根，发芽比生根早10～20d。在此期间，由于插条只发芽，没生根，假活现象严重，最终成活率低。即使成活也会影响新梢的生长速度及苗木质量。因此，在扦插之前进行催根处理是葡萄扦插成活的关键环节。

三、嫁接成活的原理

嫁接时期在果树的生长季节，接穗和砧木形成层细胞仍然不断地分裂，而且在伤口处能产生创伤激素，刺激形成层细胞加速分裂，形成一团疏松的白色物质即愈伤组织。嫁接时，双方接触处总会有空隙。但是愈伤组织可以把空隙填满，当砧木愈伤组织和接穗愈伤组织连接后，由于细胞之间有胞间连丝联系，使水分和营养物质可以相互沟通。此后，双方进一步分化出新的形成层，使砧木和接穗之间运输水和营养物质的导管和筛管组织互相连接起来。这样，砧木的根系和接穗的枝芽，便形成了新的整体。双方的接触面越大，则接触越紧密，嫁接的成活率就越高。嫁接成活的关键是砧木和接穗能否长出足够的愈伤组织，并紧密结合。

四、硬枝扦插

1. 插条的剪取　插条剪取必须在落叶后，结合冬剪进行。应选择丰产、优质的葡萄苗作采条母树，注意不要在未结果的幼树和结果后表现不良的劣树上剪取插条。插条选择标准：插条必须是充分成熟、粗壮而充实的枝蔓；冬芽饱满；节间长度大体一致，粗度在0.6～1.2cm，髓心不超过枝粗的1/3，无病虫害的一年生枝条，枝蔓呈红褐色，并且有光泽和蜡被，及时剪除其上的卷须和残留的果穗柄等。

将枝条剪成 50～80cm 的枝段，每 20 根或 50 根成一捆（图 3-1）。捆得要松，便于河沙透入，再用 5 波美度石硫合剂浸泡 1～3min进行消毒，取出晾干后贮藏。用标签标明品种、数量、采集日期、地点等。

2. 插条的贮藏 在北方地区，插条处理好后应立即贮藏，可采用沟藏或窖藏法进行贮藏。沟藏地点选择背阳、避风、高燥并有排水的地方。挖宽 1～1.5m、深 0.8～1.5m的贮藏沟或坑，长度及大小依贮量而定（图3-2）。贮藏时，先在底部铺 10～20cm 的河沙。将捆好的枝蔓，按顺序横放在河沙上，

图 3-1　葡萄插条

一层种条一层河沙填入，每层间填沙 5cm 以上，全部盖住种条，并使空隙之间也填满河沙，河沙的湿度以手握成团，松开一抖即散为宜。在填河沙时，做到捆与捆之间、条与条之间均与河沙接触，最后一层距地面 20～30cm，然后用河沙或细土填平。随着气温的降低，逐渐加盖细土，呈屋脊形（图 3-3）。

图 3-2　葡萄插条贮藏沟

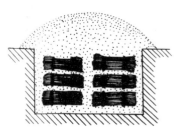

图 3-3　葡萄插条贮藏沟

在贮藏期间，最适宜的温度为 0℃左右，沙的湿度以 5％～6％为宜。如果温度超过 5℃，高温高湿，芽眼易萌动，种条易霉烂；

河沙干燥，种条易失水，不易萌发。因此，在贮藏期间，应经常检查温、湿度，并进行调节。

3. 插条的剪截 在剪截插条时，应进行筛选。如果顶部有霉烂、受伤或萌动的，均应剔除。枝条剪口组织变褐、霉烂、坏死或过分干枯（呈黄白色或黄绿色或红褐色等）的均不能使用。在生产上通常采用双芽扦插。插条剪截时，上剪口应距顶芽1.5～2cm，平剪。下部尽量长留，并剪成马蹄形（图3-4）。

图3-4 剪截成上平下斜插条

4. 插条催根 露地扦插前20d进行。

（1）清水浸泡。插条须先用清水浸泡12～24h，使之充分吸水。

（2）激素处理。有3种方法：①浸液法：将葡萄插条捆成50～100支一捆立在盆里，加3～4cm萘乙酸水溶液浸泡12～24h。注意只泡基部，不能将插条横卧盆内，也不要使上端芽眼接水。配制时需先用少量的95%的酒精溶解，再加水稀释到所需要的浓度，萘乙酸钠溶于热水。②速蘸法：将插条3～5支作一把，下端在萘乙酸溶液中蘸一下，拿出来便可扦插，使用萘乙酸的浓度为1 000～1 500mg/L。③蘸药泥法：将插条基部2～3cm在配好的药泥里蘸一下即可。药泥配制方法：将萘乙酸溶于酒精，加滑石粉或细黏土，再加水适量调成糊状，浓度为1 000mg/L左右。

（3）电热温床催根。先在温室开挖一个深20cm的苗床，长宽根据插条数量和电热线长度规格而定。苗床上面铺设专用电热线，在线的上面铺一层厚2cm的湿沙，沙层上面摆放经过生长调节剂处理的插条。按一定数量扎捆，基端对齐，垂直安放于湿沙上面，并以湿沙填充于插条之间（图3-5）。一般每平方米放6 000～7 000根插条。

图3-5 电热温床催根

在插穗催根期间，要注意保持苗床湿度与温度，插条上床后，要灌透水，以后每2～3d喷浇1次水，避免沙床缺水、干旱。温度调控分为4个阶段（表3-4），具体操作通过安置温度自控仪控制。

表3-4　电热温床催根的温度调控

控温催根	时　　间	床温（℃）	棚温（℃）
低温催根	通电加温1周以内	18～20	7～8
恒温催根	直到80％以上插条出现愈伤组织，长出根原体幼小组织	20～25	7～8
室内增温	直到顶芽萌动	20～25	10～15
温床降温	直到适应外界温度	以后逐渐降低温度，使新根适应外界环境	

5. 土壤准备　一般都采用露地扦插，扦插圃应选地势平坦、土层深厚、土质疏松肥沃、有灌溉条件的地段。秋季深翻并施入基肥，然后冬灌，早春土壤解冻后，及时耙地保墒，打垄覆膜，准备扦插（图3-6）。垄宽30cm，高15cm，垄距50～60cm。

黑色地膜具有保墒和提高地温的作用，北方早春土温较

图3-6　起垄覆膜

低，每次灌水会降低土温，而地膜覆盖灌水次数减少，土温上升快，还能避免由于灌水引起的土壤板结，使垄内通气良好，利于生根。垄插比平畦扦插生根早，发芽晚，成活率高，生长好。北方的葡萄产区多采用垄插法，在地下水位高，年雨量多的地区，采用垄沟排水更有利于扦插成活。

6. 扦插　用比插条略粗略长的木棍，按15cm株距要求，以30°斜度，在地膜上打孔并深入土壤15cm左右，再沿着所打空洞斜

插入插条，扦插为宜，插条的顶端与地面相平，或稍露出，每667m² 插8 000～10 000株，插条全部斜插于垄背土中，然后踏实，并在垄沟内灌水。

扦插时要注意：①插条芽眼向上，防止倒插。②顶芽要微露出地面，芽向阳面。③插后要浇一次透水。④如品种较多，挂上品种标记并画好分布图，以免混杂（图3-7）。

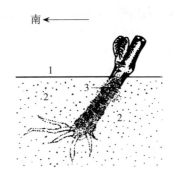

图3-7　葡萄扦插
1. 塑料薄膜　2. 苗圃土壤　3. 插条

7. 扦插苗的田间管理　主要是肥水管理、摘心和病虫害防治等项工作。总的原则是前期加强肥水管理，促进幼苗的生长，后期摘心并控制肥水，加速枝条的成熟。

（1）嫩梢出土前的管理。为了减少插条的水分蒸发，扦插时插条顶部芽眼与地面相平，再用细土覆盖成小堆。插后要经常检查顶部是否露出土面，如有露出，要及时用湿土盖好，以免干枯，雨后与灌水后，应及时松土，以免板结，阻碍嫩梢的出土，松土要细致，不要碰伤嫩芽。

（2）灌水与施肥。扦插时要浇透水，插后尽量减少灌水，以便提高地温，但要保持嫩梢出土前土壤不致干旱，具体灌水时间与次数要依土壤湿度而定。6月上旬至7月上、中旬，苗木进入迅速生长时期，需要大量的水分和养分，应结合浇水追施速效性肥料2～3次，前期以氮肥为主，后期要配合磷、钾肥，每次每667m² 施入人粪尿1 000～1 500kg或尿素 8～10kg或过磷酸钙 10～15kg或草木灰 40～50kg。7月下旬至8月上旬，为了不影响枝条的成熟，应停止浇水或少浇水。

（3）摘心。葡萄扦插苗生长停止较晚，后期应摘心并控制肥水，促进新梢成熟，幼苗生长期对副梢摘心2～3次，主梢长至70cm时进行摘心，到8月下旬长度不够的也一律进行摘心。

8. 苗木出圃　葡萄扦插苗出圃时期比葡萄防寒时期早，落叶后即可出圃，一般在 10 月下旬进行，起苗前先进行修剪，一般枝粗 1cm 左右的留 7～8 个芽，枝粗 0.7～0.8cm 的留 4～6 个芽，粗度在 0.7cm 以下，成熟较差的留 3～4 个芽或 2～3 个芽，起苗时要尽量少伤根，苗木冬季贮藏与插条的贮藏法相同。

五、绿枝扦插

1. 苗床准备　绿枝扦插苗床一般应设置在通风良好的地方，也可设置在建筑物北侧，每日有直射光照数小时的地方。床宽 1.2～1.5m，长可根据需要而定，高 20cm 左右，四周用砖砌成。苗床铺 15cm 左右粗河沙，河沙最好先用福尔马林消毒，以防插条霉烂。

2. 插条准备　开花期后 1 个月内选择半木质化粗壮的副梢或主梢，每 3～4 芽剪成一段，上部从芽上 1.0～1.5cm 处平剪，下部在第 3～4 芽下 1cm 左右斜剪（图 3-8），顶部叶片完整，第二芽叶片剪去一半。将剪好的插条，立即浸入水中或盖上湿布，放在阴凉处待用。

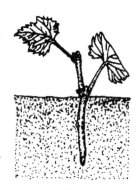

3. 催根处理　扦插前用 500～1 000mg/L 吲哚丁酸或萘乙酸、吲哚乙酸溶液浸蘸插条基部 3～5s。

图 3-8　嫩枝扦插

4. 扦插与管理　将催根处理过的插条按照株行距 10cm×12cm，深度以芽露出床沙面 1cm 为宜进行扦插（图 3-8）。插完后充分洒水并扣上塑料拱棚，晴天 10～16 时，棚外要遮阳，使光强度为自然光照的 30%～50%，降低苗床温度。

塑料棚内的空气湿度应保持 90% 以上，使枝条不脱水，可在棚内安装喷雾设备或用淋浴喷头套在自来水管上，或人工每日早、晚喷洒水 2 次。

绿枝扦插最适温度为 25～28℃，在 18～35℃ 范围内也能获得较好的生根效果，可通过遮阳与否来调控，如阴雨天和晴天 10 时前和 16 时后可不遮阳；也可通过短暂通风来调控。

　　绿枝扦插后 2 周左右即可生根，成活率可达 85％～100％。当幼苗具有3～4 个叶片和发育良好的根系时，即可逐步加强通风或揭去塑料布进行锻炼，最后移入苗圃或定植。

六、绿枝嫁接

　　1. 培育砧木　葡萄常用的砧木为山葡萄、贝达，其培育方式多为扦插。嫁接苗木的接口高度标准至少为 25cm，这就要求嫁接期的砧苗高度能达到30～40cm 时才可以进行嫁接。

　　2. 嫁接的时期　绿枝嫁接最适宜在温度为 15～20℃ 的情况下进行（物候期为葡萄开花期前半月至花期进行），这段时间为新梢生长的第一次高峰期，也是新梢生长最活跃的时候。北方 5 月下旬至 6 月下旬为嫁接时期，个别地区可延至 7 月上旬。

　　3. 接穗准备　绿枝接穗所选的枝段为一节，利用节上的夏芽或冬芽都可以。利用夏芽抽生副梢快，若夏芽已萌发，也可利用冬芽。冬芽抽生时间稍晚一些，但抽生的冬芽梢较粗壮。将绿枝新梢在每节上方 2～2.5cm 处剪断，叶片去掉，仅留部分叶柄，放在凉水盆中备用。浸泡半天时间就应及时换水，接穗要随剪随用。

　　4. 工具准备　嫁接前要准备大量的嫁接塑料条，选用具有弹性的塑料薄膜，剪成宽 0.5～1cm、长 20～30cm 的长条备用，刀具可用芽接刀或单面刀片。

　　5. 嫁接　进行嫁接时，从盆中选一个与所接砧木粗细相近的单芽段接穗，在接穗芽上方 2～2.5cm 处平削，在芽的下方 0.5～1cm 处在芽的两侧各削一刀，斜面长 1.5～2cm，呈楔形，注意斜面一定要平滑。将削好的接穗轻轻含在口中，用刀在距地 25～30cm 处的砧木新梢节间剪断，在砧木中央劈深1.5～2cm 的口子，然后将接穗插入砧木劈口内，并将接穗与砧木的形成层对齐，接穗削面稍露在劈口外 1～1.5mm，俗称"露白"，随后立即用接条包扎好（图3-9）。

图 3-9　葡萄绿枝嫁接
1～2. 接穗　3. 切砧木　4. 绑合

从砧木切口最下端开始缠绑，用缠绕的接条压住接条的下接头，由下往上缠绕，至接口顶端时再继续向下，绕过接芽到接穗上剪口，将上剪口包严再反转向下，在接芽上方系个活结。绑扎系活结处在接芽上方的好处是接芽上端2～3cm的一段绿条，在接口愈合、接芽萌发后会自动干缩，与接芽附近的节处形成"离层"，绑条自动松解，不需人工解绑。

6. 接后管理 绿枝嫁接后还需灌透水一次。在嫁接后7d左右，要注意小水勤灌，保证植株液流旺盛。嫁接后应及时除掉萌蘖。接后7d左右检查成活率，凡接芽鲜绿或已萌发，叶柄一触即落的为成活。接芽变褐、叶柄干枯不易落的为不成活，需马上补接。

七、压条

1. 一年生蔓压条

（1）春季萌芽前，将植株基部预留作压条的一年生枝平放，将母枝的每一节进行环割或环剥，以促进生根。

（2）待其上萌发的新梢高达15～20cm时再将母枝平压于沟中，露出新梢，先浅覆土，待新梢半木质化后逐渐培土，以利增加不定根数量。

（3）秋后将压下的枝条挖起，分割为若干带根的苗（图3-10）。

2. 多年生蔓压条法 在中国老葡萄产区可以用压老蔓方法以更新葡萄园和繁殖苗木。压老蔓多在秋季修剪时进行。

（1）先开挖20～25cm深沟，将老蔓平压沟中，其上1～2年生枝蔓露出沟面，踏实，再培土越冬。

（2）次年在老蔓生根过程中分2～3次切断老蔓，以促发新根。

（3）秋后取出老蔓，分割成带根的老蔓压条苗（图3-11）。

图3-10 葡萄一年生蔓压条

图3-11 葡萄多年生蔓压条

第二章 建 园

第一节 评估葡萄园地条件

一、葡萄生长发育生态条件的要求

1. 温度 葡萄属暖温带植物，在生长发育期要求足够多的热量，一般要求整个生长期活动积温（≥10℃温度的总和）2 100～3 500℃，早熟品种偏低，晚熟品种偏高，中熟品种居两者之间。其中，极早熟品种要求≥10℃以上活动积温2 100～2 500℃，早熟品种2 500～2 900℃，中熟品种2 900～3 300℃，晚熟品种3 300～3 700℃，极晚熟品种＞3 700℃。

春季，当气温较稳定地升至 10℃以上保持 1 周时，葡萄开始萌芽，逐渐进入生长期。生长季最适宜的温度为 20～25℃，开花期最适宜气温为 25～30℃，鲜食或制干品种成熟期要求温度 28～32℃，而酿制品种则为 17～24℃。适当的高温和较大的温差有利于糖分及芳香物质的形成和积累，并能充分发挥该品种固有的品质特征。

欧亚种群葡萄在原产地生长期达 200d 以上，冬季需要 3 个月以上的时间进行低温休眠。如低温期不足，则会影响正常开花结果。对低温的忍受能力因种类和器官不同而异，如欧亚种和欧美杂种，萌发时芽可忍受－4～－3℃的低温；嫩梢和幼叶在－1℃、花序在 0℃时发生冻害。在休眠期，欧亚品种成熟新梢的冬芽可忍受－17～－16℃，多年生的老蔓在－20℃时发生冻害。根系抗寒力较弱，欧亚群的龙眼、玫瑰香、葡萄园皇后等品种的根系在－5～－4℃时发生轻度冻害，－6℃时经 2d 左右被冻死。北方地区采用东北山葡萄或贝达葡萄作砧木，可提高根系抗寒力，其根系分别可耐－16℃和－11℃的低温，致死临界温度分别为－18℃和－14℃，可减少冬季防寒埋土厚度。

芽眼萌动后,抗寒力大为降低,气温下降到 0℃,新生芽即会遭受冻害。山葡萄及其杂种早萌芽的受晚霜危害的程度常比晚萌芽的重。秋季的早霜会给晚熟品种的果实和枝芽带来伤害,影响产量、品质和越冬性能。一般认为,气温在 22～30℃时葡萄光合作用最强,＞35℃则同化效率急剧下降,＞40℃则易发生日灼病。生产实践中,由于气象因子的复杂性和相互作用,高温的影响在不同地区有所区别,会带来不同后果。如新疆吐鲁番盆地,葡萄果实成熟时正值高温的 8 月份,平均最高气温 35℃以上,极端最高气温达 45.4～47.6℃,且有从火焰山上吹来的干燥焚风,在灌溉条件下,葡萄不但未受害,反而加速了果实的成熟。

2. 水分 葡萄各物候期,对水分要求不同。在早春萌芽、新梢生长期、幼果膨大期均要求有充足的水分供应,一般隔 7～10d 灌水 1 次,使土壤含水量达 70%左右为宜。在浆果成熟期前后土壤含水量维持在 60%左右较好。若雨量过多要注意及时排水,以免湿度过大影响浆果质量,还易发生病害。如雨水过少,要每隔 10d 左右灌 1 次水,否则久旱逢雨易出现裂果,造成经济损失。

降水量多少及季节性降水变化对葡萄生长结果有重要影响。我国北方大部分葡萄产区降水量为 300～800mm,年内降水分布不理想,常出现冬春干旱,夏秋多雨。因此,许多地区春季需要灌溉,夏秋季又需控水,冬季为保证安全度过休眠,还需灌冻水。我国南方年降水量多在 1 000mm 以上,各省区间虽有不同,但大多数地区春末夏初雨水较多,8～10 月干旱,欧亚种葡萄难以适应,而欧美杂种较易适应。吐鲁番地区降水量少,空气湿度小,成熟季节干燥高温,需水期灌溉条件好,因此,能获得优质的制干葡萄,成为我国重要的葡萄产区。

葡萄的抗旱性表现在品种间有很大差异。降水量在 400mm 左右的华北、西北黄土丘陵地区,如河北涿鹿县、山西榆次市,在几乎没有灌溉条件的情况下,成功地栽培了根系强大的龙眼葡萄(旱地葡萄),果实品质好、耐贮运,但产量较低。

在多雨潮湿的环境下,根系吸收水分过多,生长迅速,细胞大、组织嫩,抗性降低。开花期遇雨或灌溉,会影响授粉受精,引起落花落果，坐果率明显下降。成熟期水分过多，果实含水量增高，对品质有不利影响。采收后土壤过湿，枝芽成熟缓慢，停止生长延迟。土壤长期湿度过高，通气不良，易烂根。南方栽种的葡萄，在萌芽、生长、开花及果实发育前期，处在高温潮湿的条件下，易感染各种病害，故选用抗病性品种尤为重要。

土壤水分条件的剧烈变化，对葡萄会产生不利影响。长期干旱后突然大量降雨，极易引起裂果，果皮薄的品种尤为突出。夏季长期阴雨后突然出现炎热干燥天气，幼嫩枝叶亦不能适应。

3. 光照　葡萄是喜光植物，对光反应敏感。在充足的光照条件下，植株生长健壮，叶色绿，叶片厚，光合效能高，花芽分化好，枝蔓中积累有机养分多。如果光照不足，新梢节间细而长，叶片黄而薄，花器分化不良，花序瘦弱，花蕾小，落花落果严重，果实品质差，枝蔓不能成熟，越冬时，枝芽易受冻害。

4. 土壤　葡萄对土壤的适应性较强，除了沼泽地和重盐碱地不适宜生长外，其余各类型土壤都能栽培。葡萄最适的是土质疏松、肥沃、通气良好的沙壤土和砾质壤土，土层厚度在 80～100cm，地下水位在 1.5m 以下，葡萄对土壤酸碱度的适应幅度较大，一般在 pH6.0～7.5 时葡萄生长最好。南方丘陵山地黄红壤土 pH<5 时，对葡萄生长发育有影响。海滨盐碱地 pH>8 时，植株易产生黄化病（缺铁等）。因此，要重视对土壤改良措施，增施有机肥、压绿肥。对酸性土掺石灰，碱性土掺石膏，加以调节土壤的酸碱度，提高土壤中的微生物活动和有机质的含量。

此外，在葡萄栽培中，除了要考虑葡萄对适宜气候条件的要求外，还必须注意避免和防护灾害性的气候，如久旱、洪涝、严重霜冻，以及大风、冰雹等。这些都可能对葡萄生产造成重大损失。例如：生长季的大风常吹折新梢、刮掉果穗，甚至摧毁葡萄架；夏季的冰雹则常常破坏枝叶、果穗，严重影响葡萄产量和品质。因此，在建园时要考虑到各项灾害因素出现频率和强度，合理选择园地，确定适宜的行向，营造防护林带，并有其他相应的防护措施。

二、无公害葡萄生产地环境质量

无公害葡萄产地环境质量（环境空气质量、灌溉水质量和土壤环境质量）必须符合中华人民共和国农业行业标准《无公害食品林果类产品产地环境条件》（NY 5013—2006）（表 1-14 至表1-16）。

第二节 选择优良品种

一、葡萄主要种群

葡萄种类繁多，按种群分类，葡萄可分为四大种群（表3-5）。

表 3-5 葡萄主要种群

种群	欧亚种群	美洲种	欧美杂交种群	东亚种群
特点	栽培价值最高的种，分布于世界各地。抗寒性较弱，不抗根瘤蚜，抗石灰能力较强，耐旱、耐盐，在高温潮湿的条件下易感染真菌病害。果穗大，丰产，含糖量高，既适合鲜食，又适合酿酒	多为强健藤木，抗寒，抗病。有的可耐－30℃，抗根瘤蚜能力强。果小，黑色	较多栽培，如伊沙拜拉、康可、卡它巴等。其中康可是优良的制红葡萄汁的著名品种	主要用作砧木、供观赏及作为育种原始材料。不抗根瘤蚜和真菌病害果穗小，抗病力强，抗寒力强。例如，山葡萄枝蔓可耐－40℃严寒，根系可耐－16～－14℃
代表种及品种	龙眼、牛奶、玫瑰香，白鸡心、保尔加、晚红密等	贝达（抗寒砧木）	康可、巨峰、京亚等	山葡萄、刺葡萄、毛葡萄、秋葡萄等

二、市场潜力较大的优良品种

葡萄品种很多，在我国生产上较大面积栽培的品种只有 40～50 个。现将其中较受市场欢迎的品种介绍如下。

1. 早熟品种 早熟品种一般从萌芽到成熟约需 120d，在华北地区早熟葡萄品种露地栽培成熟期在 7 月中下旬左右。早熟品种果实上市早，经济效益较好，是靠近城市和工矿区发展的主要类型，尤其在设施栽培中，早熟品种有着特别重要的意义。

（1）潘诺尼亚。欧亚种，它的突出特点是丰产性好，副梢结实力强，极易获得果穗较大的副梢二次果，果穗大，700g 左右，果穗松紧适度，整齐，果粒较大，平均粒重 6g 以上，圆形或椭圆形，果皮乳黄色。

（2）乍娜。欧亚种，是早熟种中果粒大的品种之一，平均粒重 9g，最大 17g，粉红色到紫红色。果肉厚，脆，味酸甜，果穗大，品质上等。生长势强，较丰产，是北方地区设施栽培中常用品种。

（3）凤凰 51。欧亚种，该品种树势健壮，易形成花芽，坐果率高，果穗较大，平均重 400～500g，果粒圆形，果实呈鲜红色，果粒上有明显的肋，平均粒重 7g，最大粒重 12g，品质极优。栽培上因坐果率较高，应进行适当的疏花疏果。

（4）京秀。欧亚种，果穗圆锥形，平均穗重 500g，最大 1 000g。果粒椭圆形，平均粒重 6g，最大 9g，玫瑰红或紫红色。肉厚特脆，味甜，较丰产（图 3-12）。

（5）京亚。欧美杂交种，四倍体品种，果穗圆柱形，平均穗重 400g，果粒短椭圆形，平均粒重 11.5g，大的可达 18g，果皮

图 3-12　京　秀

紫黑色，果粉厚。果肉软，稍有草莓香味，含酸量稍高。京亚是巨峰系品种中一个早熟品种，抗病性强，丰产性好。

（6）早熟红无核。又名火焰无核，欧亚种，平均粒重 3.5g，用赤霉素处理后果粒可增重至 6～8g。果皮薄而脆无涩味。果汁甘甜爽口，略有香味。

2. 中熟品种　一般中熟品种从萌芽到成熟需 140～155d。由于中熟品种成熟期正值葡萄集中上市时期，加上其他果品、瓜类也多在此期成熟，市场竞争最为激烈。因此，中熟品种的果实品质对其市场竞争力的影响就更为显著。

（1）玫瑰香。目前世界上种植比较普遍的鲜食和酿酒兼用品种，我国天津王朝干白葡萄酒即是用玫瑰香酿制而成。果穗中大，平均穗重 400g 左右，圆锥形，疏松或中等紧密。粒重 4～5g，椭

圆形，红紫色或黑紫色，果皮中等厚，果粉较厚，有大小粒现象。果肉多汁，有浓郁的玫瑰香味，副梢结实力强，通过合理的夏季修剪较易形成二次结果。产量高，是一个品质优良的中熟品种。

（2）早黑宝。四倍体欧亚种。早熟、大粒、浓香味甜、品质优良、不裂果。平均穗长16.7cm，平均穗重426g；果粒着生较紧密，平均粒重8.0g，最大10g；果粉厚；果皮紫黑色，较厚、韧；肉较软，完全成熟时有浓郁玫瑰香，味甜，可溶性固形物含量15.8%，品质上等。含种子1～3粒，多1粒，种子较大，在山西太原、晋中地区表现很好，市场售价是其他品种的2～3倍（图3-13）。生长较弱，在温室中栽培，体型较小。

图3-13　早黑宝

（3）无核白鸡心。欧亚种，又称世纪无核。平均穗重500g以上，粒重5～6g，赤霉素处理后粒重可达10g。果皮底色绿，成熟时呈淡黄绿色，极为美丽，皮薄而韧，不裂果。果肉硬而脆，略有玫瑰香味，甜、无种子，品质极上。树势健旺，丰产，较抗霜霉病。该品种是目前无核品种中综合性状较为优良的一个品种。

（4）巨峰。欧美杂交种，是巨峰系品种中最早推广的一个品种。植株生长势强，芽眼萌发率高，结实力强。果穗大，圆锥形，平均重450g，果粒大，近圆形，平均粒重10～13g，果皮厚，紫黑色至蓝黑色，有肉囊，果汁多，味酸甜，有较明显的草莓香味，副芽、副梢结实力强。结果早，产量高，成熟期受负载量影响较大，易落花落果。该品种粒大、抗病，是我国东部地区及南方地区的第一主栽品种（图3-14）。

3. 晚熟品种　晚熟品种从萌芽到开花

图3-14　巨峰果实

一般需155d以上，在华北地区成熟期集中在9月下旬至10月上旬，恰值我国双节（国庆节和中秋节），所以发展晚熟品种对繁荣节日市场供应有重要的作用。同时，晚熟品种多数耐贮藏、耐运输，是进行保鲜贮藏供冬春季销售的主要葡萄品种。其主要品种如下：

（1）龙眼。欧亚种，原产我国，植株生长势旺盛，果穗大或极大，重600g左右，外形美观，果粒圆形，平均粒重4.5g，果皮紫红色，果肉柔软多汁，味清爽酸甜，龙眼耐旱，耐瘠薄，适于棚架整形和长、中梢修剪。

（2）牛奶。欧亚种，又称马奶子，是原产我国的优良鲜食葡萄品种。果穗重300～500g，圆锥形，穗梗长，穗松散、整齐。果粒大，长圆柱形，粒重5.5g，果皮极薄，黄绿色。果肉甜脆、清香，鲜食品质极佳。牛奶抗病性差，适宜在干旱少雨地区栽培（图3-15）。

图3-15　牛奶葡萄　　　　　　图3-16　秋　黑

（3）意大利。又名意大利亚，欧亚种，是世界上著名的优良鲜食品种。果皮薄，果粉厚，果肉甜脆，充分成熟时有极优雅的玫瑰香味，适合欧洲人口味。

（4）秋黑。果穗长圆锥形，平均穗重720g，果粒阔卵圆形，平均粒重7～10g，着生紧密。果皮厚，蓝黑色，果粉厚，外观美。果肉硬脆，味酸甜，品质佳。果刷长，果粒着生牢固，极耐贮运（图3-16）。

(5) 红地球。又名美国红提。果穗长圆锥形，穗重 800g，大的可达 2 500g。果粒圆形或卵圆形，平均粒重 12g，果粒着生偏紧。果皮中厚，粉红或紫红色。果肉硬脆，味甜，果粒着生极牢固，耐拉力强，不脱粒，耐贮藏运输，可贮藏至来年 4 月。树势强壮，但幼树新梢易贪青而致枝条成熟稍差，入冬后极易受冻。

(6) 秋红宝。欧亚种。果穗圆锥形双歧肩，果穗大，平均穗重 508g，果粒着生紧密，大小均匀，果粒为短椭圆形，粒中大，平均粒重 7.1g；果皮紫红色、薄、脆，果皮与果肉不分离，果肉致密硬脆，味甜、爽口、具荔枝香味，风味独特，品质上等，可溶性固形物含量为 21.8%，总糖为 19.27%，总酸为 0.25%，糖酸比为 87∶1，种子多为 2~3 粒，种子中等大（图 3-17）。适宜在西北、华北地区推广种植。是目前极具有推广价值的中晚熟葡萄品种。

图 3-17　秋红宝

第三节　规划和建设葡萄园

一、葡萄园规划要素及行业标准、资金预算方法

参见苹果部分。

二、葡萄架式

葡萄的架式主要分篱架和棚架两大类，其中篱架被广泛采用。

（一）篱架

这种架式的架面与地面垂直，形如篱笆故名篱架，一般采用南北走向。这种架式的优点是管理方便，通风透光，有利于浆果品质的提高。分单篱架、双篱架和 T 形架等（图 3-18）。

1. 单篱架　用支柱和铁丝拉成一行行的篱架，葡萄枝蔓分布于架面的铁丝上，形成一道绿色的篱笆（图 3-18A）。支柱高 1.5～

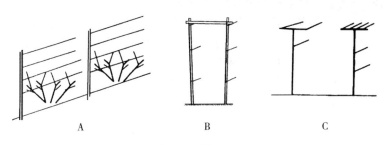

图 3-18　篱　架
A. 单篱架　B. 双篱架　C. T形架

2.5m，埋入土中 50～60cm，每 4～6m 建立一个支柱，柱上每隔 40～60cm 拉一道铁线，一般拉 4 道铁线。主蔓、结果母枝及新梢部分分别引缚在各层铁丝上，行距 2.5～5m。篱架的优点是便于密植，光照及通风条件好，早期产量高，管理方便，便于运输、机械化作业。缺点是寒地需要埋土防寒越冬，必须加大行距，因而影响单位面积的产量。

2. 双篱架　在定植沟的两面都设立篱架，植株栽在两篱架之间，枝蔓分别向两侧架面上爬（图 3-18B）。制作方法同单篱架。两侧架面的距离（小行距）为 60～100cm，大行距为 3～5m，根据具体要求可伸缩。双篱架比同样高度的单篱架增加一倍的架面积，枝蔓增加一倍，产量也增加一倍，更能经济的利用行间空地，有利提高单位面积产量。其缺点是操作不如单篱架方便，小行之间光照也差。

3. T形架　在单篱架的顶端沿行向垂直方向设一根 60～100cm 宽的横梁，使架面呈 T 形，在立柱上拉 1～2 道铁丝，在横梁两侧也各拉 1～2 道铁丝（图 3-16C）。这种架式比较适合生长势较强的品种。

（二）棚架

棚架的面与地面平行或略有倾斜。棚架按架的长度分为大棚架和小棚架两种。7m 以上架长的为大棚架，7m 以下为小棚架。为了方便更新和获得早期丰产，架长以 4～6m 小棚架为好。广泛应用的小棚架有水平和倾斜式两种类型。

1. 水平棚架　因为棚架成为一个水平面所以叫水平棚架。适合在地块较大、平整、整齐的园田，地块一般不小于 1hm²。如地块过小，必然会增加边柱和角柱、锚石等数量，这样就浪费了投资。水平棚架的葡萄枝叶在棚面上均匀分布，所以栽植的行向不受方向的限制。但是应注意葡萄蔓的走向，蔓的走向应与当地生长期有害风向顺行，以防止新梢被大风吹折。同时，每行蔓不能相搭，并要留 1～1.5m 的光道。水平棚架的架高 2～2.1m，柱间距 4～5m，边柱粗 12cm×12cm 或 12cm×14cm，角柱 15cm×15cm。边柱和角柱须用 6 个圆钢筋为骨架，长度 270～300cm。中柱 8cm×8cm 或 10cm×10cm，可用 8 号铁丝为筋，柱长 240～260cm，水平棚架的主要力承受在角柱和边柱上（图 3-19A）。因此，角柱和边柱必须斜埋并下锚石。

2. 倾斜式小棚架　适合零散小块地或坡度较大的山地葡萄园。葡萄蔓的爬向不宜向南，小棚架的架顶横杆多用较粗（10cm 左右）的竹竿、木杆或角钢、铁管，然后上面按 50cm 的间距拉铁丝。山区可就地取材利用石柱、木杆或为柱材（图 3-19B）。但连叠式小棚架一定要保证架与架之间留有光道，防止郁蔽。

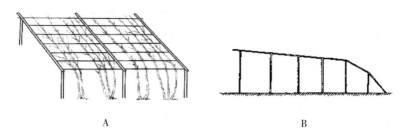

A　　　　　　　　　　　　　　B

图 3-19　棚　架

A. 水平棚架　B. 倾斜式小棚架

（三）棚篱架

是棚架与篱架的一种综合形式，一架上兼有棚架、篱架两种架面。两者都能容纳枝蔓，故称棚篱架。架长 4～6m，架后部高 1.5～1.6m，架口高 2～2.2m。优点是充分利用空间达到立体结构。

三、葡萄栽植沟

葡萄同其他多年生果树一样，定植后要在同一地块上生长几十年。为配合地上生长和结果，需要强大的地下根系。在肥沃的土地上，葡萄根系延伸很远；而在贫瘠的地块上，如沙土，根系生长延伸区域有限。当土质不好时根系生长以沟底为限，定植沟挖得越深广，根系分布也越深广。为使葡萄根系发达，创造较大的吸收区域，栽植葡萄一定要尽可能加深加宽定植沟。

栽植沟内的回填土应该疏松、透气、肥沃，否则即使施用大量有机肥，葡萄初期生长仍会受到很大抑制，很难成园，所以贫瘠园一定要客土改良，用园中的表土或从园外取较好的园田土放进沟内回填。

四、园地道路系统、排灌系统等建设

参见苹果部分。

五、定植

1. 挖沟

（1）确定挖沟时间。一般在当年秋天进行，待地上农作物收获后，要抓紧时间挖沟。挖沟可结合平整土地、改良土壤一并进行。

（2）确定位置和深宽。根据土层厚度和肥沃情况决定挖沟的深度，土层瘠薄则应深而宽，土层肥厚可适当浅些。按规划测出栽植线，即是沟的中心线，再根据沟宽画线挖沟。

（3）挖掘。宽度要求一致，不要偏离中心；挖出的表土和心土分别放在沟的两边。下层心土沙性大或过黏，应运出园外处理。

（4）回填。沟挖好后，将有机肥（每 667m² 5 000kg）放入沟两侧土堆上。在沟底放 20cm 厚的有机物（秸秆），排水不畅的地块，也可在沟底放 30cm 炉渣作渗水层。贫瘠园一定要客土改良，用园中的表土或从园外取较好的园田土放进沟内回填。回填时先放带粪的表土，后将带粪的心土或客土回填到定植沟的上部，挖出的土全部填回，在定植沟上形成一个带状土堆，并在土堆上开沟灌水

1～2次，待土沉实后耙平，准备定植。

2. 栽植

（1）确定栽植方式。根据地形、地下水位等具体情况确定栽植方式（表3-6）。

表3-6　栽植方式

栽植方式	平畦栽植	高畦栽植
适用范围	山地、平地、沙荒地等	低洼易涝、盐碱地带和水田地改建葡萄园
特点	整地、灌水、防寒盖土都很方便省工	栽植点高，水位相对低，利于根系生长发育
具体做法	在每行的定植沟上，整平土地，沿栽植行作畦，宽80～100cm，畦埂高20cm。葡萄植株的根茎和畦面相平	将行间表土聚拢到每行的定植沟上，高出行间地面25cm左右，然后平整成80～100cm的畦面

（2）定植技术。

①确定定植时间。北方在土壤封冻前种植最好，也可春天栽苗定植。据各地经验，以当地地表20cm处土温达10℃以上而晚霜刚结束为宜。

②栽植准备。栽苗之前，在定植行上用白灰标出定植点（定植点的距离即株距，一般0.8～2.0m），以定植点为中心挖40cm见方的定植坑，如在挖沟时施肥不足，还应在苗坑底部施适量有机肥。栽苗前一天，将苗木用清水浸泡12～24h。定植前将苗木的地上部分用5波美度石硫合剂消毒，将苗木根系剪留15～20cm，地上部留2～3芽剪去。

③栽苗灌水。一人拿着苗将其立于定植坑中心，另一人用铁锹培土，培土时注意使根向坑的四周舒展开。边填土边踩，填土一半时，要轻轻提苗，再继续将坑填平，每行栽完修好池埂，立即灌水使土沉实，然后耙平畦面。如天气干旱，可连续灌水2次。干旱地

区定植时,为防根系抽干,定植后充分灌水,并将苗茎培土全部埋在馒头形的土堆中,埋土高于顶芽2cm。待10～15d再看其发芽程度逐渐扒开土壤。

(3)定植后管理。定植后应控制灌水次数,不旱不灌,以提高地温。特别在土壤黏重的地块连续灌水,土壤水分饱和严重影响根系呼吸,常发生烂根现象。

六、设架(以单臂篱架为例)

1. 准备架材

(1)水泥柱[(10～15)cm×(10～15)cm×(2.5～2.7)m]。水泥柱的制作方法是:用6mm的钢筋做骨架,扎好后放入木质的盒式模具内,将水泥1份,粗沙2份,直径2～3cm的石子4份,加水充分混合后,填入模具内捣实,晾干后即成。注意捣实后,分别隔40cm、40cm、40cm、65cm插一个铁环,以备固定镀锌铁丝。

(2)镀锌铁丝。内部用10～12号,固定边柱用8～10号。一般水泥柱单臂篱架,架高2m,拉4道铁丝,株行距为2m×3m,每667m²约需架材为12号铁丝50kg,水泥柱30～40根(需水泥450kg,6～8mm钢筋120kg)。

2. 搭架

(1)挖洞。沿栽植行,但与栽植线有一定距离,一般为0.3～0.5m(这样做是为了方便葡萄整枝),再每隔4～6m定一个点用来安置水泥柱。用手动转洞钻在所定点处钻动,当钻到一定深度后换用小铲把洞下边四周铲大点,形成一个倒漏斗状。再用手钻把土提出,深约50cm,边柱70cm。然后再用木棒之类的把底面及四周的松土压实(图3-20)。

(2)埋水泥柱。将水泥柱按照中柱与边柱分别放在相应的坑洞旁。埋柱时,注意将所有水泥柱有钩子的一侧放在同一方向,边填土边踏实,使之垂直牢固。中柱埋入土中约50cm。两端的边柱承受的拉力最大,埋入地下也应该较深(70cm),并向外略斜,用锚石或撑柱固定(图3-21)。

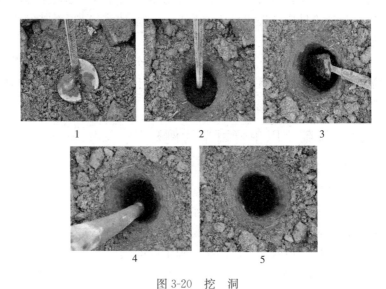

图 3-20 挖 洞

1、2. 手动钻洞钻钻土　3. 小铲子取土　4. 木棒捣实　5. 圆柱状坑洞

（3）架设铁丝。按照钩子的位置在立柱上架设铁丝，第一层距地面 65cm，其上每隔 40cm 设一道铁丝。下层铁丝宜粗一些，上层铁丝可细一些。先把铁丝在一边柱上固定，然后用紧线器从另一端拉紧（图 3-22）。

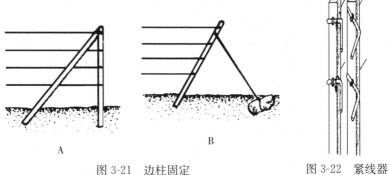

图 3-21 边柱固定

A. 撑柱固定　B. 锚石固定

图 3-22 紧线器

第三章 土肥水管理

第一节 土壤管理

改善土壤理化性能，活化土壤，增加团粒结构。主要有以下几个方法：

1. 深翻 葡萄园一年至少两次深翻，第一次在萌芽前，结合施用催芽肥，全园翻耕，深度15～20cm，既可使土壤疏松，增加土壤氧气含量，又可增加地温，促进发芽。第二次是在秋季，结合秋施基肥，全园翻耕，尽可能深一点，即使切断些根也不要紧，反而会促进更多新根生成。注意这次深翻宜早不宜晚，应当在早霜来临前一个半月完成。

2. 树盘覆盖 可分为地膜覆盖和稻草（或各种作物秸秆、杂草等）覆盖。地膜在萌芽前半个月就可覆盖，最好通行覆盖，可显著改善土壤理化结构，促进发芽，使发芽提早而且整齐。生长期还可减少多种病害的发生，增加田间透光度，并促进早熟及着色，减轻裂果。地面覆稻草，同样可以增加土壤疏松度，防止土壤板结。一般覆草时间在结果后，厚度10～20cm，并用沟泥压草。

3. 生草 一般在秋季或春季深翻后，撒播专用草种如白三叶，生长到一定高度后割草翻耕，可以增加土壤团粒结构，防止地表土流失，防止土壤暴干暴湿，保墒保肥，增加果品质量。日本以及我国台湾葡萄管理先进的葡萄园，普遍采用生草栽培法。

第二节 施肥管理

可分为根部施肥和根外追肥（即叶面追肥）。

1. 基肥 秋末（10月）施用有机肥料和部分化肥（主要是氮、磷肥），施肥量约占全年60％，施基肥可与土壤深翻同时进行。

如果早春寒流后再补施基肥，由于根系受伤，影响当年养分与水分的供应，造成发芽不整齐，花序小和新梢生长弱，影响树体恢复和发育，应尽量避免，若晚春施基肥应浅施或撒施。

2. 萌芽前追肥 2～3月在早春芽开始膨大期进行，以速效性氮肥为主，如尿素、碳酸氢铵等，进行根部追肥为佳。施用量占全年施肥量的10％～15％。进入伤流期，葡萄根系吸收作用增强，萌芽前追肥效果明显，可以提高萌芽率，增大花序，使新梢生长健壮，从而提高产量。如秋施基肥足量，可以不在此期追肥。

3. 开花前追肥 4月在开花前两周根外喷肥，这次以喷施硼肥为主，也可加氮、磷、钾、镁、锰。追肥对于葡萄的开花、授粉、受精和坐果以及当年花芽分化都有良好影响。对巨峰等易落花、落果的鲜食品种，花前一般不宜追施氮肥，应在开花后追肥时用。

4. 幼果期追肥 5～8月在谢花后幼果膨大期追施，以氮肥为主，磷、钾肥为辅。此次追肥不仅能促进幼果膨大，同时也有利于新梢及副梢的花芽分化。施肥量约占全年施肥量的20％。同时，此时期正值根系开始旺盛生长，新梢增长又快，葡萄植株要求大量养分供应。如果植株负载量不足，新梢旺长，则应控制速效性氮肥的施用。

5. 浆果成熟期追肥 在果实开始上色时，以钾、磷肥（除速效性磷钾肥外，还可用含钾、磷为主的草木灰或腐熟的鸡粪等农家肥）为主。此时期一般不施氮肥，但在果穗太多或者在贫瘠沙砾土上的葡萄园，雨季后的浆果成熟期，应适当施用氮肥。施肥可采用根施、叶喷。对提高浆果糖分、改善果实品质和促进新梢成熟都有重要的作用。

6. 采后肥 以磷、钾肥为主，配合适量氮肥，目的是促进花芽发育枝条成熟。采后肥可结合秋施基肥一起施用。

第三节 水分管理

对葡萄水分管理因各地气候条件不同而有异。北方干旱区对水分要求更高，一般萌芽前灌足一次催芽水，特别是春季干旱少雨区，须结合施催芽肥灌透水。花期前后10d各灌一次透水，浆果膨大期若干旱少雨，可隔10～15d灌一次透水。秋施基肥后如雨量偏少、土壤干燥，可灌一次透水。灌水应视天气情况及土壤墒情确定，遇大雨要及时排水。另外有一定条件的果园，最好采用滴灌、喷灌、高效又省水，土壤也不易板结、不易盐碱化，并可与结合施肥喷药相结合，效果明显。

1. 催芽水　北方埋土区在葡萄出土上架后，结合催芽肥立即灌水。灌水量以湿润 50cm 以上土层为佳，过多将影响地温回升。

2. 花前水　北方春季干旱少雨，花前水应在花前 10d 左右，不应迟于始花期前一周。这次水要灌透，使土壤水分能保持到坐果稳定后。北方葡萄园如忽视花前灌水，一旦出现较长时间的高温干旱天气，将导致花期严重落果，尤其是中庸或树势较弱的植株，更需注意催芽水。开花期切忌灌水，以防加剧落花落果。

3. 坐果后至浆果硬核末期　随果实负载量的不断增加，新梢的营养生长明显减少，应加强灌水，增强副梢叶量，防止新梢过早停长。但此时雨季即将来临，灌水次数视情况酌定。

4. 浆果上色至成熟期　为提高浆果品质，增加果实的色、香、味、抑制营养生长，促进枝条成熟，此期应控制灌水，加强排水，若遇长期干旱，可少量灌水。

5. 采后及越冬期　浆果采后应及时灌水以恢复树势，促使根系在第二次生长高峰期大量发根。北方入土前的封冻水，对于葡萄安全越冬十分重要。

尽管葡萄较其他果树耐涝，但长时间泡水，生长也不好。为此，雨季排水也必不可少的，在排水系统不健全的情况下，提高畦面也是一种补救方法。

第四章　枝蔓花果管理

第一节　葡萄果实发育

葡萄受精后果实立即开始生长，葡萄果实的整个生长发育动态呈双 S 形曲线，有明显的前、中、后 3 个阶段。前期和后期生长迅速，中期生长缓慢。坐果后 3～4 周，果实出现第一次生长高峰，此时是浆果生长量最大的时期，约占整个浆果总生长量的 2/3。这一时期，浆果的纵径生长速度明显大于横径。之后，浆果体积增长减缓，种子开始硬化。接着浆果出现第二次生长高峰，总的生长量小于第一次高峰，以横径增长为主，最后达到品种固有的大小。葡萄浆果各期的生长量和持续时间因品种而异，早熟品种第一次高峰生长量比中、晚熟品种大，3 个时期的持续时间均比中、晚熟品种短。葡萄果实体积与重量的增长主要与果肉细胞量和体积以及肉质密度（细胞间隙）密切相关。一般有核葡萄开花时子房约有 20 万个细胞，发育 40d 后，可增加 60 万个细胞，而无核品种果内细胞几乎不发生分裂。葡萄果实细胞体积的增大是果粒增大最主要的因素，到成熟时细胞体积可增大 300 倍或更多，而细胞数量仅增加 2～3 倍，细胞间隙增长 4 倍，因此，细胞体积的增大是决定果粒成长的决定因素。

第二节　葡萄整形修剪

一、利用篱架整形

根据葡萄枝蔓的排布方式可分为多主蔓扇形和双臂水平整形等。

（1）多主蔓扇形。第一年苗木定植后，留 3～5 个饱满芽短剪，开春萌芽后从萌芽的新梢中选留 3～4 个壮梢，其余新梢全部除去。到冬季修剪时再在每个新梢上选生长健壮的 2～3 个副梢进行短剪，而延长梢留长，其余辅养枝进行疏剪，从而形成主蔓、侧蔓相结合的扇形树冠。第二年在主蔓上选留 2～3 个健壮枝做侧蔓，第三年在侧蔓上分别选留 2～3 个壮枝为结果母枝，以后每年对结果母枝进行更新修剪（图 3-23）。一般主蔓间间距 30cm 左右，主蔓上的侧蔓、侧蔓上的结果母枝均匀分布在架面上。在加强肥水管理、利用副梢成形的条件下，多主蔓扇形的整形 1 年即可完成，是一种简便易行的整形方式。

多主蔓扇形整形虽有成形快的优点，但此种架形的结果部位容易迅速上移，架面也较拥挤，病害相对较重，而且每年修剪量很大，树势容易早衰，对一些发枝力弱的品种更易形成枝条下部光秃。

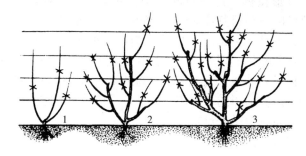

图 3-23　多主蔓扇形

1. 第一年冬季修剪后树形　2. 第二年修剪及上架引缚　3. 第三年冬剪

（2）双臂水平整形。也称单干双臂整形。一般当年培养一个直立粗壮的枝蔓，冬剪时留 60～70cm，第二年春选留下部生长强壮的、向两侧延伸的 2 个新梢作为臂枝，水平引缚，下部其余的枝蔓均除掉。冬季修剪时，臂枝留8～12 个芽剪截，而对臂枝上每个节上抽生的新梢进行短截，作为来年结果母枝（图 3-24）。以后各年均以水平臂上的母枝为单位进行修剪或更新修剪。这种方法适用于不埋土防寒地区采用。

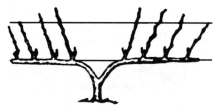

图 3-24　双臂水平单层形

水平整形除双臂单层整形外，还有双臂双层、单臂双层整形，其基本整形方法同上。臂枝有两层，即在主干高 70cm 处有向左右展开的第一层两个臂枝，在 120cm 处还有水平伸展的第二层两个臂枝。水平整形的最大优点是骨干枝水平引缚后生长势相对缓和，结果部位稳定，修剪容易进行，植株负载量也容易控制，夏季修剪量也相对较小。采用这种整形方法主干粗硬、直立，不易下架埋土防寒，因此不适于埋土防寒地区。

（3）U 形整枝　是一种改良式的少主蔓式扇形整形。在苗木栽植后修剪时，剪留基部 3～4 个饱满芽，春季萌发后，从中选留 2 个壮梢引缚向上生长，呈 U 形。当新梢长度达 1.0～1.2m 时进行摘心，促使新梢上副梢萌发，而在副梢有 4～5 个叶片展开时即时摘心，促进副梢生长充实，培养为来年的结果母枝，对以后抽生的二次副梢进行适当的疏枝和摘心。冬季修剪时，在两个主蔓上按适当的负载量选留结果母枝。

这种整形方法的主要特点是主蔓较少，适于密植，当年完成整形，第二年即可进入丰产阶段，而且也便于埋土防寒。

二、利用棚架整形

根据葡萄枝蔓的排布方式可分为多主蔓自然扇形和龙干形等。

（1）多主蔓自然扇形。无主干，自地面发出 3～5 个主蔓，主蔓距离 50～60cm，主蔓上分生侧蔓，在主侧蔓上着生结果母枝，呈现扇形分布在架面上。

（2）龙干形。其特点是植株自地面发出一条、两条或多条主蔓，直接引缚上架一直延伸到架面顶端。主蔓上不分生侧蔓，而在主蔓上每隔 20～25cm 留固定的枝组（图 3-25）。每年在枝组上留 1～2 个短梢结果母枝。留单主蔓，称为独龙干；留双主蔓称为双龙干，两主蔓相隔 40～50cm。枝组上的枝条同样采用 1～2 个芽短梢修剪。

图 3-25　葡萄龙干形

三、葡萄常规修剪

1. 疏剪　为了保证各个主蔓上能按照一定距离配备好结果母枝组，要将不需要的或不能用的枝蔓从基部彻底剪除。进行疏枝时，剪口控制在离基部 1cm 左右，不要紧贴在基部下剪，待残桩干枯后，再从基部将其剪去。

2. 短截　冬季修剪时，习惯上把成熟 1 年的新生枝剪短剪。即把枝蔓剪短留到所需要的长度，长度的确定主要是根据修剪需要和成熟新梢的质量而定。修剪的长度一般为：短梢留 1～4 节，中梢留 5～7 节，长梢留 8～12 节。一般枝梢成熟好、生长势强的新梢可适当长剪；生长势弱，成熟不好、细的可以短留；枝蔓基部结实力低的品种，宜采用中、长梢修剪；枝蔓稀疏的地方为充分利用空间，可以长留；对于夏季修剪较严格的可以短剪，对放任生长的新梢宜长留。

修剪时应注意：葡萄枝蔓组织疏松，髓部较大，水分、养分很容易流失，枝梢修剪时应在芽上 3～5cm 处剪截或剪口芽上端一节节部剪断。

3. 更新修剪　对结果部位上移或前移太快的枝蔓进行缩剪，利用它们基部或附近发生的成熟新梢来代替。更新修剪分单枝更新、双枝更新及主侧蔓更新。

（1）单枝更新。冬剪时不留预备枝，对结果母枝进行短梢修剪；第二年春季在结果母枝所抽生新梢中，用上部的结果，下部的疏去花序用来培养下年的结果母枝。冬剪时，去掉此枝以上的部分，对下部未结果的再进行短梢修剪（图 3-26）。

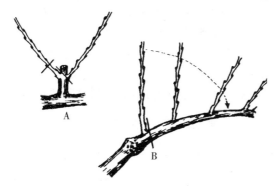

图 3-26　单枝更新

A. 短梢单枝更新　B. 长梢单枝更新

（2）双枝更新。这是葡萄冬季修剪时最常用的一种更新方法，在每个结果枝组内，选留两个靠近主蔓的充分成熟的1年生枝蔓，上位蔓进行中梢或长梢修剪，留做结果母枝，下位蔓留两个饱满芽，进行短梢修剪，作更新枝，第二年春季，上位结果母枝发出的新梢尽量多留果，从下位更新枝发出的新梢中，选留2个不留果，培养更新枝，第二年冬季，将上位枝去除，利用下位枝选留的2个更新枝蔓，重复上年的修剪，即上位枝中长梢修剪，下位枝短梢修剪（图3-27）。

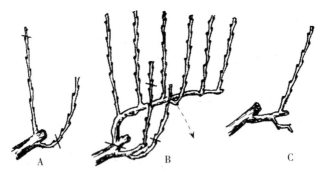

图 3-27　双枝更新

A. 第一年冬剪　B. 第二年发枝状及冬剪　C. 第二年冬剪后

（3）主侧蔓更新。由于主蔓、侧蔓的不断延长，树体生长逐渐衰弱，或由于生长过旺，超过架顶或受病虫伤害不能继续使用时，必须及时回缩更新，否则会影响产量和生长。多主蔓整形修剪者可在主蔓间更新，主蔓少者可在株间更新。更新的基本方法是在原主蔓、侧蔓基部留一条健壮的新梢让其延长生长，冬剪时在新梢饱满芽处剪截，同时将原主侧蔓从基部或与更新梢相距10cm处锯掉。

第三节　花果管理

1. 去土平躺　"杏树开花，葡萄出土。"平均气温稳定在10℃以上时，要及时将葡萄防寒土撤除。去除覆土可分2～3次进行，以使植株逐步适应外界环境。第一次在覆土化冻后先撤出两侧及表层1/2左右的土；第二次在当地山杏花蕾吐红时将防寒土或塑料薄膜撤掉；当杏花开放时全部撤出覆土，撤土时尽量避免碰伤枝芽，以免伤流发生。

注意：去土后不急于上架，应先平躺在地上，等芽萌动后再上架。

2. 涂氨基酸液 萌芽前涂两次不含任何激素的纯氨基酸液。纯氨基酸液可兑水 2～3 倍，涂树干 30～50cm，两次间隔时间为 10d，这样葡萄萌芽壮而充实。

3. 上架、绑缚 将葡萄枝蔓沿上一年的生长方向和倾斜度，绑缚在架上。上架时，要轻拿轻放，避免折伤、扭伤老蔓和碰落芽体。绑缚材料最好用马莲草、玉米皮、稻草或破布条，避免用没有伸缩力或不易腐烂的塑料绳绑缚，以免限制枝蔓加粗生长。绑缚时，先将绳子在铁丝上系牢，然后扭成"8"字形，将枝蔓拢住，结上活扣，使枝蔓固定在活扣内，可给枝蔓留出生长空间（图3-28）。

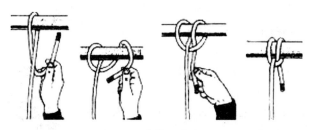

图 3-28　葡萄"猪蹄扣"

4. 抹芽、除萌 根据树势决定抹芽的早晚：如果树势偏弱（枝组粗度小于1cm），要早抹芽，抹弱留壮。如果树势强壮（枝组粗度大于1cm），要晚抹芽，新梢长到 10～15cm 时再进行，抹壮留弱。通常一条结果母枝上有多个芽萌发时，每隔 15～20cm 留一芽，每条结果母枝留 2～3 条新梢，其余的从基部抹除。抹芽时，一般抹除双芽中的无花穗芽或弱芽，一个芽眼只留一条梢。根部长出的新枝条，早除为好。一般根部 30cm 内不留任何结果枝或新梢。

5. 摘心 摘心应开花前一周至开花期均可进行，但以开花前 2～3d 为好。判断葡萄开花期的方法有：

（1）花前特征。葡萄开花时，花蕾由绿色变为暗绿色或绿褐色，每个花蕾都长到充分大小，小花柄直立。花蕾在花序上充分分开，互不拥挤。此时为结果枝摘心的最佳时期。

（2）初花期。当某一品种在全园约有 5％的植株开始见到少量花蕾开花时，此时进行该品种的结果枝摘心。在结果枝的花序上，摘到小于正常叶片 1/3 大小的幼叶处（花序下倒数 2～3 个叶片能代表该结果枝正常叶片大小）。营养枝若生长势细弱，留 7～8 片叶摘心，促进新梢增粗和基部冬芽充实；生长势过强，则第一次留 10 片叶摘心，当形成的副梢长到 7～8 片叶时再进行第二次摘心。

用以扩大树冠的主侧蔓上的延长梢摘心应遵循以下几点：①延长梢生长较弱的，应选下部较强壮的新梢代替原延长梢，并于 10 片叶时摘心，促进枝条加粗生长。②延长梢生长中庸健壮的，在 9 月中、下旬完成摘心，以利延长梢成熟老化。③延长梢生长强旺的，可提前摘心，促发副梢，分散营养，避免徒长。

6. 花穗整形　去除副穗、主穗基部 2～4 个支穗及穗尖部分（图 3-29）。尽早疏穗，结果枝保留 1～2 个果穗，弱枝不留果穗，二次、三次果及时去除。对于坐果率高的品种如早黑宝和秋红宝，不必去穗尖，但需疏花蕾，以节省营养。

图 3-29　葡萄整穗

7. 果实套袋　在生理落果稳定后开始疏果、定果（定穗），疏去小果、劣杂果、畸形果、病虫果、密集果及有伤粒等。疏除后每穗保留 40～80 粒，果粒均匀一致。定果定穗后，要严格细致地喷一次杀虫杀菌剂，药剂可选用 50％多菌灵 600 倍液、喷克 600 倍液、70％甲基托布津 800 倍液、大生 M-45 1 000 倍液、宝丽安 1 500 倍液、高渗灭杀净等。药液干后及时套袋。

8. 补钾　采前一个月用 0.3％磷酸二氢钾或 0.4％硫酸钾溶液进行叶面喷雾，一般连喷 2 次为好，这样可提高果粒糖度和品质，增强耐贮性。

9. 摘袋　套袋的葡萄园，一般要对红色品种在采前 10～15d

摘袋（其他品种以及透光度高的纸袋，能满足着色要求的，可不摘袋）。摘袋以晴天上午 10 时以前和下午 4 时以后进行为宜，阴天可全天进行。摘袋时，不要将纸袋一次性摘除，先把袋底打开，使果袋上部仍留在果穗上，防止鸟害及日灼。摘袋前、后 2～3d 内要摘叶，即摘除贴果叶、果穗枝基部叶，适当摘除果穗周围 5～10cm 范围内枝梢基部遮光叶。待果穗向阳面充分着色后，将果穗背阴面转向阳面，摘袋后视树体透光情况可在树冠下或全园铺设反光膜。

10. 适时采收　根据果实成熟度适时采收，成熟期不一致的品种，应分期采收。采收时轻摘、轻拿、轻放、轻装、轻卸，防止碰压伤、磨擦伤、划伤等，同时剔除病虫果、伤果等残次果。

11. 保护秋叶　一般情况下，除巨峰品种外，果实采收后，应尽量少用或不用打老叶。

第五章　越冬防寒

不同葡萄品种抗寒性强弱差异很大，山葡萄、贝达等某些品种抗寒性很强，在华北地区不埋土也可以露地越冬；而大部分欧亚种和欧美杂交种葡萄品种，抗寒性均较差，其地上部休眠枝蔓在 -15℃左右即可遭受冻害。因此，在我国埋土防寒线以北的华北、西北、东北葡萄产区，必须进行埋土防寒，而且越往北埋土开始的时间越早，埋土厚度越大，这样植株才能安全越冬。

在埋土防寒线附近的地区，入冬前也应对葡萄植株进行简易覆土防寒，以防冬季突然降温导致葡萄植株受冻。栽培抗寒性较弱的红地球、奥山红宝石、乍娜、葡萄园皇后、瓶儿、里扎马特等品种的地区更应重视埋土防寒工作。

埋土防寒的时间和方法应根据当地气候和土壤条件以及葡萄品种和砧木的抗寒性强弱而定。

一、埋土防寒时间

一般在当地土壤封冻前 15d 开始进行埋土防寒。如果埋土过早，因土温高、湿度大，芽眼易霉烂；埋土过迟，土壤冻结，不仅取土不易，同时因土块大，封土不严，起不到应有的防寒作用。华北地区一般 11 月初左右开始埋土防寒较为适宜。

二、埋土防寒方法

1. 地上全埋法 在地面上不挖沟进行埋土防寒。即修剪后将植株枝蔓捆缚在一起，缓缓压倒在地面上，然后用细土覆盖严实。覆土厚度依当地绝对最低温度和品种抗寒性而定，一般品种在冬季低温为$-15℃$时覆土 20cm 左右，$-17℃$时覆土 25cm，温度越低，覆土越厚。对一些抗寒性强的品种如巨峰、自香蕉等覆土可略薄一些。

2. 地下全埋法 在葡萄行间挖深、宽各 50cm 左右的沟，然后将枝蔓压入沟内再行覆土。在特别寒冷的地方，为了加强防寒效果，可先在植株上覆盖一层塑料薄膜、干草或树叶然后再行覆土。此方法在棚架和枝蔓多的成龄园中适用。

3. 局部埋土法（根颈部覆土） 在一些冬季绝对最低温高于$-15℃$的地区，植株冬季不下架，封冻前在植株基部堆 $30\sim50cm$ 高的土堆保护根茎部。此法仅适用于抗寒能力强的品种和最低温度在$-15℃$以上的地方采用。若采用抗寒砧木（如贝达）嫁接的葡萄，埋土防寒可以简单一些。覆土深度一般壤土和平坦葡萄园薄些，沙土和山地葡萄园要厚些。对于一些冬季最低温度虽达不到$-17℃$，但植株生长较旺、落叶较迟、挂果较多的当年嫁接换种的植株，也应及时进行适当的埋土防寒。

三、葡萄防寒栽培技术

我国西北、东北地区冬季寒冷时间较长，单靠埋土防寒仍收不到良好的效果，必须采用综合的防寒栽培技术才能达到降低管理成本、提高防寒效果的目的。其主要方法是：

1. 选用抗寒品种 这是防寒栽培的关键。多年观察表明，龙眼、牛奶、无核白、巨峰及酿造品种雷司令、霞多丽等是抗寒性较强的品种；早熟品种莎巴珍珠及郑州早红等也比较抗寒。这些品种在适当的埋土条件下即可安全越冬。

2. 采用抗寒砧木　采用抗寒的贝达或山葡萄做砧木，可以大大减少埋土的厚度。

3. 深沟栽植　栽植时挖 60~80cm 深的沟，施足底肥，深栽浅埋，逐年加厚土层，使根系深扎，以提高植株本身的抗寒能力。深沟浅埋栽植不但能增强植株的抗寒力，而且便于覆土防寒。

4. 尽量采用棚架整形　棚架行距大，取土带宽，而且取土时不易伤害根系。因此，北方寒冷地区栽植葡萄时应尽量采用小棚架。

5. 短梢修剪　北方地区葡萄生产期较短，在一些降温较早的年份，有的品种枝条成熟较差，因此夏季宜提早摘心，并增施磷钾肥料以促进枝条成熟和基部芽眼充实；冬季修剪时采用短梢修剪，以保留最好的芽眼和成熟最好枝段的枝条。

6. 加强肥水管理　栽培上前期要增施肥水，及时摘心，而后期要喷施磷、钾肥，控制氮肥和灌水；秋雨多时要注意排水防涝，从而促进枝条老熟，提高植株越冬抗寒能力。

7. 防寒时期　当葡萄根系处的地温降到 -6℃ 时，其根系就要发生不同程度的冻害；降到 -8℃ 时，就会全部冻坏。所以，葡萄的根系在冬眠时间内的温度应保持在 -6℃ 以上，这个温度是葡萄树不被冻死的安全指标。

8. 防寒办法

（1）适时灌封冻水。在冬季葡萄埋防寒土前 10d，应灌一次封冻水，其目的是防止根系冻害和早春干旱。灌水时一定要灌足，以土壤达到饱和状态为标准，待地面土壤稍干时，再进行埋土防寒。

（2）及时下架，上好第一层防寒土。葡萄落叶后，应及时地进行秋剪。秋剪后清除园内的枯枝烂叶，然后再将葡萄由架上取下，枝蔓顺放于地面上，用草绳或撕裂膜把枝蔓捆好压倒。在霜降前埋第一次防寒土。第一次埋土不要过多，以埋后不露枝蔓为标准。一般多在 10 月中旬开始，到 10 月末或 11 月初结束。

（3）适时埋第二次防寒土。埋第二次防寒土时，可以覆盖玉米秸秆或干草后再埋土。在封冻前埋完第二次防寒土。同时还应注意对幼树要早埋，大树可适当晚埋。埋土的宽度不能小于 1.8～2m，枝蔓埋土厚度不少于 60cm。防寒土正面呈梯形，上宽 1.2m，为安全防寒起见，防寒土最好埋 80cm 深。

第六章　病虫害防治

一、葡萄病害

葡萄病害根据致病原因的不同分为侵染性病害和非侵染性病害两大类，前者由病原物（真菌、细菌、病毒等）引起，可以相互传染，在防治不力的情况下，会造成大流行；后者主要是由不当的环境条件和栽培管理措施所导致的，不会互相传染，因而被称为生理性病害。每种类型都有一些典型的病害（表 3-7 至表 3-10）。

表 3-7　葡萄真菌病害

病名	主要为害部位	症状	发病规律
葡萄霜霉病	叶片	叶片初期出现黄绿色，微透明，大小不一的病斑，逐渐变为黄褐色或褐色而干枯，叶背面形成一层灰白色霜霉状物。嫩梢受害时表面有稀疏的白霜，病斑纵向扩展较快，最终为褐色斑块，严重影响枝条成熟。幼果感病时，果面上发生灰白色霜霉，生长停止、裂果或脱落	低温、高湿有利于霜霉病的流行。病菌最适宜的温度为 22～25℃，当气温达到 35℃以上时病菌的发展受到抑制
葡萄白粉病	叶片、新梢和果实	叶片发病初期叶面上产生白色、灰白色霉状病斑，以后扩大成灰白色粉质霉层，病斑下面有黑褐色网状花纹，严重时整个叶片卷缩枯萎。新梢初期同样覆一层白粉，到后期出现鱼鳞状褐色斑点。果粒初期，表面覆一层白粉，擦掉白粉后，可见网状花纹，且果实停止生长硬化，易发生纵裂	干旱的夏季和温暖而潮湿、闷热的天气有利于白粉病的大发生

（续）

病名	主要为害部位	症　状	发病规律
葡萄白腐病	果穗、果实	从靠近地面的果穗开始，先在果穗轴或果梗上出现浅褐色、水浸状不规则长条病斑，病部逐渐失水干缩并向果粒蔓延，果粒基部变为黄褐色，并逐渐腐烂，直至果穗全部果粒变褐腐烂，有霉酒味。新梢初发病斑呈水浸状淡褐色椭圆形病斑，随着病斑扩展，表皮变竭，病部常纵裂成乱麻状，有时在病斑上端病健交接处由于养分运输受阻，往往变粗或呈瘤状。叶片从叶缘开始，初为水浸状、浅褐色近圆形的病斑，逐渐扩大形成褐色同心轮状病斑，且易破碎	高温多湿或遭雹、风雨后，容易引起该病大发生。病菌发生和侵染最适温度24～30℃，湿度90%以上，低于15℃、高于35℃都不利于侵染
葡萄穗轴褐枯病	花序和幼果	发病初期先在穗轴或果梗上产生褐色水浸状斑，扩展后，使穗轴或果梗一段变褐枯死，不久失水干枯变成黑褐色凹陷病斑，当病斑环绕一周时，上面的幼果也将萎缩干枯。开花前后，也可侵染花冠；幼果也可感病，初期病斑浅褐色，形状不规则	开花前后若遇低温多雨天气，有利于病菌的蔓延。当果粒长至黄豆粒大时，病害停止侵染，属于葡萄生长前期的病害
葡萄褐斑病	叶片	病斑定形后，直径在3～10mm的为大褐斑病；直径在2～3mm的为小褐斑病。大褐斑病初在叶面长许多近圆形、多角形或不规则形的褐色小斑点。以后斑点逐渐扩大，直径达3～10mm，病斑中部呈黑褐色，边缘褐色，病、健部分界明显。叶背病斑呈淡黑褐色。发病严重时，一张叶片上病斑数可多达几十个，常互相愈合成不规则形的大斑，直径可达9cm以上。小褐斑病呈现深褐色小斑，中部颜色稍浅，后期病斑背面长出一层较明显的黑色霉状物。病斑直径2～3mm，大小比较一致	通常由植株下部叶片开始，逐渐向上蔓延。雨水多湿度大年份发病重，肥力不足，管理差的果园发病重

（续）

病名	主要为害部位	症　状	发病规律
葡萄黑痘病	果粒、叶片、新梢为主	叶片受害，初呈针头大小的圆形褐色斑点，扩大后中央呈灰褐色，边缘色深，病斑直径1～4mm。随着叶的生长，病斑常形成穿孔。叶脉感病，造成叶片皱缩畸形。新梢、卷须、叶柄受害，病斑呈暗褐色、圆形或不规则形凹陷，后期病斑中央稍淡，边缘深褐，病部常龟裂。新梢发病影响生长，以致枯萎变黑。幼果受害，病斑中央凹陷，呈灰白色，边缘褐色至深褐色，形似鸟眼状，后期病斑硬化、龟裂，果小而味酸，不能食用	一般在雨水大的年份、低洼地、管理粗放、通风透光不良的葡萄园发病严重；而在少雨年份及干旱少雨的地区，发病显著减轻

表3-8　葡萄真菌病害

病名	为害部位	症　状	感染方式
葡萄扇叶病	全株	叶片症状有扇叶、黄化叶和沿脉变色3种类型： （1）传染性变形或称扇叶。由变形病毒株系引起。植株矮化或生长衰弱，叶片变形，严重扭曲，叶形不对称，呈环状，皱缩，叶缘锯齿尖锐。叶片变形，有时伴随着斑驳。新梢也变形，表现为不正常分枝、双芽、节间长短不等或极短、带化或弯曲等。果穗少，穗型小，成熟期不整齐，果粒小，坐果不良。叶片在早春即表现症状，并持续到生长季节结束。夏天症状稍退 （2）黄化。由产生色素的病毒株系引起。病株在早春呈现铬黄色褪色，病毒侵染植株全部生长部分，包括叶片、新梢、卷须、花序等。叶片色泽改变，出现一些散生的斑点、坏斑、条斑到各种斑驳。斑驳跨过叶脉或限于叶脉，严重时全叶黄化。叶片和枝梢变形不明显，果穗和果粒多较正常小。在炎热的夏天，新生长的幼嫩部分保持正常的绿色，而在老的黄色病部，却变成稍带白色或趋向于褪色 （3）沿脉变色。开始时叶片沿主脉变黄，以后向叶脉间扩展，叶片轻度畸形，变小	以线虫传播为主，嫁接、机械（修剪、摘心等）都可起到传播作用

（续）

病名	为害部位	症　状	感染方式
葡萄卷叶病	叶片	在采收后到落叶前叶片症状最明显，叶缘反卷，脉间变黄或变红，仅主脉保持绿色；有的品种则叶片逐渐干枯变褐	多数砧木品种为隐症带毒
葡萄根癌病	根	发病部分形成愈伤组织状的癌瘤，初发时稍带绿色和乳白色，质地柔软。随着瘤体的长大，逐渐变为深褐色，质地变硬，表面粗糙。瘤的大小不一，有的数十个瘤簇生成大瘤。老熟瘤瘤表面龟裂，在阴雨潮湿天气易腐烂脱落，并有腥臭味。受害植株由于皮层及输导组织被破坏，树势衰弱、植株生长不良，叶片小而黄，果穗小而散，果粒不整齐，成熟也不一致。病株抽枝少，长势弱，严重时植株干枯死亡	通过剪口、机械伤口、虫伤、雹伤以及冻伤等各种伤口侵入植株，雨水和灌溉水是该病的主要传播媒介

表 3-9　葡萄生理性病害及其发生原因

病名	症　状	发病原因
葡萄水葫芦病	发病初期牛奶葡萄穗梗结略有膨大，随着病情加重，穗梗结处形成葫芦状突起，并呈纵向裂开。此病发生后严重影响果实生长，使果实品质下降	主要是树体营养和水分供给失调，管理技术不当造成，也是牛奶葡萄上的特有病害
葡萄水罐子病	病果糖度降低，味酸，果肉变软，成为一包酸水	主要在树势弱、结果量偏多、肥料施用不足的园中发生，高温时遇雨，田间湿度大时也易发生
葡萄裂果病	主要发生在果实上浆之后，果粒纵向开裂，裂处易滋生腐生性霉菌，使果实腐烂变质不能食用	主要因为果实生长后期土壤水分失调所致，如葡萄前期较干旱，果实上浆后突然降水或大水漫灌，使果粒水分骤然增多，果实膨压增大，致使果粒纵向展开

（续）

病名	症　状	发病原因
日灼病	果面生淡褐色近圆形斑，边缘不明显，果实表面先皱缩后逐渐凹陷，严重的果穗变为干果。卷须、新梢尚未木质化的顶端幼嫩部位也可遭受日灼伤害，致梢尖或嫩叶萎蔫变褐	多发生在裸露于阳光下的果穗上，由于果实水分不足引起
肥害	常常在刚定植的幼苗或初结果幼树上发生较多。发生肥害时植株常表现为新梢生长细弱，叶色变黄，严重时叶片焦枯并伴有大量根系死亡	主要原因是施入未腐熟基肥量多，又离根系太近，造成根际附近土温过高，产生烧根现象。并且土壤溶液浓度过高，根的吸收作用遭到严重破坏

表 3-10　葡萄缺素症及其适宜含量

矿质元素	缺素症状	适宜含量（叶干重）
N	叶片失绿黄化，叶小而薄，新梢生长缓慢，枝蔓细弱节间短，果穗松散，成熟不齐，产量降低	1.3%～3.9%
P	叶片变小，叶色变暗带紫色，叶边发红焦枯；开花延迟，花序果量变小，果实含糖量降低	0.14%～0.41%
K	叶片外部叶脉失绿黄化，发展成黄褐色斑块，严重时叶缘呈烧焦状，果实着色浅，成熟不整齐，粒小而少，酸度增加	0.45%～1.3%
Ca	幼叶脉间及叶缘褪绿，随后在近叶缘处出现针头大小的斑点，茎蔓先端顶枯	1.27%～3.19%
Fe	幼叶除叶脉绿色外，全部失绿黄化，老叶仍为绿色，严重时出现黄褐色斑块，叶缘呈烧焦状	30～100mg/kg
Zn	葡萄枝叶生长停止或萎缩，枝条下部叶片黄化，新梢顶部叶片狭小或枝条纤细、节间短，失绿，并形成大量无籽葡萄	25～50mg/kg

（续）

矿质元素	缺素症状	适宜含量（叶干重）
B	枝蔓节间变短；花序附近的叶片出现不规则淡黄色斑点，重者脱落，幼龄叶片小，呈畸形，向下弯曲；开花后花冠呈红褐色，常不脱落，坐果少，无籽小果增多	13～60mg/kg
Mg	老叶脉间失绿，后呈带状黄化斑块。枝条上部叶片形成较大的坏死斑块，叶皱缩，枝条中部叶片脱落，枝条呈光秃状	0.23%～1.08%
Mn	幼叶先表现症状，叶脉间出现淡绿色至黄色，不出现变褐枯死现象	30～650mg/kg

二、葡萄虫害

北方地区为害葡萄的主要虫害有葡萄须螨、葡萄二星叶蝉、金龟子和葡萄毛毡病（表 3-11）。

表 3-11　葡萄常见害虫为害状及其发生规律

害　虫	为害状	发生规律
葡萄短须螨（葡萄红蜘蛛）	叶片受害后，呈现很多褐色斑点；果梗受害穗轴呈黑色，组织变脆，极易折断，果粒前期受害，果粒表面粗糙，有龟裂，影响果粒生长，果实后期受害，含糖量降低	一般在 7～8 月的温湿度最适合此螨生长发育，另外多雨的年份发生重
葡萄二星叶蝉	被害叶片先出现失绿的小白点，以后随着为害加重，白点互连成白斑，使叶片苍白脱落，影响产量和质量	一年发生 2 代，此虫在管理粗放、通风不良的果园发病重

（续）

害　虫	为害状	发生规律
金龟子	幼虫为害葡萄根部，成虫为害花序果实、嫩芽、嫩叶等	种类很多，特别是在沙荒地及沙质土壤建葡萄园时金龟子为害较重
葡萄毛毡病	最初在叶背面出现苍白色斑点，以后逐渐扩大密生白色绒毛，此时被害处因受刺激而凹陷，叶面部分凹凸不平，绒毛后期变为红褐色	由一种葡萄潜叶壁虱（病原虫）寄生而引起，壁虱以成虫在芽鳞或被害叶里越冬，第二年的春天随着芽的生长，钻入叶背绒毛下吸取汁液，刺激叶片绒毛增多，并不断扩大为害。此虫在干旱年份发生

三、葡萄各生长期的防治措施

（一）休眠期

11月至翌年3月，主要防治白腐病、黑痘病、炭疽病、褐斑病、黑腐病、螨类、介壳虫、叶甲、透翅蛾等的越冬菌源和虫源。

主要措施：

（1）结合冬季修剪，剪除各种病虫枝、叶和干枯果穗；清除园内的枯枝、落叶、落果及架面上的绑扎物、残袋、干枯果穗等，并将其集中烧毁，减少病源。

（2）清园后，用3～5波美度石硫合剂＋200倍五氯酚钠混合液喷干枝、水泥柱、铁丝及地面；对树木喷一次1：1：200石硫合剂或30倍晶体石硫合剂，药液需全面喷到，使树干、枝条、架上药液向下流。

（二）萌芽至露白前

3月中旬至4月上旬，预防的病虫害有炭疽病、黑腐病、白腐病、黑痘病、介壳虫、毛毡病（瘿螨）等。

主要措施：

芽鳞片开张中见红露绿时，第二次喷5波美度石硫合剂，可铲除多种病菌孢子和螨蚧类。此时如遇雨，可延迟到第一片叶展开至伍分硬币大小时打药，上年黑痘病严重的地块，地面仍要再喷。

（三）新梢展叶至开花前

4月中旬至5月上旬，预防的病虫害有黑痘病、霜霉病、灰霉病、穗轴褐枯病等。可从以下几方面进行防治：

（1）预防可用80％代森锰锌（大生）可湿性粉剂600～800倍液，或78％波尔·锰锌可湿性粉剂500～600倍液、80％代森锰锌可湿性粉剂500倍液、20％多菌灵可湿性粉剂500倍液，每隔7～10d喷一次，连续喷2～3次。

（2）黑痘病发生初期，喷40％氟硅唑（福星）乳油6 000倍液，间隔10d，连喷2次。

（3）灰霉病在花前15d和2d各喷50％腐霉利（速克灵）水分散粒剂或50％异菌脲（扑海因）可湿性粉剂1 000倍液防治。

（四）落花后至幼果膨大期

5月中下旬至6月中下旬，预防的病虫害有黑痘病、炭疽病、灰霉病、霜霉病、介壳虫、金龟子、叶蝉、透翅蛾、螨类等。可从以下几方面进行防治：

（1）喷68.75％噁酮·锰锌水分散粒剂1 000～1 500倍液，每隔7～10d喷一次，连续喷2次，黑痘病发生初，喷40％氟硅唑乳油6 000倍液，每隔8～10d喷1次，连喷2～3次。

（2）霜霉病发生初期，喷72％霜脲·锰锌可湿性粉剂600～700倍液或50％甲霜·锰锌可湿性粉剂1 500倍液，每隔5～7d喷一次，连喷2～3次。若雨水多，霜霉病发生严重时，可使用52.5％2 000～3 000倍液。

（3）如发生虫害，喷药时可混用10％阿维·哒螨灵乳油1 500～2 000倍液或10％吡虫啉可湿性粉剂3 000倍液。

（4）地面喷施3～5波美度石硫合剂可减少白腐病病菌。

（5）疏整果穗，套袋。

（五）浆果硬核至着色初期

6月底至7月上旬，预防的病虫害有白腐病、炭疽病、霜霉病、白粉病、金龟子等。可从以下几方面进行防治：

1. 预防　①可喷78％波尔·锰锌可湿性粉剂500～600倍液、80％代森锰锌可湿性粉剂600倍液、40％氟硅唑乳油6 000倍液、10％苯醚甲环唑水分散粒剂600～700倍液、75％百菌清可湿性粉剂800～1 000倍液、77％可杀得2 000可湿性粉剂400～500倍液，每隔10d喷1次，连续喷2次。②套袋的专用袋发现胀破应及时更换。

2. 防治霜霉　发现霜霉病时，喷25％甲霜灵500～600倍液或40％痰霜灵300倍液（乙膦铝）等。

3. 增施钙肥　防缩果病，叶面喷硫酸二氢钾。

（六）浆果着色到完熟期

7月中旬至8月上旬，预防的病虫害有炭疽病、白粉病、白腐病、吸果夜蛾等。可从以下几方面进行防治：

（1）喷15％三唑酮可湿性粉剂1 500倍液、52.5％噁酮·霜脲氰水分散粒剂2 500倍液、80％代森锰锌可湿性粉剂800倍液或50％多菌灵5 000倍液或80％福·福锌可湿性粉剂500～600倍液。

（2）防虫害加氟氯氰菊酯。

注意农药安全间隔期，果实采收前15d停止用药。

（七）新梢成熟至落叶期

8月中旬至10月，防治的病虫害有霜霉病、白粉病、锈病、叶斑病等。可从以下几方面进行防治：

（1）采果后喷72％霜脲·锰锌可湿性粉剂700～800倍液、15％三唑酮可湿性粉剂1 500倍液，隔7～10d喷1次，连喷2次。

（2）采果后都应及时施肥，恢复树势；干旱应灌水促进枝条充实。

（3）采收后彻底清除园内落叶、落果，剪除白腐病、蔓枯病、根癌病及透翅蛾、虎天牛等为害的枯枝死蔓，集中园外烧毁，减少病虫来源。

第四篇

桃优质高效栽培

桃果味道鲜美，营养丰富，是人们最为喜欢的鲜果之一。除鲜食外，还可加工成桃脯、桃酱、桃汁、桃干和桃罐头。桃树根、叶、花、仁可以入药，具有止咳、活血、通便等功能。无公害桃生产应以《无公害食品　桃生产技术规程》（NY/T 5114—2002）为依据。

第一章　了解桃生长结果习性

一、枝芽特性

1. 芽　桃芽按性质可分为花芽、叶芽和潜伏芽。

（1）花芽。外有鳞片，芽饱满，着生于叶腋。一般为 1 个花芽1 朵花。花芽一般 1～3 个与叶芽并生排列，也有单花芽和单叶芽的着生（图 4-1）。花芽的质量影响到次年的坐果率及果实大小，花芽直径越大，茸毛越多，花芽的质量就越好。花芽的质量主要受树体上年和当年贮藏营养的影响。依品种不同，单花芽和复花芽的数量的比例也不一样，如果管理良好均能丰产。一般中间为叶芽，两边为花芽，位于枝条中部的芽饱满，而下部的芽瘦弱。营养不良或负载过重的树体枝条上会出现盲芽。

桃花芽分化的时期一般为 6～9 月，花芽发育有 4 个阶段，即生理分化期、形态分化期、休眠期和性细胞形成期。

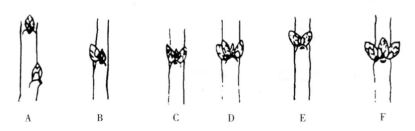

图 4-1　桃花芽着生方式
A. 单生　B. 一花一叶　C. 二花一叶
D. 三花一叶　E. 二花芽　F. 三花

（2）叶芽。外有鳞片，呈三角形，着生枝条顶端或叶腋处，萌发后抽生枝叶，桃树新梢的顶端一般为叶芽。在生长势强的新梢上，其叶芽无鳞片，随新梢的迅速生长而自然萌发，此类芽即为桃树的早熟性芽，萌发形成副梢。

（3）潜伏芽。潜伏在枝条内部，枝条外观肉眼上见不到的芽称潜伏芽。潜伏芽当重剪更新复壮时可萌发出来。一般潜伏芽的寿命与品种有关，传十郎的潜伏芽寿命比肥城桃和晚黄金的寿命长；另外，壮枝潜伏芽的寿命比弱枝的长。

2. 叶　桃叶一般为披针形，为叶芽萌发而成。一般基部的几片叶较小，中、上部的叶片较大。春季的展叶和幼叶生长是靠消耗树体上一年贮藏的营养和能量进行的，一般叶片长到应有大小的 1/3 以上，才具有自养能力，并能制造养分向其他器官输出（除供自己生长外），光合能力最强的叶片是已完全成形而在生理上未进入衰老阶段的叶片。一棵树叶片的多少，主要取决于新梢的数量多少；枝条下部的叶片比中部的衰老得快，中部的比上部的衰老得快。

3. 枝

（1）枝的种类。按主要功能，桃枝可分为生长枝（无花芽的枝）和结果枝（有花芽的枝）。生长枝按生长势可分为徒长枝（生长达60cm以上，过旺而不充实的枝条）、发育枝（生长势中等，枝粗1.5～2.5cm，枝条有副梢、较充实）和单芽枝（极短，长1cm以下，只有一个顶生叶芽，萌发时只能形成叶丛，不能结果，当营养和光照条件好时，能抽生壮枝，用作更新）。桃的结果枝按长度可分5类（图4-2，表4-1）。

图4-2　桃果枝类型

1. 长果枝　2. 中果枝
3. 短果枝　4. 花树状果枝

表4-1　桃结果枝的分类标准

种　类	长　度（cm）	备　注
徒长性果枝	＞60	粗1.1～1.5cm，有少量副梢
长果枝	30～59	粗0.5～1.0cm，一般无副梢
中果枝	15～29	粗0.3～0.5cm，无副梢
短果枝	5～14	粗0.3～0.5cm，较短
花束状果枝	＜5	极短，花簇生

　　在管理良好的情况下，通常长、中、短果枝着果均较好，北方品种群的肥城桃、深州蜜桃、五月鲜以短果枝为主，南方品种群的大久保、砂子早生、蟠桃以长果枝为主。幼年树长果枝比例大，盛果树短果枝比例增加。在成年桃树中，长、中果枝的多少和所占比例直接影响到桃树的产量和果实品质，在栽培管理上比较重要。

　　（2）枝的生长。桃的叶芽萌发展叶后，需经过7～10d的叶簇期，此时枝条生长缓慢。在开花后的10d左右，新梢进入迅速生长期，盛果期的树长度小于30cm的较弱新梢，在5月中、下旬开始减缓生长，6月中旬完全停长。生长势强的新梢（特别是徒长新梢），通常在6月中、下旬才开始减缓生长，8月份才停止生长。在新梢迅速生长的过程中，一次梢的腋芽萌发形成2～3次副梢。新梢的生长快慢与品种、树龄、树势及栽培措施有密切关系。早熟品种长梢和徒长新梢有2个生长高峰，即果实迅速生长之前和果实采收之后（果实迅速生长阶段生长缓慢）。过强的树势、偏施氮肥、重短截，均可延迟新梢的停长时间。新梢停长是花芽分化的基本前提，理想的新梢生长动态是：7月下旬80％以上新梢停长，而且果实采收后没有"二次新梢生长"现象。新梢停长后的8～10月，是树体秋季养分积累的关键时期，保叶和秋施积肥显得特别重要。影响桃树枝条和枝干加粗生长的环境因素主要是土壤水分和气温。适宜枝干加粗生长的温度为18～23℃。早春和晚秋温度过低，则加粗生长少；土壤干旱，枝条加粗量少。另外，枝条、枝干的加粗生长也与果实生长有关，硬核期加粗生长快，果实迅速生长期枝条枝干加粗生长往往明显减少。

（3）枝条休眠。花芽形成良好而又充实的枝条，在冬季对寒冷有较强的抵抗力，遇到低温（7.2℃以下）时能自发进入休眠。芽的休眠是在落叶前就慢慢开始的，在落叶期休眠最深。尽管外部环境条件适合萌芽，但由于内在生理条件的原因而表现出不能萌芽的状态，称自然休眠；内部生理已经具备萌芽条件，而外界环境条件（如温度低）不能使其萌芽，称被迫休眠。一般桃品种需要通过600～1 200个低温单位。同一品种叶芽和花芽的低温需求量和对温度的敏感性不一样。自然休眠结束后的温度条件对花芽的继续发育有影响。桃低温需求量不够时，表现出开花不整齐、枯枝、死芽等现象。

二、开花结实

桃花大部分品种既有雌蕊，又有雄蕊，能自花结实。有些地区因营养不良或冬季冻害造成少部分雌蕊退化，但对产量影响不大；少部分品种雄蕊无花粉或花粉量极少，如大和早生、西野白桃、高阳白桃、浅间白桃、白桃、仓方早生、砂子早生、白花、丰白、川中岛白桃等，需配置授粉树。

　　开花是花芽膨大后，经露萼期→露瓣期→初花期→盛花期→落花期的过程。大多数品种为5片花瓣。桃的开花期在同一年份不同品种或同一品种不同年份相差7～10d。开花时，由于柱头上分泌的黏液有效授粉时间一般为2～3d，如果此时花药开裂，传播到柱头便能正常授粉。遇到低温、阴雨天时，由于昆虫不活动，此时，需人工授粉。我国各地区花期相差4个月左右，同一地区的花期依品种、年份，可相差10d左右，同一品种的不同树势与花蕾着生部位，开花期前后相差10～15d，开花的早晚主要与开花前的积温和湿度有关。温度高、湿度低，开花早；反之，温度低、湿度高，则开花晚。开花一般持续一周时间，如遇高温，特别是干热风，3d左右即可谢花，12～14℃为最适授粉温度。开花后1～2d内柱头分泌物最多，是接受授粉最适宜的时期，柱头授粉的有效期为3～5d，授粉发芽的最低温度为10℃以上。高温25～30℃，抑制花粉发育，降低花粉发芽率。桃树开花授粉2d后，花粉管快速伸长，达到花柱的中央，随后穿过珠孔受精，开花后11～13d在胚囊中和卵细胞结合，因此，桃与其他果树不同，从开花到受精需要12～14d的时间。显然花粉管的伸长与温度有关。

　　桃为自花授粉的品种，同一朵花中，雄蕊的花粉授到雌蕊的柱头上后，可以受精结实，即花粉管伸长后，到达胚珠与卵细胞受精形成种子。尽管如此，生产上常配置合适品种的授粉树，以利于稳定和提高产量。

三、果实发育与成熟

　　授粉受精后，子房开始膨大，即果实开始生长发育。果实的生长发育可分为细胞分裂期和细胞膨大期。开花后的2～4周（1个月内），是细胞分裂旺盛、细胞数量急骤增加的时期，此后细胞分裂减缓或停止，为细胞膨大期。上一年秋季积累的养分多少直接影响到花芽质量和细胞分裂数量，如果树体贮藏营养不足，结果率低，果实细胞数少，果也小；反之，果实就大。桃的生长发育，呈双 S 曲线。第一期，花后 50d 左右，在细胞分裂的同时，细胞也膨大；此期结束的时期一般在 5 月下旬，此期果实体积、重量均迅速增长。第二期果实缓慢生长期（硬核期），此时为核的硬化、核胚的发育时期，果实体积增长缓慢，依品种不同，长短不一样，早熟品种短，1～2 周，中熟品种 4～5 周，晚熟品种可持续 6～7 周；此期胚迅速发育，在胚发育过程中胚乳被消化，呈无胚乳种子。第三期，从硬核后到成熟时的快速膨大期，早熟品种因硬核期短，胚不能充分发育成熟就进入了第三期，所以种子的发芽力差，裂核多，极早熟品种核还没有硬化，便已成熟，所以农民称"软核桃"。此期在果实采前 2～3 周，增长最快，其果实重量增加占总果重的 50％～70％。此时果肉厚度增加，果面丰满，底色明显改变，彩色品种着色，果实硬度下降，并有弹性。

四、根系

桃根系分布的深广度因砧木种类、品种特性、土壤条件和地下水位等而不同。桃的根系较浅，尤其经过移栽断过根的树，水平根发达，无明显主根。侧根分支多近树干，远离树干则分枝少，其同级分枝粗细相近，尖削度小。桃根的水平分枝一般与树冠冠径相近或稍广。垂直分布通常在 1m 以内，但环境条件不同差异较大，北京西山一带主要分布在 60～80cm，在苏南土壤黏重、地下水位高的桃园，根系主要集中在 5～15cm 浅层土中。肥城一带黄黏土，土层深厚，根系主要分布在 10～50cm 土层中。在无灌溉条件而土层深厚的条件下，桃垂直根可深入土壤深层，具有较强的耐旱性。

毛桃砧根群发育好，根系分布较深；山桃须根少，根系分布较深。营养失调、病害等影响树势，使根系生长发育不良，因而也影响根系的分布。

在年周期中，桃根在早春生长较早。在 0℃ 以上能顺利地吸收并同化氮素，当地温在 5℃ 左右即有新根开始生长，在 7.2℃ 时营养物质向上移运。据河北农业大学在保定地区观察，桃根在 15℃ 以上能旺盛生长，在 22℃ 时生长最快。在该地区 7 月中旬以前为迅速生长期，7 月中旬以后生长速度迅速下降，8 月初当土温高达 26℃时新根停止生长，进入夏季相对休眠期。10 月上旬当土温稳定在 19℃左右时根系开始第二次生长，但生长势较弱，生长期也较短。以后，随土温下降生长更慢。在 11 月上旬，当土温降至 11℃时停止生长进入冬季休眠。

五、主要物候期（表 4-2）

表 4-2　桃主要物候期标准

项　　目	物候期标准
花芽膨大期	花芽开始膨大，鳞片错开，以全树有 25％为准
叶芽膨大期	叶芽开始膨大，鳞片错开，以全树有 25％为准
露萼期	鳞片裂开，花萼顶端露出
露瓣期	花萼绽开，花瓣开始大量露出
初花期	全树 5％的花开放
盛花期	全树 25％的花开放为盛花始期，50％的花开放为盛花期，75％的花开放为盛花末期
展叶期	全树萌发的叶芽中有 25％第一片叶绽开
落花期	全树 5％的花正常脱落花瓣为落花始期，95％的花正常脱落花瓣为落花终期
坐果期	正常受精的果实直径约 0.8cm 时
生理落果期	幼果开始膨大后出现较多数量幼果变黄脱落时
新梢生长期	叶芽萌枝条生长缓慢为叶簇期；新梢生长加快，副梢发生，新梢进入迅速生长期，新梢生长减缓，为新梢缓慢生长期；80％以上新梢停长，为新梢停止生长期
果实着色期	果实开始出现该品种固有的色泽，无色品种由绿色开始变浅
果实成熟期	全树有 50％的果实从色泽、品质等具备了该品种成熟的特征，采摘时果梗容易分离
落叶期	全树有 5％的叶片正常脱落为落叶始期，95％以上的叶片脱落为落叶终期

第二章 育 苗

一、桃苗基本质量要求

生产上应用的桃苗有二年生苗、一年生苗和芽苗 3 种，全部属于嫁接苗，其中一年生苗应用最多。不同苗木应符合基本质量要求方可用于生产（表 4-3）。

表 4-3 桃实生砧苗质量基本要求

［引自《无公害食品 桃生产技术规程》（NY/T 5114—2002）］

项　　目		要　　求		
		二年生	一年生	芽苗
品种与砧木		纯度≥95％		
根	侧根数量（条）	≥4（毛桃、新疆桃）		
		≥3（山桃、甘肃桃）		
	侧根粗度（cm）	≥0.3		
	侧根长度（cm）	≥15		
	病虫害	无根癌病和根结线虫病		
苗木高度（cm）		≥80	≥70	—
苗木粗度（cm）		≥0.8	≥0.5	—
茎倾斜度（°）		≤15		
枝干病虫害		无介壳虫		
整形带内饱满叶芽数（个）		≥6	≥5	接芽饱满，不萌发

二、桃苗砧木

培育桃苗所用的砧木有毛桃、山桃、新疆桃、甘肃桃和毛樱桃等，不同砧木各有特点（表 4-4）。

表 4-4　桃苗常用砧木及其特点

桃砧木	毛桃	山桃	毛樱桃	新疆桃和甘肃桃
特点	生长快，结果早，果实大，浆汁多，品质好，嫁接亲和力好，根系发达，但树体的寿命短，不耐涝。南北方均可用	适应性强，耐旱、耐寒、耐盐碱。嫁接亲和力强，成活率高。但怕涝，在地下水位高的地方易患黄叶病、根瘤和颈腐病。北方地区常用	具有矮化效果，嫁接亲和力较好，适于密植，结果早，果实品质好。缺点是易生萌蘖，且在盐碱地上有不亲和的表现	抗旱耐寒。在西北地区可选用为桃的砧木

三、培育优质桃实生砧嫁接苗

第一步，苗圃地的选择。选择土质为轻壤或中壤、排灌方便并且肥沃的地块为苗圃地。圃址选择后要进行平整土地，每 667m² 施优质腐熟有机肥 5～6m³，深翻后作畦。

第二步，砧木种子的处理。砧木种子选择当年山桃或毛桃的新种子，在播种前要进行浸种，一般用冷水浸泡 3～5d，每天换水 1 次，有条件的加入马尿或人尿少量。

第三步，播种时间。常规桃树育苗培育砧木通常将砧木种子于 12 月底进行层积处理（方法参考苹果部分），第二年春季 3 月底至 4 月初将种子取出进行播种，这种方法出苗较晚且苗势较弱。也可于秋季土壤冻前进行播种。播种采用双行带状，即大行距 50cm，小行距 30cm，每 667m² 播种量山桃为 40kg，毛桃 60kg，覆土厚度为种子直径的 3～4 倍。

第四步，培养砧木苗。春季苗木出土后，要及时灌水、除草、防治虫害。4～6 月每月灌水 2 次，5～6 月每月追施尿素 1 次，每次每 667m² 施 15kg 左右。要利用药剂控制金龟子为害幼苗。加强各项管理，使砧木苗在 6 月底以前达到嫁接粗度。

第五步，嫁接时间。嫁接要提早进行，一般 6 月上旬进行，最晚不迟于 6 月底。接穗选择生长良好的长梢，接芽发育良好。嫁接时要注意嫁接部位，应距地面 10～20cm 处进行芽接，这样芽接部位以下砧木上的叶片对接芽萌发生长有利，若嫁接部位过低，则不利于接芽的萌发。嫁接方法参考苹果育苗。

第六步，解绑、折砧和抹芽。嫁接后 2～3 周解绑，并在接芽以上 1cm 处将砧木折伤后压平，向上生长的副梢剪除，主梢摘心。这种措施是使接芽处于优势部位，迫使接芽萌发。折砧后接芽及砧木上原有芽均可萌发，要将砧木上萌发芽及时抹除，促使接芽迅速萌发生长。当接芽长到 15～20cm 时剪砧。

第七步，接后管理。接芽萌发后，要及时中耕除草、追肥灌水，使苗圃地无杂草为害，接芽成活后每隔 10～15d 追施一次尿素，每次每 667m² 施 10kg 左右，并且结合施肥灌水。为使苗木成熟度提高，每隔 15d 左右结合防治虫害喷施 0.3％的磷酸二氢钾。当年秋季一般嫁接苗木高度在 70～80cm，达到桃树定干高度。10月底将苗木挖出，除净叶片后沙藏假植。

第三章　建　　园

一、桃树对环境条件的要求

1. 光照　桃树是强喜光树种，新梢生长的长短、充实度，花芽形成的多少、饱满度，果实颜色、风味等都与光照强度、光照时间、光质有直接关系。光照充足时，树体健壮、枝条充实、花芽饱满、果实色艳味浓。如果管理不善，光照差，造成枝条徒长，树冠郁闭，内膛枝细小纤弱，甚至枯死，果实品质差。开花期与幼果膨大期光照不足，受精胚因缺乏营养而脱落，严重影响坐果率。光照不良不仅对果实生长有影响，也影响果实的可溶性固形物和干物质含量。

2. 温度　桃喜温，生长季要求月平均温度 20～24℃，冬季一般需 600～800h（7.2℃以下）的需冷量才能完成休眠过程。需冷量长的品种不适宜在冬季温暖的地区栽培。但桃抗寒性较弱，冬季温度在－25～－23℃时枝干易冻损，休眠期花芽在－18℃左右即出现冻害。花蕾、花和幼果，分别只能耐－3.9℃、－2.8℃和－1.1℃的低温。桃生长期月平均温度在18℃以下，则品质差，达到24.9℃，则产量高，品质好。果实膨大期以25～30℃较好，成熟期以28～30℃为好。果实成熟期昼夜温差大，湿度较低，干物质积累多，风味浓。

3. 湿度　桃树呼吸旺盛，因此不耐水淹，排水不良或地下水位高的桃园短期积水就会引起叶片黄化、落叶，甚至死亡。因此桃树应种在地下水位较低且排水良好的地方。桃在整个生育期中，只有满足水分供应才能正常生长发育。适当的空气湿度可使果面免遭紫外线照射，色泽更为鲜艳。土壤水分不足，会造成根系生长缓慢，叶片卷曲，果小甚至脱落。在保护地和高密栽培时，适度干旱能够控制树冠大小，有利于成花。

4. 土壤　要求疏松肥沃，无盐渍化，pH 6～7 为好。桃树根系对土壤中空气的含量要求较高，一般在土壤中空气含量大于5％时，根系开始生长，大于10％时，生长正常，小于2％时，根系显著变细并开始出现枯死根，因此，栽植桃树的土壤要求有较好的透气性。如果过于黏重的土壤，易发生流胶病，沙地易出现根结线虫病、根癌病。地下水位高，盐渍化程度高时，桃树发生黄化，遇涝死树等。

二、具有市场潜力的桃品种

（一）油桃品种

1. 曙光　极早熟黄肉甜油桃，果实近圆形，外观艳丽，果面着有浓红色，平均单果重 100g，果型端正（图4-3），果肉软溶，风味甜，有香气，可溶性固形物含量10％左右，丰产，耐贮运。天津 6 月 10～15 日成熟。

图 4-3　曙　光

2. 艳光 果实椭圆形，果个大，平均单果重 120g。果皮底色白，全面着玫瑰红色，艳丽美观（图 4-4）。果肉白色，风味浓甜，有香气，可溶性固型物 14％。品质优良，较耐贮运。果实发育期 65～70d，6 月下旬成熟。

图 4-4 艳 光

3. 中油 5 号 果实近圆形或椭圆形，果顶圆，偶有突尖。果皮底色绿白，大部分果面披玫瑰红色。果实较大，单果重 156～204g。果肉白色，风味甜，有香气，可溶性固形物 11％～13％，品质优良。果肉脆，汁液多。粘核。果实发育期 68d，6 月上中旬成熟。花朵铃形（小花型），花粉多，自交结实，极丰产。

4. 瑞光 18 中熟黄肉甜油桃，平均单果重 210g，果面全红，粘核，耐贮运。北京地区 7 月底成熟。

（二）早熟水蜜桃品种

1. 砂子早生 日本早熟白桃品种。果实卵圆形，果顶圆，果皮底色浅绿，果顶和向阳面着有红晕，外观美观（图 4-5）。平均果重 200g，最大果重 280g，果肉白色，味甜美，半离核，丰产，耐贮运，天津地区 7 月初成熟。

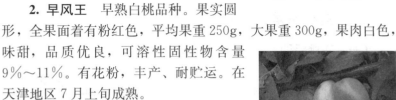

图 4-5 砂子早生

2. 早风王 早熟白桃品种。果实圆形，全果面着有粉红色，平均果重 250g，大果重 300g，果肉白色，味甜，品质优良，可溶性固性物含量 9％～11％。有花粉，丰产、耐贮运。在天津地区 7 月上旬成熟。

3. 陆王仙 日本晚熟品种。果实较大，单果重 400g，果面粉红色，果肉浅白有红线，离核。味甘甜，品质上，8 月中下旬成熟（图 4-6）。

图 4-6 陆王仙

（三）晚熟桃品种

1. 北京 14　果实椭圆形，果个大，平均单果重 300g。果皮底色白，着玫瑰红色。果肉白色，脆肉，风味甘甜，有香气，可溶性固形物 15％。品质优，耐贮运。天津地区 8 月中旬成熟。

2. 大久保　果实近圆形，果顶平圆，微凹，梗洼深而狭，缝合线浅，较明显，两侧对称。果实大型，平均单果重 200g，大果重 500g。果皮黄白色，阳面鲜红色（图 4-7）；果皮中厚，完熟后可剥离。果肉乳白色，近核处稍有红色，硬溶质，多汁，离核，味酸甜适度，含可溶性固形物 12.5％，品质上。天津地区 8 月中旬成熟。

图 4-7　大久保

3. 秋月红　果实呈圆形，两半对称，果顶圆平微凹，成熟后果实鲜红，单果重 450～800g，最大可达 1 000g，离核，不裂果，果肉乳白色，硬溶质，肉质细密，汁液中多，含糖 16％左右，口感浓甜，风味极佳，耐贮运，果实采摘后，自然存放 10d 以上，保鲜冷库可贮 8 周以上。果实发育期 150～170d。

根据气候和栽培方式，结合品种的类型、成熟期、品质、耐贮运性、抗逆性等制定品种规划方案；同时考虑市场、交通、消费和社会经济等综合因素。

主栽品种与授粉品种的比例一般在 5～8：1；当主栽品种的花粉不育时，主栽品种与授粉品种的比例提高至 2～4：1。

三、栽植

1. 栽植时期　秋季落叶后至次年春季桃树萌芽前均可以栽植，以秋栽为宜；存在冻害或干旱抽条的地区，宜在春季栽植。

2. 密度　栽植密度应根据园地的立地条件（包括气候、土壤和地势等）、品种、整形修剪方式和管理水平等而定，一般株行距

为 $(2\sim4)m\times(4\sim6)m$。

3. 方法 定植穴大小宜为 $80cm\times80cm\times80cm$，在沙土瘠薄地可适当加大。栽植穴或栽植沟内施入腐熟的有机肥料。每 $667m^2$ 施用农家肥5 000kg 与 50kg 过磷酸钙和 30kg 硫酸钾混合，分施于定植穴中，然后填入表土，并与肥料混匀，准备定植。

栽植前，对苗木根系用 1%硫酸铜溶液浸 5min 后再放到 2%石灰液中浸 2min 进行消毒。然后用 50kg 水加 1.5kg 过磷酸钙及土调成泥浆，将桃苗的根系蘸满泥浆，而后定植。栽苗时要将根系舒展开，苗木扶正，嫁接口朝迎风方向，边填土边轻轻向上提苗、踏实，使根系与土充分密接；栽植深度以根颈部与地面相平为宜；种植完毕后，立即灌水，然后覆膜保墒增温。

第四章　土、肥、水管理

一、桃树需肥特点

桃结果早、衰弱快，寿命短，一般 $2\sim3$ 年结果，$5\sim15$ 年为盛果期。桃树的花芽分化和开花结果是在两年内完成的，前一年营养状况的高低不仅影响当年的果实产量，而且对来年的开花结果有直接影响。在桃树早春萌动的最初几周内，主要是利用体内储藏营养。因此，前一年秋天桃树体内吸收积累的养分多少，对花芽分化和第二年开花影响很大，进而影响桃树的产量。所以，桃子收获之后仍要加强肥水管理。由于桃树根系浅，要求土壤有较好的透气性，在施肥中要施农家肥，并将农家肥适度混合，以增加土壤的团粒结构，提高土壤的空气含量。

在营养的需求上，幼树以磷肥为主，配合适量的氮肥和钾肥，以促根长树为主。进入盛果期后，施肥重点是使桃树的枝梢生长和开花结果相互协调，应以氮肥和钾肥为主，配施一定量的磷肥和微量元素肥料，桃树早、中、晚熟品种需肥量有一定差异，早熟品种需肥量较小，晚熟品种需肥量较大，一般每生产1 000kg的桃果需吸收纯氮3～6kg，磷1～2kg，钾3～7kg。三者比例为1∶0.6∶1。

在落叶果树中，桃树是对中、微量元素比较敏感的树种，尤其对铁的反应更为突出。在土壤含钙量高和偏碱土壤上，积水后很容易引起桃树叶片失绿，所以，桃园必须避免积水，桃园积水后应尽快排出，然后浅耕松土，增加土壤的透气性。

二、施肥量

1. 有机肥　以农家肥为主，每株成龄桃树施农家肥30～50kg。

2. 化肥　一般一株桃树施氮肥0.23～0.45kg，相当于尿素0.5～1kg，幼树施用量宜减少，然后每年递增0.056kg，相当于尿素0.12kg，直至增加到施氮肥量为0.45kg以后不再增加。用全生育期的氮肥用量的1/2与农家肥混合后做基肥，另1/2做追肥。磷、钾化肥均与农家肥混合后做基肥。磷、钾化肥的用量以氮肥为基础，按氮、磷、钾养分以1∶0.6∶1的比例计算可得出，即每株施磷0.14～0.27kg，相当于16％的过磷酸钙0.9～1.7kg，每株施钾0.23～0.45kg，相当于硫酸钾0.46～0.9kg。如果不用单元素化肥用复混肥（必须是三元复混肥），则将用量的1/3做基肥，另2/3做追肥。

根外追肥是土壤施肥的必要补充，由于桃树对微量元素比较敏感，容易出现暂时的相对缺乏，因此，就更显出根外追肥的重要。据资料报道，在初花期喷施0.2％硼酸水溶液，可使坐果率达到88.73％，8月下旬至9月初喷施0.4％磷酸二氢钾一次，枝冻害指数减少12.9％。在果实膨大期施0.2％~0.3％硝酸钙，可以提高果实的硬度，减少软化果的数量，提高果实等级。

三、结合施基肥深翻土壤

采用沟施或环状沟施的方法，沟深40～50cm，宽50cm，沟长以树体大小和肥料多少而定。施入农家肥后填入表土，将表土与肥料混合,再将底土覆盖其上,略压实。施肥后最好结合灌水,施肥时期以深秋或初冬为好,如早春施基肥应尽量提早。土壤温度稳定在 4~5℃时,桃树根系即开始活动,土温上升,根系活动加快,如果挖施肥沟时不注意保护根系,大量伤根会影响根系的吸收能力。

四、追肥

1. 土壤追肥 在施基肥的基础上,将氮肥总量的 1/2 做追肥。花前和生理性落果后各施一次,每次施肥量各占氮肥总量的 1/4,即每株施氮 0.058~0.112kg,相当于尿素 0.13~0.25kg。用复混肥也应在花前和生理落果后各施一次,每次施肥量为总用量的 1/3。

2. 根外追肥 叶面喷施为主,出现缺素症时,采用树干注射或输液的办法。

五、灌水、排水

桃树既怕水又怕旱,沟渠能排能灌是桃树水分管理的关键,桃园应做到行间水通畅。同时应做好锄草松土,保证地面通风透光,增加地下土壤的通透性,为桃树的生长创造良好的环境。

第五章 整形修剪

第一节 常用树形及培育技术

一、自然开心形

干高 30~50cm,无中心干,主干上三主枝错落,主枝以 30°~45°开张角延伸,每主枝上有 2~3 个侧枝,开张角度 60°~70°(图4-8)。此树形主枝少,侧枝多,骨干枝间距大,光照好,枝组寿命长，修剪量轻；结果面积大，丰产。常用在 3m×4m、4m×5m 的株行距下采用。全树高度保持在 3～3.5m。

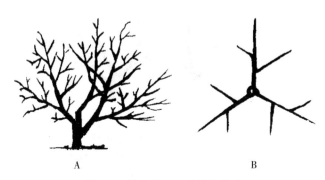

图 4-8 桃自然开心形结构模式

A. 侧视图　B. 俯视图

1. 定干　如果定植的一年生成品苗，春季发芽前在距地面 50～60cm 的饱满芽处剪截，剪口下 20cm 左右为整形带。

2. 选留主枝　发芽后将整形带以下的芽全部抹去，待新梢长到 30cm 左右时，选长势均衡、方位适当、上下错落排列的 3 个枝条作为将来的主枝培养，其余枝条如果长势很旺，和主枝竞争养分，即应疏除，生长较弱的小枝可摘心控制或扭梢，当年即可形成结果枝，提早结果，以后影响主枝生长时及时去掉。

如果定植的为芽苗（半成品苗），培养主枝更容易。在苗木长到 50～70cm 时摘心，一般可出 5～8 个副梢，以后选 3 个理想的枝做主枝培养，其他嫩梢疏除或保留 1～2 个弱梢辅养树体。

3. 主枝培养　第一年冬剪时先对确定的主枝进行短截，剪留长度要根据枝条的生长强弱、粗细、芽的饱满程度确定，一般留 50～60cm，剪口芽要饱满，并注意方向。主枝角度小，留下芽，方位不正，留侧芽调整，或通过拉、撑的方法调整主枝角度和方位。一般品种的基角为 50°左右，过大负载量小，果实离地面太近或接地，影响品质，耕作施肥也不方便；角度过小，树势旺，内膛通风透光条件差，容易造成"空膛"，结果表面化，产量低，所以

主枝角度一般维持在 40°～60°。第二、三年主枝延长头剪去全长的
1/3～1/2，长度 50cm 左右，同时选留侧枝（图 4-9）。

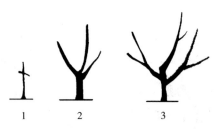

图 4-9　自然开心形整形示意
1. 定干　2. 培养三主枝　3. 培养第一侧枝

4. 侧枝培养　生长势强、肥水条件好的果园，当年冬季即可
选出第一侧枝。第一侧枝距主干 50～60cm，侧枝与主枝的分枝角
50°～60°，向外侧延伸，注意不要留背后枝做侧枝。侧枝一般比主
枝稍短，长 30～40cm，每个主枝可选留 2～3 个侧枝，侧枝在主枝
上"推磨式"分布，不要相互顶住。第二侧枝分布在主枝的另一
面，距第一侧枝 30～50cm。第三侧枝位于主枝的顶部，一般为大
型的结果枝组。

二、杯状形

干高 60～70cm，有主枝 3 个，要求是邻接的长势均衡的 3 个
枝条，主枝的基角为 70°～80°，在 3 个主枝上再各分生 2 个大枝，
在 6 个大枝上，再各自分生 2 个分枝。这样便形成了"3 主 6 枝 12
叉"的杯状形（图 4-10）。留枝时，只留外生枝，不留内向枝。在
3 个主枝上再各分生 2 个大枝，在 6 个大枝上，再各自分生 2 个分
枝。这样便形成了"3 主 6 枝 12 叉"的杯状形（图 4-10）。留枝
时，只留外生枝，不留内向枝。

这种树形，树冠开张，光照充足，枝条发育充实，花芽分化良
好，有利于生长结果。果实色泽艳丽，品质优良。树干低，树冠
小，便于各种管理。但结果面积小，产量较低。3 个主枝邻接，生

图 4-10 桃杯状形结构模式

A. 侧视图 B. 俯视图

长势力相等，开张角度大，主枝易劈裂，主枝上的分枝少，主枝受日光直射，易遭受日灼伤害。

三、改良杯状形

由杯状形改进而来，仍同杯状形一样，三主枝基部邻接，以后大体按二叉式分枝。主枝按 45°～55°角度开张延伸（图 4-11）。树形基本完成时主枝头剪口间的距离达 80～100cm。

图 4-11 改良杯状形

图 4-12 Y 形

四、Y 形

适于密植桃园，在每公顷栽 44～111 株的密植条件下，是较为理想的树形。干高为 30～50cm，全身只有 2 个主枝，主枝间的夹角为 45°～60°。每个主枝上配置 5～7 个大、中型结果枝组。树高

2.5～3.0m，叶面积系数5～6，叶幕厚度40～50cm（图4-12）。行间留有0.8～1.0m的空间，株间可视度较差，但交接率不宜超过5％。这种树形，树冠透光均匀，果实分布合理，利于优质丰产。

第二节　修　　剪

一、修剪时期

桃树的修剪时期，可分为冬季修剪（休眠期修剪）与夏季修剪（生长期修剪）。冬季修剪在秋季落叶后至翌春萌芽前都可进行，期间以晚秋为更佳。修剪早，伤口易愈合，剪口芽生长好，并能促进花芽充实饱满。夏季修剪在芽萌动后到停梢都可以进行，其间以5～8月尤为重要。早摘心，发枝部位低，新梢形成早，芽充实饱满，易控制徒长，内膛光照状况好。

桃树的夏季修剪非常重要，尤其是8年以下的幼树和初结果树更不能忽视。因为这段时期生长旺盛，发枝力强，新梢徒长，副梢抽生次数多，如不利用夏剪控制旺枝生长，改善光照条件，就会出现上强下弱，外密内空，副梢着生部位高，形成外围结果内膛无实的"环围结果"现象，不能形成立体结果的丰产树形。而且夏剪不到位，给冬季修剪增加了工作量，造成树体的恶性循环。

二、盛果期树的修剪

1. 主侧枝的延长枝　盛果初期的主、侧枝的延长技，可适当轻截或缓放，北方品种群更应缓放，当其后部形成中、短果枝后，再回缩。盛果末期，则应适当短截，主枝的延长头一般留45cm左右，侧枝的延长头留30cm左右。当树冠扩大到适宜范围时，可适当回缩枝头，控制树冠。

2. 结果枝组　桃树的小枝组易枯死，应培养利用大、中型枝组。当枝组扩大到不需再扩大时，先端枝可采用先放后缩，疏放结合的剪法，以缓前扶后。中下部注意选留预备枝，防止结果部位外移。前强后弱的枝组，要及时回缩，并注意利用剪口枝的角度，调节其生长势。

3. 结果枝

（1）徒长性结果枝。对北方品种群的徒长性结果枝，可缓放，以便培养短果枝；对南方品种群的徒长性结果枝，则可剪留 20cm 左右，培养结果枝组，或重短截，作为预备枝。过密的可以疏去。

（2）长果枝。对南方品种群的长果枝，应充分利用，使之结果。一般留8～10 节花芽短截。位于树冠上层、外围组先端的，或在其附近优良的预备枝，也可轻截或缓放。对北方品种群，一般应轻剪或缓放，以培养枝组。但当其中、下部已形成短果枝或已结过果者，则应及时回缩。

（3）中果枝。对南方品种群的中果枝，多剪留 3～6 节花芽。对北方品种群者，则不截或剪留 5～7 节花芽。当其结果之后，只要枝的中、下都有单芽枝者，则应及时回缩。

（4）短果枝和花束状果枝。一般不短截，过密的可以疏除。

4. 预备枝 凡发育枝、长果枝和中果枝等，都可作预备枝。但为了有效地控制结果部位外移和维持下年的产量，应优先保证预备枝的数量和质量。预备枝的数量随树龄的增长而增加，一般可占果枝的 30%～50%。树冠上层和外围，可不留或少留，中下层应多留，剪接长度为 2～4 个饱满叶芽。枝条粗壮、空间较大的剪留长些；反之，则短些。

5. 病虫枝、干枯枝、瘦弱枝等 均应疏除。

三、衰老树的修剪

1. 主侧枝 采用回缩方式更新复壮，回缩的程度因衰老光秃的情况而定。一般回缩到 3～4 年生部位或更重些，最好在分枝处或中、大型枝组处剪截；若无分枝或枝组时，则应在锯口以下留一段表皮光滑的枝段。

2. 枝组 已衰老的枝组应适当回缩，同时对下部健壮的枝条留 2～3 个叶芽短截更新。过于衰弱而无利用价值的，则应疏除。凡暂时可以结果的中小型枝组，应当保留，维持产量。

3. 其他 枯死枝、病虫枝、过于瘦弱而无利用价值的小枝等，一律疏除。

四、桃树的夏季修剪

1. 抹芽 将主干、主枝整形带、主枝基部 15cm 内的萌蘖和与主枝并生、重叠的嫩芽、嫩梢及时抹除或剪除，以免影响骨干枝的生长。

2. 摘心 当新梢长到 30cm 长时，将先端嫩梢摘去，使其暂停向前延伸，迫使营养物质转向侧芽，刺激萌发抽梢，降低分枝部位。这样，既控制旺长，避免形成"长把伞"枝，又为培养结果枝创造了条件，还可促进果实发育和花芽分配。摘心和剪梢留长 30cm，不能过长或过短。过长，下部光秃段长；过短，易刺激下部芽大量发枝。不足 30cm 长的不摘心，已封顶停长的也不摘心。

3. 剪梢 过于密集、方位不当或未及时摘心的新梢，进行疏除或留长 30cm 短截，借以调整骨干枝的长势、角度和方位，控制徒长枝、竞争枝，减少无效生长，从而达到抑强扶弱、充实内膛、平衡树势的目的。

4. 曲枝 对直立强旺的新梢，在距基部 10～15cm 处，用左手固定下部，右手捏着上部轻揉，待木质柔和后，把上端曲向空隙处，使其变成平斜或弯垂，用改变枝生长方向来缓和顶端优势，使上部形成花芽，下部萌发副梢，为培养结果枝组创造条件。但揉时用力要轻而均匀，切不可过猛过重，尽量避免折断木质或把外皮揉破，引起流胶而削弱树势。

5. 开张角度，平衡树势 对树性直立、主枝角度小的品种，用撑、拉、背、坠等方法开张角度。主枝延伸方位不合理的，用"背枝"或"转主换头"的方法调整。主枝长势不平衡的，强枝用少更新、多留花芽多结果的方法来减少发枝和抑制营养生长，弱枝用多更新、少留花芽少结果的方法来促进多发枝和增强营养生长，使之逐年达到平衡。

6. 喷生长调节剂 在 5 月下旬至 6 月和 8 月初对生长较旺的结果树喷 PBO 促控剂 200～300 倍液，并注意喷后一周内不要浇水，既控制旺长，促进成花芽，又可促进果实生长和防裂果。没结果的树可喷多效唑 200 倍液，抑制新梢旺长和促进花芽形成。

桃树夏剪时不能环剥和环割，否则会引起伤口流胶。

第六章　花果管理

第一节　生产中存在的问题及对策

桃树绝大多数品种结实率很高，通常能够满足生产者对产量的要求，但要实现连年优质丰产稳产，细致、到位的花果管理显得非常重要。大多数果农一般只注重常规修剪、施肥及采果前病虫害防治等，而忽视了对花果的直接管理，往往造成落花落果过多，影响了桃树持续丰产和生产优质果。现就生产中存在的一些问题及对策总结如下。

1. 花期大量施肥灌水　过量施用氮肥，造成新梢旺长，使花和幼果获得营养偏少，引起落花落果；花期灌水降低了土温，影响根系对养分的吸收和正常运转，不利于开花坐果。

2. 授粉不良，坐果率低　栽植品种单一，授粉树配置不合理，花粉不足；花期不重视果园放蜂和人工辅助授粉，加之易受低温、干热风及蚜虫、金龟子、花腐病等为害，导致授粉受精和幼果发育不良，谢花后 1～4 周内花和幼果大量脱落。

3. 疏果不严，负载量大　不按树体结构、枝条种类、果实大小等合理疏果定果。疏果时间开始较晚，甚至拖延至生理落果期；留果量大，营养分配不合理，激素不平衡，造成果实个小、色差，影响了当年果实质量和来年花芽分化。

4. 不重视果实套袋　对桃果实套袋认识不足，认为桃果实生育期短，套袋没必要，或者怕麻烦，认为套袋费工费时，不合算，造成果实质次价低，影响收益。

5. 果实早采现象严重　多数果农以为果实采收越早越能卖个好价

钱，结果在桃六七成成熟时就开始过早采收，导致果实含糖量低、着色差，尤其是中晚熟桃早采，严重影响了果实产量和风味的提高。

6. 采果后放任管理 果实采收后放松管理，常遭受山楂红蜘蛛、浮尘子、潜叶蛾、细菌性穿孔病等病虫为害，使叶片受损，影响花芽分化质量及树体营养积累。

7. 修剪不当，树冠郁闭 只重视冬剪而轻视夏剪，修剪方法不当。冬季对骨干枝剪截很重，夏季又盲目摘心，见梢打头，导致骨干枝背上的徒长枝多、新梢分枝多，冠内通风透光条件差。

第二节 花果管理关键技术

一、花期授粉

花期喷 0.3% 硼砂溶液，提高授粉受精及花和幼果抗御晚霜危害的能力。对无花粉或花粉量小的品种，特别要在花期进行人工辅助授粉或释放蜜蜂、壁蜂传粉，提高坐果率。

二、疏果定果

对自花结实率高的品种，应及时疏花疏果，越早越好；对无花粉或自花结实率低的品种，不疏花只疏果。疏果应在花后 2 周内结束，尽量选留长度为 5~30cm、粗度为 0.3~0.5cm 的优质结果枝上的果。每个长果枝选留 2~3 个果，中果枝选留 1~2 个果，短果枝 2~3 个枝选留 1 个果，果间距保持在 15~20cm，每 667m² 留果 8 000~10 000 个。

三、果实套袋

果实套袋能显著改善果面光洁度、增加色泽、减少病虫害和农药残留，也可防止裂果和日灼等。中晚熟桃品种尤其要重视果实套袋。一般易着色品种宜选用白色或黄色单层纸袋，着色困难品种可选用外白内黑的复合单层纸袋。定果后立即套袋，套袋前细致喷 1 次杀菌杀虫剂，采收前 3~5d 除袋。

四、疏枝摘叶增色

果实生长发育期，及时疏除直立徒长枝和影响果实着色的枝条；采前7d左右除去果实周围遮光的2～3片叶；对下垂的骨干枝和结果枝组要吊枝或撑枝，以利果实着色，提高品质。

五、分批采收

桃果实的品质、风味和色泽是在树上发育过程中形成的，采收后几乎不会因后熟而有所增进。另据调查，桃果在树上即使完熟也不会完全软化，仍有一定的硬度，而采收后果实急速软化。因此，桃果实的采收期一定不能过早。鲜食品种应在九成熟时采收，长途运输、贮藏加工用品种宜在八九成熟时采收。同时，因同一株树上不同部位的果实成熟期不一致，提倡分期采收，减少损耗。

六、病虫害防治

见第七章。

第七章 病虫害防治

第一节 主要病虫害

一、主要病害

1. 桃树流胶病 分侵染性和非侵染性两种类型。

侵染性流胶病主要发生在枝干上，也可为害果实。一年生枝染病，开始以皮孔为中心产生疣状小突起，后扩大成瘤状突起物，上面散生针头状黑色小粒点，翌年5月病斑扩大开裂，溢出半透明状黏性软胶，后变茶褐色、质地变硬，吸水膨胀成胨状胶体，严重时枝条枯死（图4-13）。多年生枝受害产生水泡状隆起，并有树胶流出，受害处变褐坏死，严重者枝干枯死，树势明显衰弱。果实染病，初呈褐色腐烂状，后逐渐密生粒点状物，湿度大时粒点口溢出白色胶状物。

桃树非侵染性流胶病为生理性病害，发病症状与前者类似，其发病原因：冻害、病虫害、雹灾、冬剪过重，机械伤口多且大、树势衰弱等都会引起生理性流胶病发生。

图 4-13　桃流胶病

2. 桃黑星病　属真菌病害，又称疮痂病。主要为害果实，也为害果梗、新梢和叶片。果实染病，初期多发生在肩部，产生暗绿色圆形小斑点，后逐渐扩大，呈黑痣状，直径 2～3mm。严重时，病斑聚合成片，病斑处常出

图 4-14　桃黑星病

现龟裂，呈疮痂状，严重时造成落果（图 4-14）。近成熟期病斑变为紫黑色或红黑色。病菌的侵染只限表皮组织，当病部停止生长时，果肉仍可继续生长。果梗染病，病果常早期脱落；叶片染病，最初多在叶背面叶脉之间，呈灰绿色多角形或不规则形斑，后病叶正反两面都出现暗绿色至褐色病斑，后变为紫红色枯死斑，常穿孔脱落。

3. 桃缩叶病　属真菌性病害。主要为害桃嫩梢、新叶及幼果，严重时叶畸形扭曲，幼果脱落。病叶卷曲畸形，病部肥厚、质脆、红褐色，上有一层白色粉状物（病菌子囊层），最后变褐色，干枯脱落（图 4-15）；新梢发病后病部肥肿，黄绿色，病梢扭曲，生长停滞，节间缩短，最后枯死；小幼果发病后变畸形，果面开裂，很快脱落。

4. 桃细菌性穿孔病　属细菌性病害。主要为害桃树叶片和果实，造成

图 4-15　桃缩叶病

叶片穿孔脱落（图 4-16）及果实龟裂。叶上病斑近圆形，直径 2～5mm，红褐色，或数个病斑相连成大的病斑。病斑边缘有黄绿色晕环，以后病斑枯死，脱落，并造成严重落叶。果实受害，初为淡褐色水渍状小圆斑，后扩大成褐色，稍凹陷。病斑易呈星状开裂，裂口深而广，病果易腐烂。

图 4-16　桃细菌性穿孔病

二、主要虫害

1. 桃蛀螟　成虫体长 12mm，翅展 22～25mm，黄至橙黄色。幼虫体长 22mm，体色多变，有淡褐、浅灰、浅灰蓝、暗红等色，腹面多为淡绿色。头暗褐，前胸盾片褐色，臀板灰褐，各体节毛片明显。蛹长 13mm，初淡黄绿，后变褐色，臀棘细长，末端有曲刺 6 根。茧长椭圆形，灰白色（图 4-17）。

桃蛀螟发生 3～4 代，主要以老熟幼虫在干僵果内、树干枝杈、

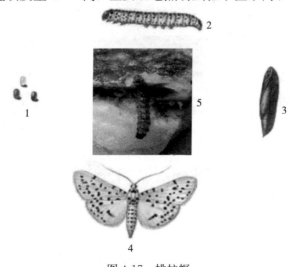

图 4-17　桃蛀螟

1. 卵　2. 幼虫　3. 蛹　4. 成虫　5. 幼虫蛀果为害

树洞、翘皮下、贮果场、土块下及玉米、高粱、秸秆、玉米棒、向日葵花盘、蓖麻种子等处结厚茧越冬。越冬代成虫4月下旬始见。成虫白天静伏夜晚活动，对黑光灯有较强趋性，对糖醋液也有趋性。卵多散产在果实萼筒内，其次为两果相靠处及枝叶遮盖的果面或梗洼上。初孵幼虫啃食花丝或果皮，随即蛀入果内，吃掉果内子粒及隔膜，同时排出黑褐色粒状粪便，堆集或悬挂于蛀孔部位（图4-17），遇雨从虫孔渗出黄褐色汁液，引起果实腐烂。幼虫一般从花或果的萼筒、果与果、果与叶、果与枝的接触处钻入。卵、幼虫发生盛期一般与石榴花、幼果盛期基本一致，第一代卵盛期在6月上旬，幼虫盛期6月上、中旬，第二代卵盛期在7月上、中旬，第三代卵盛期在8月上旬，幼虫盛期在8月上中旬。

2. 桃小食心虫　为害桃、梨、花红、山楂和酸枣等。成虫体灰白或灰褐色，雌虫体长5～8mm，翅展16～18mm，雄虫略小。前翅前缘中部有一蓝黑色三角形大斑，翅基和中部有7簇黄褐或蓝褐色斜立鳞毛（图4-18）。

图4-18　桃小食心虫

1. 卵　2. 幼虫　3. 蛹　4. 成虫　5. 幼虫蛀果为害

寄主为苹果、梨、山楂、桃、李、枣、杏等，为害苹果、梨、枣较严重，为害苹果等仁果幼虫多由果实胴部蛀入，蛀孔流出泪珠状果胶，俗称"淌眼泪"，不久干涸呈白色蜡质粉末，蛀孔愈合成一小黑点略凹陷。幼虫入果常直达果心，并在果肉中乱串，排粪于隧道中，俗称"豆沙馅"，为害枣、桃、山楂等多在果核周围蛀食果肉，排粪于其中（图4-18）。

第二节　综合防治技术

一、农业防治

1. 合理布局　防止桃、梨混栽，避免梨小实心虫猖獗为害。梨小实心虫1～2代幼虫主要为害桃梢，3～4代主要为害梨的果实。如果两种果树同时栽在一个果园必将引起严重危害，因此应尽可能设立隔离带。

2. 刮除病组织和翘皮　桃树常发生流胶病和腐烂病等枝干病害，人工刮除病组织后再涂843康复剂等农药即可得到有效控制。此外，枝干上的老翘皮内外是害螨、梨小食心虫、蚧壳虫及多种病菌的越冬场所，用刮刀或钢刷刮除翘皮可直接消灭大量的越冬病源。

3. 合理修剪　冬剪时可以剪掉球坚蚧、桑盾蚧为害的枝条，蚱蝉产卵的枝条和树上残留的病果、僵果等；夏季剪掉或拣拾落地的病虫果，如桃蛀螟、桃仁蜂等为害的果实，桃炭疽病、桃褐腐病等侵染的病果，进行及时销毁，也是减少虫源、菌源的有效方法。

4. 合理肥水管理　多施有机肥、合理追施化肥、适时灌水，能够促进桃树生长，使树体健壮，病虫为害轻。桃树是极不耐涝的果树，在雨季一定要及时排水。

5. 清除枯枝落叶　在桃树落叶后，结合冬剪及时清除桃园中枯枝、落叶、杂草等，将其深埋或集中烧毁，消灭越冬虫源。另在生长季节也要注意桃园卫生。

二、生物防治

1. 保护利用自然天敌　主要措施是在桃园不要喷广谱性杀虫剂，特别是天敌发生盛期。

2. 桃园种草招引天敌　在桃园种植豆科作物或牧草，不仅可改善和提高桃园土壤肥力，而且可为天敌提供猎物和活动、繁殖的良好场所，增强对桃蚜、害螨的自然控制能力。

3. 人工繁殖释放天敌昆虫　通过人工繁殖向桃园中散放，以补充天敌数量，可以收到理想效果。如我国利用松毛虫赤眼蜂防治梨小实心虫取得了成功。

4. 提倡使用生物农药　例如浏阳霉素、杀蚜素对桃蚜、害螨有良好的防治效果，苏云金杆菌、灭幼脲对桃蛀野螟、梨小实心虫、卷叶虫等有很强的杀伤力，白僵菌、绿僵菌对桃红颈天牛和鳞翅目幼虫防效显著，农抗 120、多抗霉素、抗菌剂 402 等对桃炭疽病、褐腐病、疮痂病等有较好的防治效果。

5. 利用昆虫性外激素防治害虫　我国已人工合成多种昆虫性外激素，适于桃园应用的有梨小食心虫性外激素、桃小食心虫性外激素、桃蛀野螟性外激素。

三、物理防治

1. 糖醋液诱杀成虫　用糖醋液装入碗或小罐中作为诱捕器。糖醋液配方为红糖 0.5 份、醋 1 份、水 10 份，再加少量的白酒即成。用时将铁丝或绳索将诱捕器挂在树上，每天清除掉死虫，并补充糖醋液至原水位线即可。

2. 树干缠草把　利用桃红颈天牛、梨小食心虫、山楂叶螨在树干上产卵或在翘皮下、皮缝内越冬的习性，在树干上缠草把诱集这些害虫。

3. 黑光灯诱杀成虫　在桃园安装黑光灯可诱杀大量的桃蛀野螟、卷叶虫、桃叶蝉等成虫。

四、化学防治

在桃园病虫害综合防治中应该是能不用化学药剂的尽量不用，必须用化学药剂防治时应选用高效、低毒、低残留农药，并且注意在关键时期用药，改进施药方式，注意交替用药。

（1）萌芽前和落叶后树上树下喷淋3～5波美度石硫合剂。石硫合剂是一种常用的杀菌、杀虫剂，可防治白粉病、锈病、褐腐病、褐斑病、黑星病及蚜虫、红蜘蛛、介壳虫和桃蛀螟等多种病虫害。桃树春季萌芽前和秋冬落叶后，在清园时一般都要打一次石硫合剂。

（2）花芽露萼期喷10％吡虫啉可湿性粉剂1 000倍液防治蚜虫。结合喷药，加入3％～5％的硫酸亚铁，防治桃穿孔病和缺铁失绿症。4～5月开始经常检查树干，以防治红颈天牛。

（3）5月上旬喷70％甲基托布津可湿性粉剂1 000倍液或10％吡虫啉可湿性粉剂3 000倍液，防治桃穿孔病、蚜虫、梨小食心虫等病虫害。桑白蚧严重时，可喷0.3波美度石硫合剂。

（4）5月下旬至6月上旬喷两次50％杀螟硫磷1 500～2 000倍液或1 500倍液高效氯氰菊酯等杀虫剂，防治桃蛀螟第一代幼虫。套袋前严格喷施一次。

（5）7月中下旬喷杀虫、杀菌剂防治桃蛀螟及其他病虫害。

第五篇
樱桃生产新技术

第一章 育　苗

良种苗木是樱桃发展的重要基础，苗木的质量不仅直接影响樱桃栽植的成活率、生长状况和果实产量，而且还关系到树体对环境的适应性、抗逆能力以及经济寿命的长短，优良苗木是进行高产、优质、高效果树生产的重要保障。只有良种苗木在数量上能及时地满足生产上的需要时，才有可能实现良种普及。

第一节　苗圃地的选择

苗圃地质量的好坏直接影响种子萌芽出土、幼苗生长和苗木质量以及育苗成本的高低，对樱桃育苗至关重要；培育樱桃砧木苗的苗圃地宜选择在排水良好，又有水浇条件的壤土或沙壤土中育苗。其次要注意播种用苗圃地最好选在建园地附近，与园地土壤相似的地方。这样不仅可使苗木较快适应园地环境，还可缩短苗木运输距离，对降低育苗成本，提高栽植成活率都有好处。此外，还要注意圃地应选背风向阳，土质疏松肥沃，不重茬、不积涝的地段。

苗圃地整理是培育壮苗的重要措施。整地前，应根据苗圃地肥力状况，施足基肥。一般在秋季封冻之前，每 $667m^2$ 应施质量高的农家肥 4 000～5 000kg，圈肥、堆肥、羊粪均可，如用鸡粪要充分发酵以后再施用。除农家肥外，可加入少量化学复合肥，每 667m² 施复合肥 10kg 左右，与农家肥一起撒施。整地深度一般应在 20cm 以上，同时还应随耕随耙，以利于土壤破碎，减少水分蒸发。经过细致整地的圃地应疏松、细碎、平整、无残根、无石块。土壤中有许多有害细菌和病虫危害幼苗，播种前要施药消毒，杀死害虫。通常使用的杀菌剂有硫酸亚铁，667m² 施量 3～10kg，撒施畦面，刨松翻入土中。或用五氯硝基苯与代森锌的混合剂翻入苗床，每 667m² 施量 5～6kg；也可用 50％多菌灵可湿性粉剂或 70％甲基硫菌灵可湿性粉剂 500 倍混土后，在播种前对土壤进行消毒。土壤和杂树根很多或是曾种过樱桃苗木的土地可用硝基三氯甲烷消毒，此法对防治重茬苗圃地中土壤传播的病害有良好的效果；果园改建重茬地也可用此法。

　　樱桃砧木苗培育应根据育苗方法、砧木苗培育时间和圃地条件作床。一般说播种育苗可将苗圃地制成低床，即耕后搂平耙细，打成南北向畦子，畦宽 1.0m，长度视地形和水浇条件而定，以 10～20m 为宜。压条或扦插育苗，多雨地区、易于积水或排水不畅处，可将苗圃地作成高床、床面高为 30～40cm。不论哪种苗床，均应留出步道，以方便嫁接操作，步道宽 40cm 为宜。

第二节　砧苗繁育

一、实生播种

1. 砧木种子的采集和处理　山樱桃，实生黄樱桃、马哈利樱桃虽然五六年生可开花结果，但作为繁殖用的种子，应以十至十五年生、无病虫害的健壮大树作为母树采种。采种时，应注意果实充分成熟后采集。采集后，应立即将果实浸在水中搓洗，弃去果肉、果梗和漂浮的秕粒以及其他杂物。然后将沉入水底充实的种子捞出晾干备用。将种子混以 3 倍湿沙，层积贮藏，完成后熟后，便具备了萌发的能力，当春季地温回升后，即可将种子取出，移至 20℃ 以上的室内进行催芽。当 50％左右的种子破壳露白时便可取出播种。

2. 播种及苗期管理　播种期分为春播和秋播，春播发芽率高，栽培管理期短，为通常采用的播种时期。春播在 3 月中旬至 4 月上旬，5cm 深处土壤地温稳定在 5℃ 以上时进行。播种时按行距 30cm 左右开沟，条播、点播皆可，点播株距 12cm 一穴为宜，每穴点播种子 5 粒以上。樱桃种子顶土能力弱，不能深播，播种深度 2~3cm 为宜，播后先盖 1cm 厚的细河沙，上边覆 1~2cm 厚的锯末或谷糠。这样既保湿，又防止土壤板结，有利于出苗。最好的方法是在播前灌足底墒水，趁土壤干湿合适时播种、覆土、加盖农膜，可早出苗，提高出苗率。

3. 播种后至出苗前这一阶段主要是水分管理　催芽播种时如遇干旱要及时灌水，宜小水灌溉，切忌大水漫灌。当幼苗地上长出真叶，地下出现侧根时，开始自行制造养分。此时苗木幼嫩，根系分布较浅，对不良环境的抵抗力较低，应注意防止低温、高温、干旱、水涝及病虫危害，同时应注意控制肥水。对幼苗进行适当"蹲苗"锻炼，届时应及时进行移植或间苗、定植。

二、分株育苗

分株用的"母苗"，即可用采自大叶型草樱桃的根蘖苗，也可用不够嫁接粗度的大叶型草樱桃砧木苗。只要是带根的（那怕是只有极短小的少量根），就可供分株育苗之用。分株栽植的适宜时间，为"春分"前后。

分株育苗的具体方法是，将分蘖苗由分根处劈下，按 7~8cm 株距，70~80cm 行距栽植。栽后，留 20cm 高剪断，随灌大水"坐苗"。经过 10~15 天，芽萌动时，灌一次大水。此后半月，再灌一次大水。每次灌水后，要随即中耕保墒。在顶端新梢生长到 20cm 时，追施一次速效性氮肥，每公顷人粪尿 15t，或尿素 225kg。施后灌水，以尽快发挥肥效，促进苗木生长。7 月下旬砧苗加长生长缓慢、加粗生长加快时，再追施一次速效氮肥，每公顷人粪尿 15t，或尿素 225kg。随水施入，促使苗木增粗，以增加当年可以嫁接的砧苗数量。

分株育苗繁殖系数较高。一般每株母苗当年可分生6～7株砧苗，少数2～3株。分株当年6月份，每株母苗上一般有1～2株砧苗达到芽接粗度，可以进行芽接，当年出圃。部分砧苗可待8～9月份芽接，生产半成品苗，当年不足芽接粗度的，次春可再分株移栽，继续繁殖砧苗。分株苗分根以下的母苗部分，春季可行劈接。这样，应用分株法繁育砧苗时，当年一般每公顷可出圃成品苗7.5万～9万株，生产半成品苗（接芽苗）18万～22.5万株，分株砧苗7.5万株左右。次春，还可生产部分板片芽接苗。

三、压条育苗

1. 水平压条 多在7～8月雨季进行。压条时，将靠近地面的、具有多个侧枝的2年生萌条，水平横压于圃地的浅沟内，然后覆土。覆土厚度，以使侧枝露出地面为度。次年春季，将生有根系的压条分段剪开，移栽后，供嫁接用。

2. 埋干压条 春季，在圃地内按50cm行距，开作深10～15cm的浅沟，将砧苗顺沟栽植，覆土后踏实根部。将苗茎顺沟压倒，其上覆土厚2cm，灌足底水。砧苗成活后，萌发大量萌条。当萌条生长到高10cm左右时，在其基部培土，促使生根，秋季落叶后，将苗木刨起，按株分段剪开即可。采用这种方法，一般每株埋干苗，可繁殖砧苗4～5株。压条繁殖时，圃地的整理、施肥和灌水等，与分株育苗相同。

四、组培快繁

1. 试管苗培养 将经过灭菌处理的种胚、茎尖等外植体经过灭菌处理后接种在萌发与生长培养基上，2周左右，茎尖萌动，20天芽迅速增大，30天后分化出丛芽，45天以后，长高到2cm左右，成为带有4～5片叶的试管苗。

2. 快速繁殖 试管苗经切段后，接种到继代培养基上，30天左右苗可长到4～6cm高，成为具有4～8片叶的无根苗。30天增殖一次，增殖系数5倍以上，且生长整齐。

3. 诱导生根培养　将 2cm 以上的无根苗，接种到生根培养基上，进行根的诱导，培养 20 天长出根系，加入活性炭，保持试管苗的根系长久洁白，移栽易成活。在根的诱导初期，茎的生长明显受到抑制，根出现后，茎则迅速伸长。

4. 驯化移栽　生根培养的试管苗放在培养室中培养 20 天后，搬到温室自然光下培养 5～10 天，打开瓶塞 3 天，然后进行移栽，一般采取三步移栽法，首先将试管苗栽到细河砂中，温室温度 20℃左右；二是待温室栽 2 周后，新根增至 4 条以上，同时长出新的叶片，将驯化的小苗上盆培养，盆土以壤土为宜，一周后逐渐放风准备入大田；三是把上盆驯化苗带土移栽入大田。一般 5～7 月栽到大田的试管苗，当年可长到 1m 以上，8～9 月栽的，当年能长到 40cm 以上，且长势健壮一致。

第三节　苗木嫁接

一、苗木嫁接方法

接穗采集可在萌芽前 1 个月进行，选择生长健壮、优质丰产、适应性强、无病虫害的结果枝和发育枝，以树冠外围充实粗壮的枝条最好。采后蜡封，蜡封后按品种捆好，低温 5～8℃贮藏，随用随取。春季枝接在砧木萌动至萌芽展叶前进行，具体时期因地区、气候而异，如辽宁在 5 月上旬，河北在 4 月中下旬，山东在 3 月底至 4 月上旬，河南在 3 月下旬。苗木嫁接多采用芽接和板片芽接法。

1. 芽接　芽接的适宜时间，分为前期和后期。前期在 3 月中下旬的 15～20 天内；后期在 7 月中旬末至 8 月，有时可延续至 9 月中旬，为期 50 天左右。嫁接过早，接穗幼嫩，皮层薄，接芽发育不充实。嫁接过晚，枝条多已停止生长，接芽不易剥离。不同时间芽接，要有区别地选择接穗和接芽，前期芽接时，要选用健壮枝条中部的 5～6 个饱满芽作为芽接。后期芽接时，健壮接穗上，除基部芽和秋梢芽外，均可用作接芽。9 月芽接，则要从树冠内膛的徒长枝上，选取饱满芽作接芽。芽接时，先由接穗上削取接芽。接芽的芽片要大，一般长 2.5cm 左右，宽约 1cm，以加大砧、芽形成层接触面，提高成活率。接芽的芽片过小，不易成活。即使砧、芽愈合成活，接芽也易爆裂翘起，或则生长不良，或则终至死亡。接芽削好后，在砧苗近地面处横切一刀，长约 1cm，深达木质部。再从横刀口中央向下竖切一刀，长 2.5cm 左右，深达木质部。插芽片时，要用刀尖自上而下地轻轻剥开左右两片皮层，随将接芽轻轻嵌入砧木皮层之内。切忌硬推直插，以免搓伤接芽或砧木皮层，造成流胶，影响成活。最后，用宽约 1cm 的聚乙烯薄膜条严密绑缚。芽接后，大约经过半个月可以愈合，20 天后即可解绑。成活率一般在 80％以上（图 5-1）。

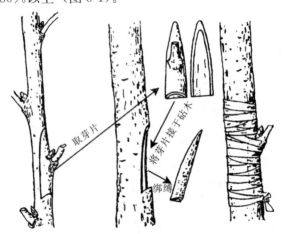

图 5-1 芽 接

2. 板片芽接 这种方法全年均可使用。嫁接用砧木粗度应在 0.7cm 以上，接穗宜采集 1 年生枝，选用饱满芽作接芽。嫁接时，在砧木基部离地面 10cm 左右处，选择光滑的部位，沿垂直方向，轻轻削去一层皮，形成长 2.5cm 左右，深 1～2mm（以露出黄绿色皮层为度）的长椭圆形削面。切削接芽时，在接芽以下 1.5cm 处下刀，将芽片轻轻从接穗上削下，形成长 2.5cm、厚 1～2mm 的椭圆形芽片。然后，将芽片紧紧贴在砧木的削面上，用塑料薄膜带绑紧即可（图 5-2）。

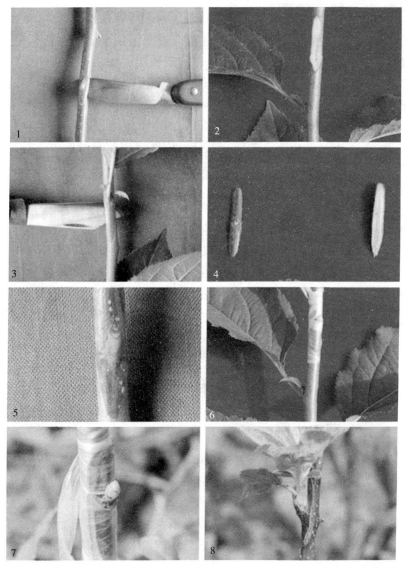

图 5-2 板片芽接过程

1、2. 前砧木　3、4. 削接穗　5. 砧穗接合　6、7. 绑缚　8. 嫁接后成活状

二、接后管理

嫁接成活的苗木萌芽前，在接芽以上 0.2cm 处剪断砧苗茎干。然后按 15～20cm 株距、50～60cm 行距移栽。剪砧移栽后的芽接苗，一般是砧芽先萌发，接芽后萌发。因此，在砧芽萌发时，要及时抹除砧木上的萌芽，以促使接芽萌发生长。此后，还要连续除萌 3～4 次。接芽萌发后，选择保留 1 个健旺新梢。当新梢生长到 10cm 左右时，在苗木近旁插一支柱，用麻绳或塑料薄膜带将新梢绑缚固定在支柱上，以防受风折断新梢。此后，随着新梢继续生长，每隔 20cm 要绑缚一道。

为了促进苗木生长，要加强肥水管理。萌芽后每隔 20 天左右，要连续追施 3 次速效氮肥。每次每公顷随水施入 112.5～150kg 尿素。5 月以后，一般不再追肥，以免苗木徒长。

苗木生长期间，要搞好病虫防治。萌发后，要严防小灰象甲，可人工捕捉，也可用 80% 晶体敌百虫 800 倍液，与萝卜丝或地瓜丝拌成毒饵诱杀之。5 月下旬、6 月下旬和 7 月下旬，各喷布 1 次 1∶1∶160～180 倍波尔多液，与 50% 敌敌畏乳油 1 000～1 500 倍液，防治叶片穿孔病和卷叶蛾、刺蛾等害虫。

第四节　苗木出圃及假植

一、苗木出圃

不论采取哪一种育苗方式，樱桃苗木均宜秋后出圃，集中存放，若露地自然越冬，极易因越冬抽条等遭受损失。一般在 11 月落叶后，土壤封冻前，将嫁接苗刨起。先剔除病苗和嫁接未成活苗，然后根据苗干高矮、粗细，以及根系发育状况等进行分级。用于当地建园的，可直接定植。包装外运的苗木，可将同级苗每 10～50 株扎成 1 捆，根部用草包包裹，内填湿润的牛毛草或锯木屑，以防根系干枯。然后在每捆苗木上系好纸牌，注明品种、规格和数量，就可交付外运。

1. 健壮苗木的标准 品种纯正，砧木类型正确，地上部枝条健壮、充实，体芽饱满。实生苗地径（苗干基部土痕处的直径）0.7cm，主侧根长 20 cm，以保证在定植的第 2 年春季及时进行嫁接。嫁接苗嫁接口以上直径 1.0cm 以上，高度 1.0m 以上，侧根长 20cm，数量在 4 条以上，接口愈合良好，无病虫害及机械损伤。

2. 苗木检疫 苗木检疫由经国家指定的机关或相关专业人员进行，用于绿色无公害果园的苗木必须具备合法的检疫证。樱桃苗木、接穗、种子的国内检疫对象为栗疫病，在樱桃新发展区，一切危险性病虫和当地未发现的病虫均应列为检疫对象，对发现有检疫对象的材料，报有关部门妥善处理。

二、苗木假植

苗木不能及时外运或定植时，一定要假植。短期假植时，挖 40cm 深的沟，苗解捆后放入，散开根部、埋土、浇透水即可。需假植越冬的，则应选地势高燥、平坦、避风的地方挖沟假植，沟深 50cm，宽 100cm，南北向延长，苗向南倾斜放，根部以湿沙填充。土壤干燥时要浇水，埋土深要在苗干 80cm 以上，即整形带要完全埋入土中。根之间一定要填充沙子，不得有空隙，以免捂根或风干。冬季风大地区要在假植苗上盖草帘，防治过度失水。假植过程中要随时检查，并防止兽害，若湿度过大或有捂根现象，要及时翻弄，重新假植。

第五节 高接换头

品种更新一是新植幼苗，二是高接换头。对于植株整齐、生长发育健旺的园片采取高接换头的方法进行品种的更新。樱桃愈合能力差，不宜采取其他果树常用的插皮接、劈接等方法，而宜采用带木质部芽接的方法。时间上可以分为秋季和春季，秋季芽接在 8 月中下旬进行，过早易使接芽萌发，难以越冬，过晚则愈合程度较差，越冬性也不好。春季芽接在保存接穗良好的情况下，适当晚接，成活率高，时间过早，温度低，愈合慢，芽易高接后的管理：

1. 解除绑缚的塑料条　由于樱桃芽体较大，枝髓较松，采用带木质部芽接时，一定要将芽用塑料条全部包住。秋季芽接的，在次春芽萌动时解开；春节芽接的，接后2~3周萌发时解开即可。嫁接膜可采用0.004~0.006mm厚的特质聚乙烯耐拉膜，接芽萌发可自行拱破嫁接膜，不仅节约了劳动成本，而且成活率也显著提高。

2. 剪砧　秋季芽接的，次春萌芽期即剪砧，剪口在接芽上5~10cm处，留桩保护接芽顺利萌发。剪砧过早，树液未流动，剪口下易干枯，致接芽不发或发后长势弱。剪砧过晚，接芽不旺。春季芽接的，可随剪随接，亦可接后再剪，不影响成活率。从生产实际来看，接后1~2周接芽开始愈合时剪砧，接芽萌发整齐，生长强旺。

3. 除萌　除萌是高接换头的重要工作，它直接关系到接芽能否正常生长发育，能否用新品种的树冠代替原来的树冠。高接换头后的剪砧，相当于对树冠进行重回缩，必然刺激大量萌芽，形成徒长旺枝，因此必须及时除萌，方可保证水分、养分供接芽生长。而且，一般情况下不萌发的潜伏芽皆可萌芽，且长势强旺，因此除萌不能一次即完，而要连续进行数次。一般从萌芽开始，每5~7天一次，将砧树上的所有萌芽都抹掉。进行3~4次以后，接芽已萌发展叶5~6片，开始旺盛生长，成为水分、养分竞争的优势者，除萌工作可以停止。生长季节对个别未除尽的萌芽和枝条，可随时疏除。

4. 促花　高接换头的主要目的是尽早见果，修剪应以夏剪为主，轻剪缓放，促进尽早成花、结果。高接树生长强旺，许多新梢可自然发生二次枝。采用早摘心的办法，可以促发更多的新梢，尽快重新建成树冠。当年8月中下旬，可以结合打接穗对过密枝梢加以疏除，留下的枝根据树形要求开张角度。次年春，除中心干延长枝头需要再培养一层枝外，其余侧生已拉平的枝条均不进行剪截，而采取刻芽的方法促发短枝，生长季各类侧生枝背上发生的强旺枝及时摘心、剪梢加以控制，一般可有30%以上的短果枝形成花芽，高接后第三年可结果。

第二章　建　园

第一节　园地的选择与规划

果园的位置选择不当，会引起严重的恶果。错栽了一年生作物，可以在翌年改正，而樱桃树是多年生经济作物，影响久远。因此在开始建园设计时要周密考虑，栽后才能得到高收益。

一、地点的选择

1. 地点　选择一个良好的果园地点，对于日后发展非常重要。高地或坡地如加强管理是建立果园的理想地点。河床、山谷、坝地常不适宜栽樱桃树，因这些地区易聚冷空气，很可能遭受霜害或冻害。樱桃树也不能栽在距谷底 15m 以下的地方，因谷底的冷空气排出很慢。在这种条件下，海拔提高 100m，常遇到最低温度相差 1℃，在一些季节里这样的差别能影响到丰产或歉收。在平地如无霜害，或在 2km 内有较大温度效应的大水面，均适宜建园。

2. 土壤的选择　良好的果园土壤首先需要具有一定的排水性能，使土壤通气良好，根系易发育扩展。尤其是下层土壤（心土）对樱桃树的生长和产量比上层土（表土）更为重要。含有适量（20%～40%）的黏土。有机质和腐殖质对土壤也很有利，它也有助于提供营养成分，大大增加土壤水分的渗透性，并提高土壤良好耕作性能。樱桃树对土壤 pH 的适应范围较广，一般认为最适土壤 pH 6.0～6.5。对于一个果园而言，土壤肥力已经不像过去那样重要。除了极沙土壤以外，世界各地已栽樱桃树的土壤，都能供给除氮之外樱桃树生长所需的元素，而氮可通过土壤施肥和叶面喷肥补足。在某些土壤中亦可能缺乏其他元素，如硼、钾、镁、磷、铁、锌等。这些元素都可以人工叶面补给。

要判断土壤能否适合栽培樱桃树，常用的简单判断标准是观察园片周围植物生长的数量和类型。如这片土壤杂草生长好，乡土树木长得壮，表明这是适合建立果园。若杂草很少，树木长得很弱且树冠枯梢，这就说明这个地区土壤瘠薄或坚实，根系长得浅。当然，也可通过农技推广部门和果树科研部门经土壤采样化验，帮助你了解所在园片的土壤和肥力情况，以协助你判断是否适宜建园。

二、降雨与灌溉条件

一般认为樱桃园建园要选择年降水量在 600～800mm 的地区较适宜，而地处南美洲的智利的大樱桃主产区，在生长季节几乎没有降雨，但依靠充足的灌溉条件，他们生产出世界上最好品质的大樱桃，出口世界各地并广受好评。但我国的樱桃主产区，在灌溉条件不足时，还是要考虑降雨的问题。

在选择栽植樱桃树之前，很重要任务也要详细研究当地的运输、销售条件、冬春的温度、湿度、土壤条件等，找出适应当地的樱桃品种。

三、授粉品种的配置

樱桃多数品种自花不实，即使是自花结实品种，配置授粉树后也能显著提高坐果率，增加产量。因此，在甜樱桃园中，只有配置足够数量的授粉树，才能满足授粉、结实的需要。应选择与主栽品种授粉亲和的品种为授粉品种。生产实践表明，在一片樱桃园中，授粉品种最低不能少于30％，以 3 个主栽品种混栽，各为1/3 为宜。果园面积较小时，授粉树要占 40％～50％，这样才能满足授粉的需要。

在定植前，要根据株距和定植行的长度，进行定点，确定每行的株数，然后再根据主栽品种与授粉品种苗数的比例确定授粉品种的位置。当主栽品种苗数与授粉品种苗数各半时，可采用行列式定植，当授粉品种苗数较少时，可采用分散式或中心式定植（图5-3）。无论怎样定植，都要确保授粉品种距被授粉品种之间不超过 12m 左右。这项工作要在定植前设计好，避免无计划的定植，造成授粉品种分布不均匀。各品种的定植位置确定后就可以开始栽苗。

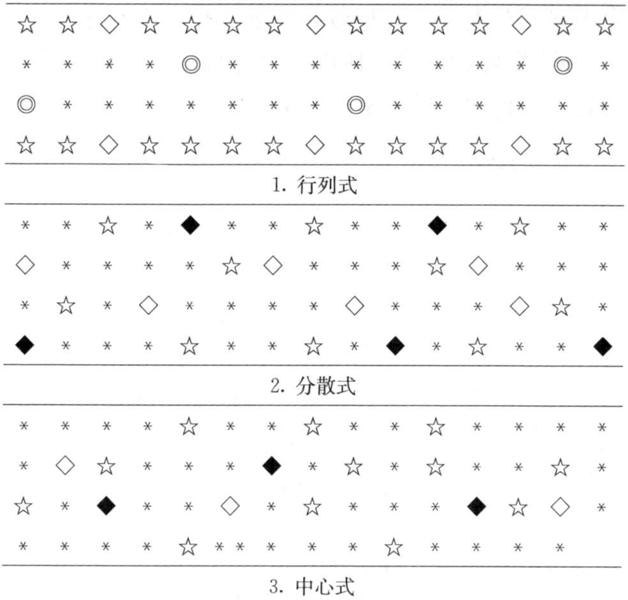

图 5-3 授粉品种的栽植（◇☆◎◆为授粉品种 ＊为主栽品种）

第二节 定 植

苗木栽植后第一年的生长状况，与树体一生的总产量有密切关系。精心栽植，提高成活率，保证第一年健壮生长，是未来丰产的关键。

一、选用壮苗

一般说来，苗木可分三类：一类是弱苗。又矮又小，根少枝细芽子秕，一看便知。另一类是徒长苗，虽然表面看来又高又大，实际上是外强中干，虚旺而不是真壮。还有一类苗圃中种植过密，根系无地伸展，只有少数主根，须根很少，靠大水大肥催起来，长得虽高，但中下部叶不见光，早黄早落，附近的芽子分化不好，又小又秕，枝条不成熟，色偏绿而无光泽，体内贮存养分少，栽后很易抽干，成活率低，长不壮。壮苗的标准是：根大，粗根细根都多，枝粗，皮光亮，芽大（尤其是栽后定干部位，即离地面 60～70cm 处的芽），分化良好，饱满，体内贮存养分多，栽后缓苗快，发芽早，经得起风吹日晒，成活率高，生长健壮。

二、栽前护理

苗木从出圃到栽植要精心护理，否则很容易受冻害旱害，损失相当大，应引起注意。果树地上部（枝、芽）相当耐寒耐旱。据研究，北方落叶果树（苹果、梨、山楂、葡萄、桃、杏等）在维持一定湿度时，可耐 -30～-20℃ 的低温。但是，根系则相反，一般 -5～-2℃ 时，就受害。露天放置一天以上，细根就会失水干死，粗根也因脱水受害。尤其是远途运输，如果不包装，车速越快，失水越多，温度越低，受害越重。因此，苗木出圃后必须立即包装，保湿防寒。

做好苗木护理应注意以下几方面：

1. 外运苗刨苗（出圃）**后立即包装** 先将苗木适当剪短（留80～100cm），捆扎，根系周围塞填湿草。然后装入塑料袋中，封口，再套上草袋（或麻袋、尼龙编织袋）。这样可长途运输，一月左右，一般不会变干。短途运输，几天内就栽植，只用塑料袋包根就可以。

2. 就地取苗，最好是随刨随栽 但也应注意，刨苗后运到田头，先用湿土埋严根系，随栽随取，防止风吹日晒。远地取苗，秋栽，应在刨苗后立即包装，运到田头后，随栽随解开包装袋取苗。最好秋冬（10 月中旬）当气温尚在 0℃ 以上时刨苗。立即去掉未落的叶片，包装，运回后先假植。假植应选背风向阳的地方，一般挖深 50cm，宽 50～100cm，长依苗木数量而定的假植沟，将土取出，分放四周。刨松沟底的土，然后将苗木根系浸水后一棵棵放入，随放随用沟南、东、西 3 个方向的土，破碎撒入，均匀填满根系周围。然后浇水，以水冲土下沉，使根、土密切接触，如有漏洞，再填细土封埋。严寒来临时，可再加高埋土。开春后，随栽随取苗。假植时沟不可过深，沟中苗木不要上下排列，以免下部过湿、过热而烂根，上部根过浅而冻害。假植填土时，一定要先破碎，如果用风干的大土块埋根，土块间空隙大，根土不接触，透风漏气，会使苗木受冻受旱。

三、树穴准备和土壤改良

肥沃的土壤是果树丰产优质的基础。果树不同于一年生作物，一旦栽上后，树下的土壤就很难再翻动。尤其对山丘地、滩涂地等栽植前土壤改良特别重要。有条件的地方，栽树前最好全园深翻熟化。如果劳力、肥料一时不足，也可先开穴或开沟，树栽上后再逐年扩穴，几年后完成全园深翻熟化。

密植果园，栽植后根系很快占满全园，最好栽植前，进行一次全园深翻熟化，实在没有条件，至少栽植前要开沟熟化土壤，并在栽树后 3～4 年内完成全园深翻熟化，以保证樱桃的生长和结果。

黏重土壤，特别是下层为胶泥的黏土地，挖穴后，穴底及下层不透水，一个穴相当于一个大花盆，雨季易积水成涝，使下层根死亡。这种情况下应在栽植前开沟，使沟底有一定坡度，与果园排水沟连接。大雨时，下层积水可渗出排走，不会发生涝害。

土壤改良主要是深翻和熟化。深翻地可使土壤松动，改善土壤透气性；扩大根系的分布范围，并增加土壤蓄水的容积，改进水肥供应条件。此外，深翻后也有利土壤微生物的活动，从而把土壤中不易被吸收的养分分解释放出来，供果树吸收利用。但是深翻只有利于使用土壤原有的肥力，不能彻底的改良土壤，所以它的作用是短时的。深翻的土壤经过几个雨季，受降雨的沉实和耕作管理中人踩车压以后，又变得坚实起来，失去作用。为彻底改良果园土壤，必须深翻与熟化密切结合。熟化就是大量增施有机质和有机肥，加强土壤腐殖质化过程，通过腐殖质的增加，使土壤团粒结构形成，进而使死土变活土，生土变熟土。如果结合深翻增加大量有机质，就可逐步使下层生土熟化，扩大活土层，为根系的生长和吸收活动创造更有利的环境。栽前土壤改良必须投入大量有机质（树叶、草、秸秆，甚至细碎树枝等）和有机肥（圈肥、牛马粪等）。要想树长好、丰产早，有机肥（质）不可少；而有的地方不重视建园时大量增施有机质和有机肥，企图用以后多施化肥、豆饼来取代，这种做法是徒劳无益的。因为化肥和豆饼等细肥，只能暂时增加土壤养分，而很难在较大范围内改善土壤结构，起不到长期全面彻底改良土壤结构、提高土壤肥力的作用。

扩穴（或开沟）熟化土壤时，穴越大，前期生长越好，进入丰产期越早。近年来，不少山区栽树前挖 1.5～2m 的大穴（"卧牛坑"），收到了很好的效果。一般来说，扩穴直径应不小于 1m，深度不小于 80cm。栽植沟的宽度和深度也至少要达到这种标准。扩穴（或开沟）时，表层土（活土、熟土或阳土）与下层土（死土、生土或阴土）应分别放置，填穴时也应分别掺入有机质和有机肥，并各返还原位，切不要打乱原土层。"鹞子大翻身"（活土填入下层，死土填入上层）的办法对树的前期生长很不利。因为栽树后根小而浅，如果死土翻在上面与根接触，肥力差，苗根在生土中恢复生长受到限制，树长不好。树穴（沟）挖好后，回填土时，土壤一定要与有机质和有机肥充分掺匀，以利腐熟和改良土壤结构。土、粪、草分层填的办法是不对的，尤其是草层较厚时，切断了下层水分上升的毛细管，旱季上层土干，易受旱害。河滩细沙地或山地沙性土，保肥保水力差，改良土壤须掺土杂肥。但应注意沙、土、肥充分掺和均匀填入穴（或沟）中，沙土中加黏土是很必要的，但黏土压沙的做法不对。黏压沙，不仅不能改善沙土的保肥保水能力，反而因为黏土在表面形成黏板层，恶化了土壤透气性，而且新栽树苗根系正处在生黏土中、恢复生长也困难。

树穴（或栽植沟）回填土后，应立即浇透水，借水沉实松动了的土，然后再填平穴（或沟）。这项工作最好在栽树前一个月内完成。栽树时在已浇水沉实的穴（或沟）中挖小坑栽植。如果回填土后不浇水，栽树后再一并浇水，往往出现水渗、土沉、苗下坠的现象，造成栽植过深的后果。栽植过深，特别是在黏性土上，根际土壤透气性差，根的正常呼吸受到限制，甚至造成烂根，树长不好。桃、杏、樱桃等根呼吸旺盛的树种，更怕栽植过深。

四、栽植

1. 栽植时期 一般在开春发芽前（春分到清明前后）进行。这时土温已开始回升，墒情也好，有利成活。近几年来的研究证明，落叶果树（苹果、梨、桃、杏、樱桃、山楂、葡萄等），在有浇水条件时，发芽吐绿期栽植成活最好。这是因为果树发芽吐绿时（清明前后），土温已升到 $10\sim15℃$，适于新根生长。此外，由于芽开始活动，在生长点和幼叶中开始合成生长素和赤霉素等激素，这些激素运到根部有启动新根发生和促进新根生长的作用。

春旱地区，深秋初冬墒情较好，近年来有的地方试行秋栽，也取得了较好的效果。秋栽要求：①深秋栽树，土温一天天下降，越来越不利于新根生长，所以宜早不宜迟。②秋栽要严格掌握以下规程：一是刨苗时先去掉叶子，以减少蒸腾失水；二是栽后立即定干，以减少蒸腾表面，保持水分；三是栽后立即浇水。为保水增加土温，最好在浇水后立即用农用地膜覆盖树盘，这样可较长时间保持适宜的水分和土温促进根的生长。只要新根冬前生长好，开春后就不再有缓苗期，直接开始旺盛生长。

2. 栽植方法 "刨一镢，栽一棵"这种粗栽粗管的方法，既不能保活，也不能长壮，更不能实现早期丰产。商品生产要求新建果园精栽细管，才能早见收益。栽树应按如下的规程来做：①在浇水沉实后的大穴（或沟）中挖出 $40cm^3$ 的小坑，挖出的土添加一小筐（$15\sim20kg$）腐熟细碎的有机肥，$50\sim100$ 克氮素化肥（尿素、硫酸铵或碳酸氢铵等），与土充分拌和均匀。缺磷的土壤最好再掺入 $50\sim100$ 克磷酸二胺或过磷酸钙，以促进新根生长。如果缺肥，可用树穴周围肥沃的表土代替。②将掺过肥的土填入小坑中达地面下 20cm 处，放入苗木，使根系伸展开，继续埋土至苗木基部在苗圃中原来留下的土印。轻轻踏实，立即浇水。水源充足浇大水，水源不足亦应尽力设法浇透小坑，使小坑与大穴（或沟）原来已浇过的透水接湿，千万不要深埋使劲砸。③立即定干，可根据未来整形方式决定定干高度。定干短截时可稍高或稍低。以剪口下保证留有 5 个左右好芽为准。④定干后立即用农用地膜覆盖，地膜覆盖面积大小最好在 $1m^2$ 以上。四周培土压实封严，保水增温。但应注意地膜面上不要有土，以保证阳光射入，提高土温。

3. 斜栽 在生产中，由于樱桃的常规砧木基本以乔化为主，大部分品种长势较旺。尤其在土层厚、肥水条件较好的果园里，树旺结果迟或徒长不结果的现象比较普遍。对此，除了采用其他措施以外，新建果园也可采用斜栽的方法，控制旺长，提早结果。老果园中不少主干倾斜的大树，也多数表现丰产稳产，表明斜栽是可行的。有人顾虑斜栽树挂果多，易倒伏。事实上，斜栽树根系是四方伸展比较均匀的，固着力并不差。与倒伏的树根偏一方不同，斜栽树整形时，通过主干弯曲可使树冠重心仍落到根颈上，负载力不会减弱。退一步说，只要有利丰产，为抗倒伏还可吊枝，此点，就是直栽的结果大树也未例外。近年来美国等发达国家新栽樱桃园已大量采用此法，早果丰产效果明显，他们将这种新式的栽植管理技术命名为"UFO"（图 5-4 和图 5-5）。

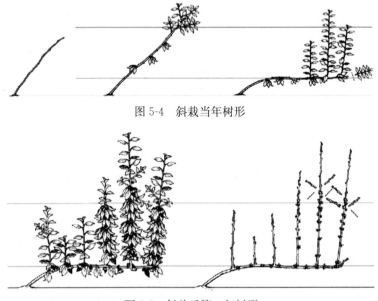

图 5-4　斜栽当年树形

图 5-5　斜栽后第二年树形

第三章　整形修剪

整形修剪主要是为了合理利用空间，增加单位土地面积上的纺锤形树形枝叶量。同时，使枝叶分布均匀，光照好，充分利用光能，提高产量，改善品质。

第一节　主要树形介绍

果树树形主要是指主枝在树冠中的排列方式。没有不丰产的树形，只有不丰产的结构（或整形方式）。实践中所遇到的树，其发枝数量、方向很少与书本上画得完全一样，如果过分机械的要求，就很难办。强行仿造，必然推迟了树冠的扩展和影响早期丰产。

一、纺锤形整枝

纺锤形整枝的主干粗壮、挺拔，干高 45cm 左右，主干上均匀着生 10 个左右主枝，主枝粗度是同部位主干的 1/4 左右，呈水平延伸，主枝间间距 20cm 左右，其上着生结果枝组。枝量上疏下密呈雪松状，树高 3.5m 左右（图 5-6）。这样的树形光照好、产量高、质量好，培养过程如下。

第一年：栽植后对表现较弱的苗木最好采取扶干措施，即在苗木旁立一根竹竿，将苗木绑缚到竹竿上，以防止树头偏向一边，不利于以后树形的培养和保持，苗木较强时则不需要扶干措施。发芽前视苗木质量和高度定干 70～90cm，苗木较弱时可适当

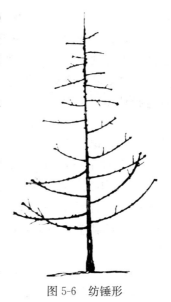

图 5-6　纺锤形

低一些。剪口芽留饱满芽，从剪口下第四个芽开始每隔 2～3 个芽刻一个芽，用小钢锯条在芽上方刻伤至木质部。新梢 30cm 左右时将枝成 90°接近水平状态，一直保持到落叶，期间要不断观察，发现角度上弯时要重新将成水平状态，以防止主枝生长过旺、过粗。6 月前后对主干中下部生长弱的主枝可在主枝基部上方，用小钢锯在主干上横割一下，深达木质部，以促进下部主枝生长，防止上强，平衡树势。注意生长季节一般不疏梢，以免减少叶面积而影响树体总的生长量，第二、三、四年的夏季修剪也要尽量不疏梢。

第二年：栽植第二年春天，对所有的主枝留 0.5～1cm，极重短截，打成短橛，剪口向上，让它重新从短橛下方发出，以利拉大主枝和主干的粗度，并且利于新梢开张角度。中心干一年生枝视长势留 50～60cm 短截，还要抠去剪口下第二、三、四芽，防止与主干竞争，每隔 2～3 个芽选不同方向，用小钢锯条在芽上方刻伤至木质部，培养新一层主枝，相邻主枝基部间距 15cm 左右，同一方向的主枝间距不低于 40cm，发芽后注意观察过密的、不符合条件的要及时尽早抹除，同时，6 月份及时对主干上所有新梢（主枝）将枝开角或用牙签开张角度，并且对左右过密旁边有空间的新梢用绳子和木橛进行调整，拉向有空间的地方，使主枝在主干上均匀螺旋式上下排列。另一种处理办法是对上年发出的主枝也可以不短截，而是对其两侧芽和背后芽刻芽，芽长出后及时开角到 90°，并注意拉枝保持角度。

第三年：春天首先继续选留主枝，对过密的主枝疏除，同时对主干上部过粗的主枝疏除，中心干延长枝按第二年同样短截和刻芽，然后对主枝两侧隔 15cm 左右在芽前面刻芽，基部和梢部20cm 左右不刻，背上芽不刻。主枝两侧萌发的强旺新梢长到 10cm左右时，进行摘心，第一次留 5 片大叶，以后留 2～3 片叶连续摘心，不旺的新梢可缓放，以保证主枝单轴延伸，培养中小型结果枝组。

第四年：春天只要树高不超过 3m，中心干延长枝仍可留 50～60cm 短截和刻芽并抠上部 2、3、4 芽，若达到高度要甩放，只对其刻芽，其他枝条处理同上一年的做法，对主枝背上和两侧去年缓放不旺的枝要在发芽前用绳子系在枝条顶端向下拉并固定，最好绳子一端系在能使枝条刚好下坠的小石头、小砖块、装土的小塑料袋上，要防止重量过大坠断枝条，这样通过改变枝条角度，控制长势，缓势成花。发芽后对拉枝的枝条弓背上萌发的新梢要留一个连续摘心，其他的疏除，对其他部位萌发的新梢有空间的要继续6月份拨枝，没有空间的发芽后及时抹除。每年的抹芽要早、拨枝要及时、摘心要耐心，达到既避免带叶去枝防止浪费养分和影响光和积累，又不耽误整理树形和促花结果。通过4年的修剪，基本形成小主枝十多个，大角度单轴延伸，主干挺拔似塔松的高效树形。

二、丛枝形

种植密度 1.8～2.5m×4.5～5.5m，树高 2.5m（图5-7）。传统的丛枝形定植时，树体在 30～40cm 处定干，以促进主枝萌发。在晚春或者早夏，当主枝生长旺盛足可以促进二次枝条的生长时，把主枝回缩到 4～5 个芽。第一年树体矮小，有 8～10 个二次枝条。第二年春季第三次短截，6～7 月第四次短截，第三年底树形基本形成。疏除内膛枝以增加树体内的光照，疏枝时不要过量。减少灌溉以控制树势，以利于翌年的果实合理负

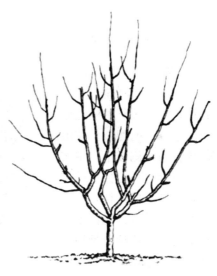

图 5-7　丛枝形

载。在第三年可获取少量产量，第四年后获得中等产量。为提高丛枝形的早期产量，有的采用不同的化学和机械措施刺激枝条生长代

替修剪。定植后，利用普尔马林代替修剪促进枝条萌发。第一年内不采取修剪措施，如果生长旺盛，可在第一年或者第二年拉枝，拉枝角度在45°，以控制树势，促进花芽分化。中央领导干在较短的时期内继续生长减少修剪，促进枝条形成良好的角度，有利于早实和取得较高产量。第一年末，树体有4～6个主枝，保留其他的水平生长的枝条。第二年，在4～6个主枝基部用化学药剂处理促进二次枝条萌发，而不是对主枝或者中央领导干回缩定干。第二年末，树体形成10～12个二次枝条，形成花芽为来年提供了准备。第三年，树体结构已形成，并取得了相当的产量。第三年末去除格架，第四年产量较大。这种树形主干矮，主枝比较直立，每个主枝上着生侧枝。因此，丛枝形结果早，抗风力强，也比较丰产。但是，由于主枝角度小，树冠易郁闭，因此，从前期开始，就应当注意开张主枝角度，及时疏除徒长枝和影响光照严重的大枝。

三、自然开心形

这种树形干高一般在30～40cm，其上着生3～4个主枝，每个主枝上分布4个以上的侧枝。枝组主要分布在侧枝上，主枝背上也分布一定数量的枝组，特别是成龄树，背上枝组的结果数量也占了一定的比例。这种树型通风透光好，结果早，果实色泽好，比较丰产，是烟台地区过去生产中普遍采用传统的树形（图5-8）。

图5-8　自然开心形

第二节　樱桃整形中常见问题

一、定干高度高低不一

有的樱桃园在 30cm 左右定干，有的则在 100cm 甚至更高处定干。前者容易出现定干后 3～4 个强旺枝直立生长；后者易出现顶端发枝不旺，主干不强。

二、主枝与其着生部位的主干同粗同龄

由于主干与主枝同龄同粗，生长势力相近，向外扩展快，拉力大，内堂不易形成小枝，所以大多数樱桃侧枝数量不够，尤其是能够成花的中小结果组不影响早期结果。

三、拉枝方式和角度不对

很多果农拉枝时不从枝条的基部着手，而是直接在枝条的顶端挂根绳拉下了事，往往成弓形，这样就起不到开角调整枝势的作用。对于拟保留的侧枝，必须从枝条的基角着手，将基角调整到 90°或以上，使整个侧枝下垂生长。

四、幼树期间氮肥使用过多

由于幼树期本身生长旺盛，使用大量尿素类化肥更加重枝条的延长生长，树上中短枝太少，长枝、棒子枝太多，特别不利于早期结果。

第三节　主要修剪方法

修剪方法主要有两个作用：一是促发长枝，二是促发中、短枝。前者有利于加强生长势，后者有利于缓和生长势，成花结果。以下分别加以介绍。

一、刻芽

樱桃不易成枝，刻芽是促发新枝的重要手段（图 5-9）。刻芽

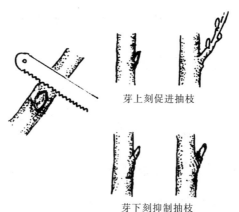

芽上刻促进抽枝

芽下刻抑制抽枝

图 5-9　核芽反应

的时间在芽的膨大期，于中干部位需要培养主枝的芽位上。刻伤的位置是被刻芽上方与芽尖齐平处。刻伤的强度因刻芽目的不同而异。如果想培养主枝等骨干枝，刻伤长度要大于被刻部位枝条周长的 1/2。如想培养中枝等结果枝组，刻伤长度为枝条周长的 1/2 左右。如想培养短枝或叶丛枝，刻伤长度为枝条周长的 1/3 左右。我们在主枝上培养结果枝组，多采用刻伤长度为枝条周长的 1/2 为宜。刻伤深度应在皮层和木质部之间，不可深入木质部。刻芽所用工具应选用大齿小钢锯为好。

二、拉枝

拉枝的时间最好是秋季，此时延长梢基本停止生长。枝条柔软，间作物已收获，有利于巩固枝条的稳定性和技术措施的实施（图 5-10）。也可以在春季萌芽后进行拉枝。我们提倡秋、春两季集中拉枝，夏季不断检查调整。幼树拉枝的

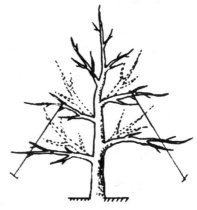

图 5-10　拉枝、坠枝

重点对象是当年生的主枝和主枝延长枝以及临时骨干枝。随着树龄的增长，调整结果枝组的角度转为重点。将背上斜生的大中型结果枝组拉成水平生长，缓和枝势，提早成花结果。

三、短截

又称剪截或短剪。主要作用是加强发枝的生长势，促发长枝。短截促发长枝的作用，受各种条件的影响，如：①原枝越旺，短截促生长枝的作用越明显。②原枝越直立，短截促生长枝的作用越明显。③短截程度越重，促发长枝的作用越明显。同理，全树修剪量越大，短截促生长枝的作用越明显。④短截时选留的剪口芽越好，抽枝越旺，促生长枝的作用越明显。这是因为剪口芽居于顶端优势部位，如果芽质优良，则双重优势叠加，发枝更健旺。为了加强发枝势力，增大延长枝的生长量，以扩大树冠，应注意剪口留优质芽。相反，如果剪口芽质量不良，或剪在无芽的盲节上，则芽质劣抵消了顶端优势强的效应，发枝势力则相对减弱。剪口芽发枝越旺，对其下的侧芽萌发和发枝势力的抑制作用越大。在不要求剪口芽发枝过旺并希望侧芽更多萌发和发生中枝、短枝时，除了减轻短截程度（轻剪）以外，配合剪口选用弱芽（表5-1）。

表5-1　短截的类型

类型	定　义	图　示
轻短截	剪去枝条全长的1/3或1/4称为轻短截。轻短截有利于削弱枝条顶端优势，提高萌芽力，降低成枝力。轻短截后形成中短枝多，长枝少，易形成花芽	1/3 或 1/4

（续）

类型	定 义	图 示
中短截	剪去枝条全长的1/2左右称为中短截。中短截有利于维持顶端优势，中短截后形成中长枝多，但形成花芽少。幼树期对中心干延长枝和各主侧枝的延长枝，多采用中短截措施来扩大树冠	
重短截	剪去枝条全长的2/3左右称为重短截。重短截抽枝数量少，发枝能力强。在幼树期为平衡树势常用重短截措施，对背上枝尽量不用重短截措施。如果用重短截培养结果枝组时，第二年要对重短截后发出的新梢，进行回缩，培养成小型结果枝组	
极重短截	剪去枝条的大部分，约剪去枝条全长的3/4或4/5左右，只留基部4～6个芽称为极重短截。常用于分枝角度小、直立生长的枝和竞争枝的剪截。极重短截后由于留下的芽大多是不饱满芽和瘪芽，抽生的枝长势弱，常常只发1～2个枝，有时也不发枝	

四、缩剪

又称回缩修剪，即多年生枝上的短截（图 5-11）。缩剪的用法及作用因具体情况的差别而不同。例如株间或行间树冠相互交接时，为控制扩展，在多年生枝上回缩，也有加强剪口下局部生长势的作用。如果剪口下花芽数量较多，有利于提高坐果率，先端果实的数递增多时，枝条生长相对缓和。对

3 年生枝　　2 年生枝

图 5-11　回　缩

冠内枝，尤其是直立枝拉平长放，促生大量结果枝后，及时在二年生或三年生段缩剪，有利于助长下部弱枝转壮并同时提高坐果率，培养成距主轴较近的带分枝的紧凑枝组。

五、疏剪

又称疏枝，即从枝条基部疏除。由于疏枝造成伤口，伤口干，损伤周围输导组织，影响水分和养分的运转，因此，有减弱伤口以上枝、芽的长势和加强伤口以下枝、芽长势的双重作用。疏枝量越多，伤口越大，这种双重作用越明显。枝多树冠内膛光照不良时，疏枝也可改善光照，有利成花。疏剪主要用于：①疏除内膛过杂枝条，改善光照条件。②树冠整形中，在开张树冠的同时，为缓和先端过旺生长，疏除外围过多的枝条（清头），促进内膛枝条健壮和成花。③结果大树疏除过多花芽，以减轻大小年。④树冠长大和骨架形成后，疏除整形前期保留过多的临时枝，为维持永久性枝上的枝组发育调出空间。

熟悉各种修剪方法、修剪程度和修剪时期的作用之后，可依据树势，灵活运用，综合调节，以求使果树的生长向着更有利于人们

希望的方向发展。例如，树旺，长枝多，长势强，中、短枝比率低，成花少或徒长不结果，冬剪要轻，可轻剪长放，少用短截，多用疏剪，以夏剪为主，通过较细的摘心、扭梢、捋枝、临时枝或临时树主干环状剥皮等，以缓和过旺长势，增加中短枝数量比率，促进成花结果。而对衰弱树，长枝很少，中、短枝比率过高，长势弱，则应以冬剪为主，多用短剪、缩剪，尽量减少花芽数量，以促发长枝，恢复树势。各地生产中有不少巧妙运用修剪并配合其他管理，获得早期丰产或延长结果寿命的实例。了解这些实例，有助于举一反三，灵活运用。由于顶端优势是果树的基本特征，幼树整形中上强下弱问题比较普遍，尤其在强调加大主枝角度和开张树冠的情况下，更易出现上强。

因此，应特别强调因枝修剪，平衡长势。长势强弱的调节，可通过以下几个方面来进行：一是骨干枝延伸顺直或弯曲。顺直延伸有利于加强长势，弯曲延伸有利缓和长势。因此，在有干分层形的树上，应特别注意第一层主枝以上的中干采用弯曲延伸的方式，以控制上强。二是花果数量多少。结果多，长势缓；结果少或无，长势强。

第四章　土、肥、水管理

第一节　影响根系生长和吸收活动的因素

根生活在土壤环境中，土肥水管理就是要为根的生长和吸收活动创造一个最佳环境。因此，了解影响根系生长、活动的内外因素，是做好土肥水管理的依据。

一、内部因素

早期落叶后，根的秋季生长受到阻碍；主干环剥后，根系变小，生长变弱；结果过多，新根生长变弱。从这些现象可以看出，根的生长受到地上部生长结果状况的制约。进一步分析就可清楚，当年结果多时，叶子制造的养分多半都进入果实中，余留下来运往根中的就很少了，所以影响根的生长；早期落叶自然也是这种原因限制根生长；环状剥皮截断了叶片制造的养分向根中运送的回路，也影响根的生长和吸收功能。此外，研究还发现，摘除叶片或对树冠遮阴后，果树根的吸收活性很快降低。因此，可以说叶片光合作用制造的养分是根生命活动的源泉。

二、外部因素

影响根生长和吸收的外部因素也很多，这些因素之间也发生交互作用，其间的关系比较复杂。

1. 土壤中的氧气 土壤空隙大，空气容量大，土表不板结，气体交换就顺利，土壤中氧气不缺乏。改善土壤透气性，深翻松动黏紧土壤层，并防止土表板结，是改土、耕作的重要目标。

2. 土壤水分 最适宜根系生长的土壤含水量是田间最大含水量的 $60\% \sim 80\%$。越接近这个范围的上限（80%），果树长出的白色延伸根越多；而越接近或略低于这个范围的下限（60%），根的分枝增加，网状吸收根较多。豆芽状根多的树，枝叶生长旺，而网状吸收根多的树，容易成花结果。灌水应因树制宜，树弱或结果多时宜多些，树旺而成花少时宜少些。保证适宜的土壤水分，对养根、壮树、优质丰产都是很重要的。

3. 土壤温度 各种果树新根生长和吸水吸肥要求的温度范围不同。一般来说，一年中早春地温回升落后于气温。土温低，影响根系生长和吸收，也常限制地上部的正常生育。例如，甜樱桃幼树初栽后 $1 \sim 2$ 年，根还扎得不深，常出现越冬抽条（"抽干"）现象，枝干已死但根还活着。多半发生在早春，主要是由于地温回升落后于气温，吸水不能满足地上部失水而造成的干旱伤害，也叫冷旱伤害，即土温低引起的生理干旱。夏季，土壤表层根衰老死亡，则与地表温度过高（超过30℃以上）以及干旱有关。冬季土壤结冻，也是限制冻层内根系吸收活动的重要因素。土层厚，根系分布深，深层土不冻，其中的根继续吸水，对抵抗寒害和抽条有利。相反，土层薄，根系浅，如不保护，则常易受害。

4. 土壤养分 根生长和吸水吸肥力强弱，却与土壤养分多少有密切关系。土壤肥沃程度影响到根系的分布状态。土壤越肥沃，养分越富集，根系相对集中；相反，土壤越贫瘠，根系疏散走得远。为促进根的生长、增加根的密度并延长根的寿命，提高根的活性，必须注意使土壤中各种养分适度。目前，含磷钾化肥短缺，增施养分齐全的有机肥十分重要。

5. 其他因素 除了土壤透气性、水分、温度、养分以外，影响果树根生长和吸收功能的还有土壤微生物、pH、含盐量等因素。各种果树生育要求的土壤酸碱度（pH）范围不一样。樱桃最适宜的 pH 6.5 左右。土壤 pH 主要影响土壤中养分的有效性和微生物的活动，进而影响果树的生长发育，它的作用是间接的。

此外，土壤含盐量对樱桃根系生长也有影响。在超过 0.2% 的情况下，新根生长就受抑制；超过 0.3% 时，根系就受毒害。由此，根生长和机能活动受到限制，地上部开始出现各种元素的综合缺乏症，随后出现盐害，枯梢焦叶。在含盐量高的沿海地区土壤上栽培樱桃，一般长势都不太理想。不过近期试验证明，在轻盐土上栽果树，如果能采用树盘覆草、地膜覆盖或滴灌，可以有效地减轻盐害，达到丰产的目的。

第二节 改良土壤

任何果园中，果树根系分布虽然有浅有深，有近有远，但都有一个相对集中分布的层次，称为根系集中分布层。黏土地果园偏向上，一般在地表下 15～35cm 的地方；沙土地果园偏向下，一般在 20～40cm 的区域根系集中分布层实际上是土壤环境中的生态（水、肥、气、温等）最适层。创造和扩大生态最适层是果园土壤改良和土壤管理的基本任务。果园土壤中的水分状况越向下层越稳定，温度条件也是这样。但是，土壤透气性却相反，越向下层越差。由于下层透气性变劣，好气性微生物活动也受到影响，因此被释放出的有效态养分也减少。总的来看，影响根系集中分布层向下扩展的因素主要是透气性。

一、根系集中分布层向下扩展的主要措施

深翻熟化下层土壤是诱使根系集中分布层向下扩展的主要措施。尤其是土质较黏的土壤，更多的增施较粗的有机物（如秸秆、细碎树枝之类），以便使下层有更多的孔隙，改善其透气性。在沙质土果园中，则着重改良下层的沙性，提高保水保肥力，均匀掺加黏土及有机肥更为重要。地下水位过高的果园，应重视排水以降低地下水位。山地果园土壤下层为岩石的，必须扩穴换土。

二、根系集中分布层向上扩大

以往生产中只注重了深翻熟化向下扩大，而不同程度地忽视了向上扩大。通过地膜覆盖或树盘覆草两种方法，可以使土壤表层变成水、肥、气、温稳定而适宜的土层，使根系集中分布层向上扩大。在山地、轻盐地上显示了壮树、丰产、降低成本等良好效果。近年来已先后在山东、河北、河南、甘肃定西等地被采用，经济效益显著。

1. 地膜覆盖、穴贮肥水　地膜覆盖使用农用塑料薄膜，只覆盖树盘（与树冠大小相同的地面部分）。覆盖前最好先整出树盘，浇一次水，施用适量（0.5～2kg 碳酸氢铵或 0.25～1kg 尿素，依树大小而定）化肥。然后将地膜盖上（面积视树冠大小而定），四周用土压实封严。覆膜后一般不再浇水，也不再耕锄。一年之后，当原有地膜老化破裂之后，可再覆一次。膜下长出的草不必锄掉，因又黄又嫩不结子，两年之后就不再长草了。在特别瘠薄干旱的山地果园，旱季为了便于追肥灌水，可结合地膜覆盖挖穴贮肥水的办法。即在树盘中挖深 40～50cm、直径 40cm 左右的穴，将优质有机肥约 50kg 与穴土充分拌和，填入穴中，也可加入一个草把，然后浇水再覆盖地膜。在穴上地膜中戳一小洞，平时用土封严，追肥灌水时扒开土，灌入少量肥水（30kg 左右），水渗入穴中再封严。

这种方法省肥省水，增产效果很大。

施肥穴可每隔1～2年改动一次位置。浇水孔覆膜土堆穴地膜覆盖、穴贮肥水地膜覆盖，大大减少了地面蒸发和水分消耗，膜下土壤湿润，全年相对稳定。

2. 树盘覆草 在草源、作物秸秆充足的地方，以草代膜，实行树盘覆草，更为有利。覆草除兼具地膜覆盖保水防旱，冬季增温夏季降温，改善透气性，增进微生物活动和增加有效养分等作用外，由于草下无光，杂草不再生长，而且覆草烂后，表土有机质大大增加，土壤结构明显改善，果实生长健壮，产量倍增，这比地膜覆盖只加速有机质分解更优越。

第三节　科学施肥

一、增加基肥，集中施用

丰产优质樱桃园的土壤有机质含量应在2%以上。但目前绝大多数果园土壤有机质贫乏，不到1%。这就需要广开肥源，增加基肥数量并合理施用。

果园有机肥普遍不足。为扩大肥源，一方面要发展饲养多积肥，另一方面要广种绿肥。适于北方条件的绿肥，多年生的有紫穗槐、小冠花、苜蓿、三叶草。一年生的有苕子、田菁、柽麻、箭筈豌豆等。果园地边、地沿可种紫穗槐，一年割2次，6月初割第一次作绿肥，落叶后割第二次作条编。1墩生长好的3～4年紫穗槐，一次可割鲜梢叶3～4kg，8墩可割25kg，相当于150kg优质圈肥，基本上可满足一株产20kg的樱桃树需要。此外，无灌水条件的果园行间、株间种小冠花或初雨后种田菁等一年生绿肥，借降雨生产绿肥，以满足果树需要。在有水浇条件的果园里，行间种绿肥，肥源潜力是很大的，以地养地，大有可为。在有机肥暂时不足的情况下，基肥最好采用集中穴施的方法。这样，既可充分改良土壤，又可充分发挥肥效。集中穴施，就是在树冠周围或树盘中开深50cm、直径50cm左右的穴集中施用。

二、肥水一体化

广义的水肥一体化就是灌溉与施肥同步进行，狭义的水肥一体化就是通过灌溉管道施肥。通俗讲，就是肥料必须溶解于水才能被根系吸收。不被溶解的肥料或根系接触不到的肥料对作物是没有用的。如果把肥料先溶解于水，然后浇灌、淋灌或通过滴灌等管道施用，这样果树根系一边吸水，一边吸肥，就会大大提高肥料的利用率，果树生长更加健壮。水肥同时使用的果园管理技术就称为水肥一体化管理技术。特别是采用管道灌溉和施肥后（果园最适宜用滴灌或微喷灌），可以大幅度节省灌溉和施肥的人工，几百上千亩的灌溉和施肥任务可以一人完成；大量节省肥料，通常比常规的施干肥要省一半肥料；滴灌最节水，只灌溉根部。

滴灌施肥系统主要由以下几部分构成：水源（山泉水、井水、河水等）、加压系统（水泵、重力自压）、过滤系统（通常用 120 目叠片过滤器）、施肥系统（泵吸肥法和泵注入法）、输水管道（常用 PVC 管埋入地下）、滴灌管道。主要的投资为输水管道和滴灌管道。通常主管和支管采用 1～4 寸 * PVC 管（依轮灌区大小而定）。1 寸管可负责 10 亩左右的轮灌区，4 寸管可负责 150 亩左右轮灌区。滴灌管平铺于果园地面。对平地果园而言，选用直径 12～20mm、壁厚 0.3～1.0mm 的普通滴灌管，山坡地则选用压力补偿滴灌管，直径 16mm、壁厚 1.0mm 以上。滴头流量为每小时 2～3 升，滴头间距 60～80cm（滴头流量、间距的选择与土壤质地有关，沙性土壤选大流量小间距，黏性土选小流量大间距）。滴灌管铺设长度 150m 以内，出水均匀度 90％以上。此流量的滴头下土壤的湿润直径可达 50～100cm（沙性土直径小，黏性土直径大）。

滴灌要求的压力很低，一般在 10m 水压左右。通过滴灌系统施肥非常方便，只要在固定地方倒入施肥池即可。从最节省投入的设计看，一般同时一次滴灌面积约 40 亩，每次 2～3h。对一般土

---

* 寸为非法定计量单位。1 寸≈3.3cm，余同。——编者注。

壤，每次滴灌的时间不要超过 5h，对沙土滴灌不要超过 2h，采取少量多次的原则。一般 3～5d 滴 1 次。天气炎热干旱时增加滴灌频率。在果实生长期，维持土壤处于湿润状态，可防裂果。施肥采用"少量多次"的原则。对于第一次采用滴灌的用户，施肥量在往年的基础上减一半（如传统施肥用 100kg，现在滴灌施肥只用 50kg）。滴灌用的肥料种类很多，选择的原则就是完全水溶或绝大部分水溶。一般用尿素、氯化钾（白色粉末状）、硝酸钾、硝酸钙、硫酸镁等。各种颗粒复合肥因溶解性差和含杂质，一般采取土壤施用；硫酸镁不能和硝酸钾或氯化钾或硝酸钙同时使用，否则会出现沉淀。各种有机肥要沤腐后用上清液，鸡粪是最好的肥源。磷肥一般不从滴灌系统用，常在定植时每株用 1.5～2.0kg 过磷酸钙作基肥。各种冲施肥可以通过滴灌系统施用。

以往有关部门做了很多滴灌的示范，大部分并不成功。其原因主要是滴灌堵塞问题。滴灌系统一定要装过滤器，密度 120 目或 140 目。当滴完肥后，不能立即停止滴灌。还要至少滴 0.5h 清水，将管道中的肥液完全排出。否则，会在滴头处长藻类、青苔、微生物等，造成滴头堵塞。这个措施非常重要，是滴灌成败的关键。

第五章　病虫害防治

为了保证樱桃的质量与产量，有效控制樱桃病虫害发生，要在樱桃种植基地广泛开展樱桃病虫害的防治工作。樱桃病虫害往往呈现为周期性，目前我国北方地区的绝大多数樱桃病虫害表现为发病时间提前，病期较长和危害后果较严重等问题。首先，樱桃病虫害普遍集中于露地栽培期间的 3 月暴发，一些虫害的发病也主要集中在这一时间段。例如，桑白蚧、苹小卷叶蛾等。其次，病虫害的为害程度逐渐加大，由于温室大棚的气候，导致樱桃叶片受霉变的概率大幅增加。而且在大棚环境下，土壤的透气性也变得较差，由此带来的根腐病等问题也较为严重。第三，农药喷洒带来的污染问题，这些都使樱桃面临的致病风险不断增加。

樱桃病虫害是有规律可循的。第一，很多病虫害的致病机理都是类似的，主要是由于土壤或气候原因造成的；第二，发病时间病菌从蛰伏期到显现症状的时间通常为30d左右；第三，有些虫害都表现为两代重叠性；第四，病虫害的致病部位主要集中在大樱桃的主枝粗皮裂缝处；第五，樱桃病虫害的传播途径也都较为相似，主要以空气为传播途径。以上特点决定了樱桃病防治可以采用更有针对性和科学性的防治办法。

第一节　主要虫害防治

表5-2　主要虫害防治

虫名	形态特征	为害状	防治方法
红颈天牛	成虫体长28～37mm，黑色有光泽，前胸背部棕红色。触角鞭状，共11节。卵长椭圆形，长3～4mm，老熟幼虫体长50mm，黄白色，头小，腹部大，足退化。蛹体长36mm，荧白色为裸蛹	幼虫蛀食枝干，先在皮层下纵横串食，然后蛀入木质部，深入树干中心，蛀孔外堆积木屑状虫粪，引起流胶，严重时造成大枝以至整株死亡	在为害初期，当发现有鲜粪排出蛀孔时，用小棉球浸泡在80%敌敌畏乳剂200倍液或50%辛硫磷乳油100倍液中，而后用尖头镊子夹出堵塞在蛀孔中，再用调好的黄泥封口。成虫发生期（6月下旬至7月中旬）中午多静伏在树干上，可进行人工捕杀。在6月上中旬成虫孵化前，在枝上喷抹涂白剂（硫黄1份＋生石灰10份＋水40份）以防成虫产卵
金缘吉丁虫	成虫体长20mm，全体绿色有金属光泽，边缘为金红色故称金缘吉丁虫。卵乳白色椭圆形。幼虫乳白色，扁平无足，体节明显	幼虫蛀入树干皮层内纵横串食，故又叫串皮虫。幼树受虫害部位树皮凹陷变黑，大树虫道外症状不明显。由于树体输导组织被破坏引起树势衰弱，枝条枯死	加强管理，避免产生伤口，树体健壮可减轻受害。成虫羽化期喷布80%的敌敌畏乳剂1 000倍液，或90%晶体敌百虫200倍液，刮除老树皮，消灭卵和幼虫。发现枝干表面坏死或流胶时，查出虫口，用80%敌敌畏乳剂500倍液向虫道注射，杀死幼虫。也可以利用成虫趋光性，设置黑光灯诱杀成虫

（续）

虫名	形态特征	为害状	防治方法
苹果透翅蛾	成虫体长 9～13mm，全体蓝色，有光泽，翅透明，静止时很像胡蜂。幼虫体长 22～25mm，头部乳白色，常沾有红褐色的汁液	以幼虫在枝干皮层蛀食，故又名潜皮虫、粗皮虫。蛀道内充满赤褐色液体，蛀孔处堆积赤褐色细小粪便，引起树体流胶，树势衰弱	在主干见到有虫粪排出和赤褐色汁液外流时，人工挖除幼虫，或者在发芽前用 50％敌敌畏乳剂 10 倍液涂虫疤，可杀死当年蛀入的皮下幼虫。在成虫羽化期喷 80％敌敌畏乳剂 800～1 000 倍液，喷 2 次，间隔 15 天，可消灭成虫和初孵化出的幼虫
金龟子	金龟子种类很多，主要有苹毛金龟子、铜绿金龟子和黑绒金龟子。苹毛金龟子体形较小，翅鞘为淡茶褐色，半透明。铜绿金龟子体形较大，背部深绿色有光泽。黑绒金龟子体形最小，全身被黑色密绒毛	主要啃食嫩枝、芽、幼叶和花等器官	在成虫发生期，利用其假死性，早晨振动树梢，用振落法捕杀成虫。在发生为害期，用 50％辛硫磷乳剂 1 500～2 000 倍液或 50％甲萘威可湿性粉剂 600 倍液，或 50％杀螟松乳油 1 000 倍液均有较好的防治效果。另外可于傍晚用黑光灯诱杀
桑白蚧	雌成虫介壳近圆形，直径约 2mm，略隆起，有轮纹，灰白色，壳点黄褐色。雄虫介壳鸭嘴状，长 1.3mm，灰白色，壳点黄褐色位于首端	成虫、若虫在枝干上吸食汁液，枝条枯萎，甚至全树死亡	在冬季抹、刷、刮除树皮上越冬的虫体，并用黏土、柴油乳剂涂抹树干（柴油 1 份＋细黏土 1 份＋水 2 份，混合而成），可黏杀虫体。在发芽前喷 5 波美度石硫合剂。在各代初孵化若虫尚未形成介壳以前（5 月中旬、7 月中旬、9 月中旬），喷 0.3 波美度石硫合剂，或喷 20％杀灭菊酯乳油 3 000 倍液或甲氰菊酯乳油 2 000 倍液

（续）

虫名	形态特征	为害状	防治方法
大青叶蝉	成虫体长 7～10mm，体背青青绿色略带粉白，后翅膜质灰黑色。若虫由灰白色变为黄绿色	幼虫叮吸枝叶的汁液，引起叶色变黄，提早落叶削弱树势，成虫产卵在枝条树皮内，造成枝干损伤，水分蒸发量增加，影响安全越冬，引起抽条或冻害	消灭果园和苗圃内以及四周杂草。喷80%敌敌畏乳剂1 000倍液或20%氰戊菊酯1 500～2 000倍液，杀死若虫和成虫。利用成虫趋光性，设置黑光灯诱杀成虫
卷叶虫		以幼虫为害叶片，也为害嫩芽和果面。典型症状是吐丝将两叶粘连，粗看就像一片黄叶落于另一叶上，翻开即可见小幼虫栖息其中。有的则是将一叶折叠或相近多叶粘连并潜于其中栖食，被害叶常表现为黄色	越冬期：一是刮除老翘皮；二是在发芽前用500倍液敌敌畏等药液涂抹剪锯口及老翘皮，以杀死茧中越冬幼虫。生长期做好各代喷药防治。药剂可选用25%灭幼脲悬乳剂2 000倍液或20%杀灭菊酯乳油2 000倍液等。因喷药对潜于卷叶内幼虫不是很理想，所以各代应掌握在初见卷叶时喷药为好
害螨	螨虫为暗红色并吐有绒丝的（有时可见有极难看清的螨卵）多可诊为山楂叶螨，若体色为半透明、淡绿色或淡白色则是二斑叶螨	常见有山楂叶螨和二斑叶螨，俗称红、白蜘蛛。成、若、幼螨均可刺吸嫩芽、叶汁。一般是从枝条基部向中上部叶逐步为害，指示症状为叶面主脉两侧变黄，翻开叶背可见有螨虫	冬春刮除老翘皮、清埋落叶，消灭越冬受精雌成螨；樱桃发芽前喷洒3～5波美度石硫合剂对害螨也有较好抑制效果；生长期喷药挑治或兼治，药剂可选用20%哒螨灵乳油2 000倍液或1.8%阿维菌素乳油3 000倍液等杀螨剂。凡是发生害螨的果园都要注意防治

第二节 主要病害防治

表 5-3 主要病害防治

病害类型	病害名称	症 状	防治方法
真菌性病害	叶斑病	早期症状特点先是在嫩叶表面出现针头状小紫斑点，几天后形成穿孔，穿孔较小，但随叶生长可扩大，但多不超过3~4mm或更小。个别树上（病斑）也有出现彩色环纹后再穿孔的现象。中后期在稍大叶片上发生，形成直径约5mm、少数在3~4mm的圆斑，褐色或铁锈色、病斑边缘清晰、略带深色环纹，粗看似彩色环斑。由于叶片生长和病斑枯死而使环纹逐渐开裂、脱落或少许相连而形成圆形穿孔。但中后期连续大雨后在大叶上也常出现彩环不明显的病斑或穿孔很小的甚至比针眼还小的圆形穿孔	冬春彻底清埋枯枝落叶及落果，以减少越冬菌源；樱桃树发芽前针对枝干细致喷1次3~5波美度的石硫合剂，一般在4月上旬后期即清明再喷洒为宜。谢花展叶后病斑初现时，可选用70%甲基硫菌灵可湿性粉剂600倍液，或50%多菌灵可湿性粉剂500倍液等保护性杀菌剂喷雾防治。第一次喷药较早或喷药后仍见明显病斑的，应在5月中旬的幼果期再喷药1~2次。对于上年发病严重的果园应在展叶后立即喷药防治，药剂也应改用70%代森锰锌可湿性粉剂500倍液或75%百菌清可湿性粉剂500~800倍液等铲除性药剂；避开采果期喷药。采果后应立即喷药防治，同时应结合其他病虫害发生情况每月喷药1次。药剂可交替选用上述杀菌剂并与1:1:200波尔多液交替使用
	干腐病	多因冻害或外伤诱发，进入结果期后多发，树势衰落容易发病。多在枝或树干上发生，果腐型在樱桃上少见。结果园多在2~3生枝条的中后部受冻的部位发生，开始时不易觉察，春天萌芽长叶时，只见萌芽不见长叶，形成一段空枝，剥开皮层可发现内皮及芽甚至木质部褐变死亡，有时枝条病部可达30cm长。还有一种症状也在枝条的中后部发生，病部则表现出许多不连续的1cm左右长的长椭圆形小横斑，病部仍可长叶，从枝皮表面看不出连续的病部。在主干及粗枝部位有时也常见单个或多个明显的病斑横列或纵列于枝干上	增强树势，提高抗病能力，保护树体减少和避免机械伤口、冻伤和虫伤。发现病斑及时刮除，后涂腐必清、托福油膏或843康复剂等。春季芽萌发前喷5波美度石硫合剂。生长期喷药防病时注意树干上多喷，减少和防止病菌侵染

（续）

病害类型	病害名称	症　状	防治方法
细菌性病害	细菌性穿孔病	櫻桃叶部细菌性穿孔病极易与叶斑病或褐斑穿孔相混淆。其特点是在叶片出现半透明水浸状淡褐色小点子，迅速扩大成圆形、多角形或不规则性病斑，颜色加深为紫褐色或黑褐色，周围有一淡黄色晕圈。湿度大时背面常溢黄白色黏质菌脓。病斑脱落后形成穿孔或一部分与叶片相连	细菌性穿孔病一般多与其他叶部病害同时发生，所以在喷药防治其他叶部病害的药液中按200m克/kg浓度加入农用链霉素或77％可杀得101可湿性粉剂800倍液等杀细菌药剂防治。可杀得等含铜杀菌剂对真菌性穿孔病和叶斑病也有较好防治效果，所以也可单用此药
细菌性病害	根癌病	主要发生在根颈处和大根上，有时也发生在侧根上。主要症状是在根上形成大小不一、形状不规则的肿瘤，开始是白色，表面光滑，进一步变成深褐色，表面凹凸不平，呈菜花状。櫻桃感染此病后，轻者生长缓慢，树势衰弱，结果能力下降，重者全株死亡	建园时应选土质疏松、排水良好的微酸性沙质壤土，避免种在重茬的老果园。育苗也要选用种大田作物的地。引种和从外地调入苗木时，选择根部无瘤的树苗，并尽量减少机械损伤。对可能有根癌病的树苗，在栽前用根癌灵（K84）30倍液或中国农业大学植物病理系研制的抗根癌菌剂2～4倍液蘸根。对已发病的植株，在春季扒开根颈部位晾晒，并用上述菌剂灌根，或切除根癌后，将杀菌剂涂浇患病处杀菌
病毒病	櫻桃衰退病、櫻桃黑色溃疡病、櫻桃粗皮病、櫻桃小果病、櫻桃卷叶病、櫻桃斑叶病、櫻桃锉叶病、櫻桃坏死环斑病、櫻桃花叶病、櫻桃白花病		果树一旦感染病毒则不能治愈，因此只能用预防的方法。首先要隔离病源和中间寄主。发现病株要铲除，以免传染。观赏的櫻花是小果病毒的中间寄主，在櫻桃栽培区也不要种植。第二要防治和控制传毒媒介。一是要避免用带病毒的砧木和接穗来嫁接繁殖苗木，防止嫁接传毒；二是不要用染毒树上的花粉来进行授粉；三是不要用发病树上结的种子来培育实生砧，因为种了也可能带毒；四是要防治传毒的昆虫、线虫等，如苹果粉蚧、某些叶螨、各类线虫等。第三要栽植无病毒苗木，通过组织培养，利用茎尖繁殖，微体嫁接可以得到脱毒苗，要建立隔离区发展无病毒苗木，建成原原种、原种和良种圃繁殖体系，发展优质的无病毒苗木

第六篇

柑橘优质高效栽培

第一章 育 苗

柑橘是多年生果树，苗木质量的好坏，直接影响到栽后几十年植株的生长和抗逆性的强弱，影响产量和品质以及投产期的早迟和结果年限的长短。因此，培育品种纯正、砧木优良的无毒壮苗，是建立丰产、稳产、高效益果园极其重要的基础工作。繁殖柑橘果苗，嫁接、压条、扦插和实生等方法均可采用。

目前，普遍采用嫁接法。

第一节 苗木嫁接

甜橙可用枳、枳橙、枳柚、酸橘、香橙、红橘、朱橘和枸头橙等作砧木。宽皮柑橘用枳、枳橙、枳柚、酸橘、香橙、红橘和枸头橙等作砧木。柚用共砧，部分品种也可用枳、枳橙或枳柚作砧木。柠檬用红橘、土橘、香橙等作砧木，无裂皮病毒品系也可用枳和枳橙作砧。金柑用枳作砧木。

一、接穗选择和处理

柑橘芽变较多，要认真选优，保纯去劣，从无检疫病虫对象、生长正常的成年果园中，选连续多年丰产优质的单株作优良母树。在树冠外围中上部剪取生长充实健壮、芽眼饱满、梢面平整、叶片完整浓绿有光泽、无病虫害的优良结果母枝作接穗，也可在经选种繁育的嫁接苗或幼树上剪取。接穗需在枝条充分成熟、新芽未萌发时剪取。一般随接随采，在晴天上午露水干后剪取，遇雨应在晴后2~3d再采，如必须在雨天采取，应先晾干再包装贮藏。接穗剪下后立即除去叶片（芽接要留叶柄），50~100条为1束，用湿布包好并标记品种名，以备嫁接。为防治附着在接穗上的螨类和介壳虫，可用1‰肥皂水或500倍洗衣粉水洗刷，再用清水洗净晾干。避免从溃疡病、黄龙病等疫区采集接穗。为了避免接穗在贮藏过程中干枯或霉烂，要有较低的温度（4~13℃）、较高的空气湿度（约90%）及适当透气的环境贮藏。

二、嫁接时期及方法

柑橘喜温暖环境，一般除12月至翌年1月平均气温在10℃以下嫁接成活率低外，其他季节均可嫁接，生产中主要集中于春季和秋季进行嫁接。不同时期宜用不同的嫁接方法，春季以枝接（切接）为主，秋季以芽接为主。

1. 单芽腹接法 单芽腹接的操作法如图6-1所示。选接穗基部第十个饱满的芽，从芽下约1cm处斜削一刀，将接穗下部芽子不饱满的一段削去，斜削面呈45°。然后将接穗翻转，宽平面向上，从芽基部起平削一刀，削穿皮层，不伤或微伤木质，削面呈黄白色。最后，在芽的上面约2mm（半分）处斜削一刀，削断接穗。削面一定要平直光滑，深浅适度，不沾泥沙，以利愈合。削砧木时，按砧木的粗度（约铅笔杆粗），在砧木主干离地8~15cm，选平滑处，从上向下纵切一刀，长2cm左右，厚度以切穿皮层、不伤或微伤木质为度；切面要求平直，将切开的皮层上部削去1/3。接穗插入砧木切口内，下端紧靠砧木切口底部，接穗与砧木的两个削面要对准贴紧，如砧木较粗，接穗应偏在切口的一边，使砧木和接穗的皮层（形成层）互相对准，然后用塑料薄膜包扎即成。

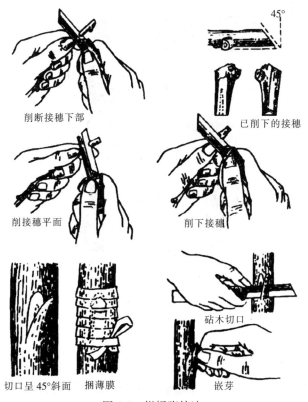

削断接穗下部　　　已削下的接穗

削接穗平面　　　削下接穗

切口呈 45°斜面　捆薄膜　　　嵌芽

砧木切口

图 6-1　柑橘腹接法

2. 单芽切接法　单芽切接的优点是：发芽快而整齐，苗木生长健壮；接口愈合快，愈合得好。同时，由于剪除砧木上半节，操作方便。但切接法嫁接时间短，主要在春季雨水节前后半月进行。单芽切接法，削接穗与单芽腹接法相同。砧木切口如图 6-2。在砧木离地面 10～15cm 处剪去砧木上部，剪口呈 45°。在斜面低的一方，对准皮层与木质部交界处，向下纵切一刀，切口略长于接穗削面。切好后进行嵌芽，即将接穗插入砧木切口内，接穗的削面上部应微露一点在砧桩上面。如接穗与砧木切面大小不一，必须将接穗与砧木的皮层（形成层）偏靠一边，对准贴紧，以便愈合。最后，封顶包扎薄膜。

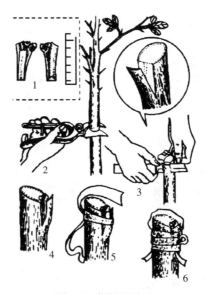

图 6-2 柑橘切接法

1. 削接穗 2. 剪砧 3. 砧木切口 4. 嵌接穗 5、6. 捆薄膜

三、嫁接后管理

嫁接苗由于接穗与砧木需要一个愈合恢复的过程，因此，嫁接后至萌芽生长成苗之前要特别注意水分管理，防止苗圃地过干或过湿。春接后 15～20d、夏秋接后 10d 芽片仍鲜绿即为成活，如已变黄应及时补接或待春暖再接。嫁接后砧木上容易产生大量萌蘖，需定期去除以免影响接穗生长。接穗若有 2 条以上新梢长出，应去斜留直，仅留下一根最强的新梢。待接穗新梢基部木质化后解除缚扎的薄膜。如不露芽包扎，在检查成活时先让芽露出。芽接苗在接穗芽萌发前 2 周于接口上约 0.3cm 处剪断砧木（有霜冻地区 9 月以后嫁接的当年不剪砧，以防接芽生长后受冻）。现在柑橘建园都提倡大苗建园，因此在苗圃地需要对嫁接苗进行一定的整形。幼苗整形主要是确定主干高度，培养一定数量的骨干枝。在定干高度之下不宜多留分枝。苗木出圃对干高有明确规定，主干高度必须在

25cm 以上（金柑 15cm 以上），因此定干时苗高应达到 40～45cm
以上，方可定干，在选留的春梢或夏梢中上部饱满芽处下剪。定干
时间因地区气候而异。高温多湿地区延迟剪顶，以抑制晚秋梢及冬
梢发生；如冬季早冷则早剪顶，保证秋梢充分老熟。一般浙江在 7
月、广东和广西在立秋前后下剪定干。定干高度因种类及栽植地而
异，橙、柑及橘 30～50cm，柚、柠檬 50～80cm。嫁接苗苗期追肥
应配合整形要求，以促梢和壮梢为主。浙江、湖南等地以春、夏梢
构成主干，秋梢为一级骨干枝，施肥重点在于促进这 3 次梢健壮生
长。在每次发梢前 1～2 周施重肥，即嫁接前或剪砧前后施重肥 1
次，促春梢生长健壮；5 月中旬又施重肥促使夏梢健壮；7 月中下
旬再施重肥促进秋梢生长。在每次梢生长中又适当施薄肥壮梢，但
8 月中旬后应停止施肥，以免促发新梢入冬后受霜冻。

第二节　苗木出圃

　　柑橘苗木长到一定大小便可出圃。起苗前应充分灌水、抹去幼
嫩新芽、剪除幼苗基部多余分枝、喷药防治病虫害，苗木出圃时要
清理并核对品种标签、记载育苗单位、出圃时期、出圃数量、定植
去向、品种品系、发苗人和接收人签字，入档保存。出圃柑橘苗必
须达到如下要求：①确保接穗和砧木品种纯正，来源清楚。②不带
检疫性病虫害，无严重机械伤。③嫁接部位在砧木离地面 10cm 以
上，嫁接口愈合正常，砧木和接穗亲和良好，砧木残桩不外露，断
面已愈合或在愈合过程中，砧穗接合部曲折度不大于 15°。④主干
直径超过 0.8cm，顺直、光洁，高 25cm 以上（金柑 15cm 以上）。
具有至少 2 个且长 15cm 以上、非丛生状的分枝。枝叶健全，叶色
浓绿，富有光泽。无潜叶蛾等病虫为害。生长强健，节间短，叶片
厚，叶色绿，主干高度达到一定要求，主枝 3～5 条且分布均匀。
⑤根系发达，根颈部不扭曲，主根无曲根或打结，长 15cm 以上，
侧根分布平衡，须根新鲜，多而坚实。苗木出圃前还应由当地植物
检疫部门根据购苗方的检疫申请和国家有关规定，对苗木是否带有
检疫性病害进行检疫，无检疫性对象的苗木可签发产地检疫合格

证。有检疫对象的苗木，应就地封锁或销毁。

柑橘苗木分级标准在符合苗木出圃基本要求前提下，以苗木径粗、分枝数量、苗木高度作为分级依据。不同品种和砧木柑橘的嫁接苗，根据 GB/T 9659—2008，按其生长势分为一级和二级，其标准见表 6-1。苗木级别根据苗木径粗、分枝数量、苗木高度三项指标中最低一项的级别判定该苗木级别。低于二级标准的苗木即为不合格苗木。

表 6-1　柑橘嫁接苗分级标准（GB/T 9659—2008）

种类	砧木	级别	苗木径粗（cm）≥	苗木高度（cm）≥	分枝数量（条）≥
甜橙	枳	一	0.9	55	3
		二	0.6	45	2
	枳橙、红橘、酸橘、香橙、朱橘、枸头橙	一	1.0	60	3
		二	0.7	45	2
宽皮柑橘	枳	一	0.8	50	3
		二	0.6	45	2
	枳橙、红橘、酸橘、香橙、枸头橙	一	0.9	55	3
		二	0.7	45	2
柚	枳	一	1.0	60	3
		二	0.8	50	2
	酸柚	一	1.2	80	3
		二	0.9	60	2
柠檬	枳橙、红橘、香橙、土橘	一	1.1	65	3
		二	0.8	55	2
金柑	枳	一	0.7	40	3
		二	0.5	35	2

1. 抽样方法 国家标准中规定了柑橘苗木分级的抽样方法。苗木包装集合后采用随机抽样法，田间苗木采用对角交叉抽样法、十字交叉抽样法和多点交叉抽样法等，抽取有代表性的植株进行检验。对于1万株以下（含1万株）的批次，抽样60株；检验批数量超过1万株时，在1万株抽样60株的基础上，对超过1万株的部分再按0.2%抽样，抽样数计算公式如下：万株以上抽样数＝60＋［（检验批苗木数量－10 000)×0.2%］同一批次苗木的抽样总数中合格单株所占比例即为该批次合格率，合格率≥95%则判定该批苗木合格。

2. 检验指标 国家标准对柑橘检验指标的确定也规定了具体的程序和方法。苗木径粗：用游标卡尺测量嫁接口上方2cm处主干直径最大值。分枝数量：以嫁接口上方15cm以上苗木主干抽生的且长度在15cm以上的一级枝计。苗木高度：自土面量至苗木顶芽。嫁接口高度：自土面量至嫁接口中央。干高：自土面量至第一个有效分枝处。砧穗接合部曲折度：用量角器测量接穗主干中轴线与砧木垂直延长线之间的夹角。

第二章 建 园

第一节 园地选择

在柑橘园的规划中，首先是通过果园选址，尽量选择有利于果园建设的地形地貌、海拔高度、区域气候、土壤类型、水源、交通和通讯等条件。然后对可以人为改变的不利条件进行改造，使之成为优质丰产的高效生态果园。

园之前，应该综合考虑各种因素，选择适宜的地点。

1. 气候条件 柑橘适合生长在温暖湿润、冬无严寒、昼夜温差大、光照充足的亚热带气候区。温度不仅影响柑橘的生长发育，还直接影响柑橘的产量和品质。柑橘生长的温度范围为13～37℃，超出这个温度范围即停止生长，甚至死亡。

2. 土壤条件　柑橘对土壤的适应性较强，除了高盐碱土壤和受到严重污染的土壤外，各种类型的土壤上都能正常生长结果。但为了优质高产，一般要求土壤质地疏松肥沃，有机质含量 1.5％以上。最适宜柑橘生长的土壤是壤土和沙壤土，土层深厚，活土层60cm 以上，土壤 pH 6.0～6.5。果园地下水位在 1m 以下。大多数柑橘对盐碱敏感，一般不适宜枳或枳的杂种作砧木的柑橘树生长。砷、铅、汞、铬、镉等重金属污染，或其他化学污染严重的土壤，会影响柑会影响柑橘的生长和结果，严重时叶片黄化、生长停止，甚至死亡。果园选址时要避开污染的土地。

3. 水源与水质　在干旱和半干旱地区，柑橘要获得丰产，每公顷的年灌水量高达 3 000～12 000m³。我国大部分柑橘产区属于多雨区，年降水量一般都在 1 000mm 以上。然而，由于降水时间分布不均匀，时常有季节性干旱出现，多数年份仍需要不同程度的灌溉。要保证生长结果基本不受影响，应对中等干旱年份，每公顷果园需要 750m³ 的可用水源；对于严重的干旱年份，每公顷果园则需要 1 500m³ 以上的灌溉水源。柑橘属于忌盐植物，对灌溉水中的盐分敏感。柑橘对硼、锂、氯等离子敏感，一般要求灌溉水中的硼离子含量不宜超过 0.5mg/kg，锂离子不宜超过 0.1mg/kg，氯离子含量不宜超过 150mg/kg。

4. 空气质量　柑橘对空气中的二氧化硫、氟化物和一些有机化学污染物敏感。钢铁厂、水泥厂、砖瓦厂、农药厂、化工厂和炼油厂等周围的空气中常含有高浓度的此类物质，这些工厂的周围一般不适宜建设果园。

5. 地形海拔　高度对温度的影响很大。通常情况下，海拔高度每上升 100m，气温下降 0.6～0.7℃。因此，对于温度太高而不适宜种植柑橘的南亚热带和热带气候区，在海拔比较高的山地则有可能适宜种植柑橘。在温度较低的地区，则应该选择在海拔比较低的地方建设柑橘园，而不宜选择高海拔的山地。适宜柑橘种植的地形为 14°（约 25％）以下缓坡地或平地。但是，受土地资源的限制，我国大部分柑橘园都在 10％以上的坡地。考虑到水土保持和生产操作，果园地块的坡度不宜超过 25°（约为 47%）。坡度 14°以上的丘陵山地，建设果园时应修筑水平梯地，俗称"条带"。

6. 交通　果园选址时，应该尽量选在交通方便、道路质量较好的地方。在远离公路或机耕道的地方，如果没有资金修建较好的机械运输道路，则不宜建大型柑橘园。在大型水库或河流旁边建设柑橘园，可以考虑利用船来运输果园生产资料和柑橘果实。船运的优点是成本相对较低、运输平稳，但船运后需要转运到汽车等运输工具上，增加周转和搬运次数，增加搬运成本，同时也会增加果实搬运伤害。

第二节　园地规划

在一个大型果园内可能有多种地形地貌，有多种土壤类型，甚至气象条件也有较大差异，为了方便栽培管理，果园规划时，要将大果园划分成若干个作业小区（图 6-3）。小区之间由道路、沟渠或山脊等作为分界线。规划时要求同一个小区的地形、土壤等自然条件基本相同，砧木、品种和栽植密度相同，每个小区有蓄水池和灌溉设施等基本条件，主干道或支路贯通全园的每个小区。小区面积可大可小，通常为 $1\sim3hm^2$。

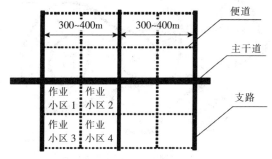

图 6-3　平地柑橘园主干道、支路规划和果园分区示意图

一、果园道路

由主干道、支路和便道组成。主干道为双车道，路面宽不小于

5m，超过 66.7hm² 的果园，应有主干道通入或从旁边通过。支路为单车道，路面宽 3～4m。主干道和支路坡降一般不超过 15%，路基需压实并尽可能铺成水泥结石路面。便道宽 1.2～1.5m，坡度较大的地方采用"S"形上下或修成阶梯直线上下（图 6-4 和图 6-5）。便道间距 30～50m。

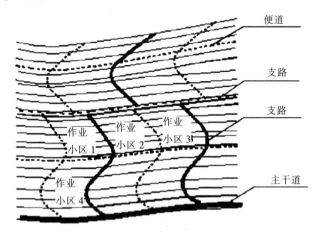

图 6-4　坡度较大的坡地柑橘园道路规划

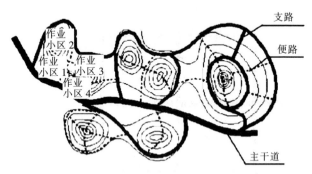

图 6-5　丘陵型柑橘园道路规划

二、水利设施

1. 排水设施　包括拦山沟、排洪沟、排水沟、梯地背沟和沉沙凼。山地或丘陵果园上方有较大的集雨面的，在上方开挖拦山沟将水引到果园外（图6-6），沟底比降0.3%～0.5%。排洪沟以自然形成的或现有的排洪沟整治为主，对不够牢固的地方进行加固。平地果园的主排水沟与柑橘行向垂直，每50m左右一条，深度不小于1m；一般排水沟与柑橘行向平行，土壤排水性能好的，每2～4行树一条沟，土壤排水性能差的每行树一条沟（起垄栽培），沟深0.8～1m（图6-7）。坡地果园的主排水沟多为顺坡而下，但每隔一段距离要采用5～10m的水平走向，并在水平走向上建沉沙

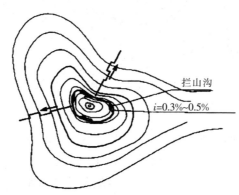

图6-6　柑橘园拦山沟设置

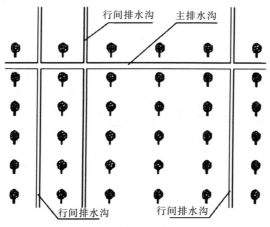

图6-7　柑橘园主排水沟与行间排水沟

函或蓄水池。梯地在梯壁下设置背沟，短背沟在出水口附近设沉沙函，长背沟每隔20～40m设一沉沙函或小蓄水池（图6-8）。

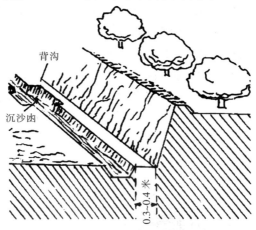

图6-8　梯地背沟、沉沙函与梯壁间距示意图

2. 蓄水设施　蓄水池有大、中、小三种类型。大蓄水池有效容积$100m^3$以上，因地制宜修建；中蓄水池$50～100m^3$，$1.3～3.4hm^2$1个；小蓄水池$1～2m^3$，尽量多建。蓄水池需做防渗处理并建池前沉沙函（图6-9），小蓄水池可用抗老化塑料薄膜整张铺设池底和四周防渗。

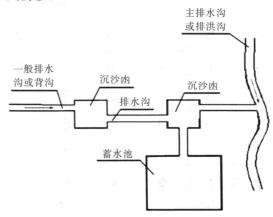

图6-9　蓄水池、沉沙函和水沟的排列

3. 灌溉设施与喷药管道　水源充足的果园建设引水沟，利用排水沟和背沟进行沟灌或漫灌。水源较紧的果园可安装简易管网进行浇灌，必要时建设提水设施。小果园可配置移动式小水泵。大型果园可采用滴灌（黏土区）或微喷灌（沙质土）。为方便喷布农药，果园内可沿道路或排水沟铺设地下喷药管道，管道间隔 40～60m，并在管道上每间隔 30～50m 安装一地。面阀门，方便接喷药软管。

三、其他

在有冻害或风大的地方建柑橘园应建防风林。大果园的防风林分主林带和副林带，小果园只需在四周种植防风林。主林带的方向与主风方向垂直，副林带一般建在主干道和支路的两旁。主林带安排栽 3～6 行树，林带宽度 6～15m。绿篱应选与柑橘没有共生性病虫害的树种。绿篱以带刺灌木为好，种 2～3 行，行距 25～30cm，株距 15～25cm，三角形栽植。

收购点、库房、农机具房、生活用房、包装厂和贮藏库等果园用房，是果园的组成部分，大、中型果园在建园的同时，应该把果园用房建设好，以便果园管理职工的进驻和生产资料的存放。果园用房的建设方法和要求，与其他同类型的房屋基本相同。畜牧场、沼气池等果园设施的建设和施工方法，按照国家有关建设施工操作要求即可。

第三节　园地建设

已经形成台地或梯田的耕地，或坡降 10% 以下的坡地，直接开挖等高定植沟/穴改土。坡降超过 10% 的坡地，应先修筑比降 3/1 000～5/1 000 等高梯地，再挖定植沟改土（图 6-10）。梯地的梯面外高内低，向内倾斜 3°～5°，外边修筑边埂，里边开挖背沟。石砌梯壁向内倾斜 80°～85°，土筑梯壁向内倾斜 65°～80°（图 6-11）。

1. 起垄栽培　水田、河滩、海涂等易积水的地块等改建果园，适宜采用深沟高畦改土（起垄栽培）。采用 1 行树 1 条垄方式整地

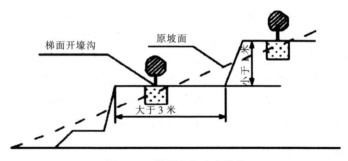

图 6-10 梯面上的改土壕沟

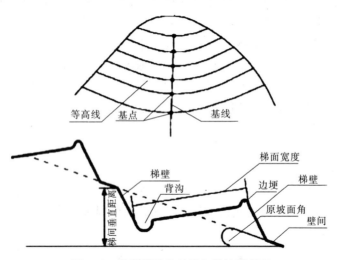

图 6-11 修筑梯地的基线与梯地横截面

改土。如果是水田改建果园，最好不要破坏犁底层，可将耕作层土壤聚集成宽 1.6～2m、高 0.6～0.8m 的长条形土垄。聚集时在土壤中加入有机肥、磷肥等改土材料，培肥土壤。旱耕地或缓坡地也可采用起垄栽培。先向下开挖 60～80cm，挖松下层土壤，加入改土材料，回填后形成土垄。起垄栽培可有效控制土壤湿度，提高果实品质。

2. 壕沟改土 沟宽 1～1.5m，深 0.8～1m，沟底比降3/1 000～5/1 000。回填时每立方米沟加杂草、作物秸秆、农家肥料等 25～

50kg 与土壤混合，表层或耕作层土壤填至离地面约 0.30m 深处，回填土最后高出地面 0.3m 左右。

3. 挖穴改土　穴直径 1～1.5m、深 0.8～1m，积水穴需做排水处理。按回填壕沟方法埋入改土材料，最后高出原地面 0.3m 左右。无论是壕沟还是挖穴改土，pH<5.5 的土壤，回填时每立方米土壤均匀加入 2～4kg 石灰。

4. 栽植　栽植的柑橘苗木应是脱毒容器苗或脱毒苗。砧木应适应当地生态条件并与接穗品种亲和性好。种植密度依品种、砧木、土壤类型和改土方式等而定，一般枳橙、枳、红橘作砧木的柑橘种植密度可参考表 6-2。

表 6-2　柑橘主要品种参考种植密度

品　　种	土地类型	行距（m）	株距（m）
宽皮柑橘与杂柑类	坡地或梯地	4～5	2.5～3
	平地	4.5～5.5	3～3.5
甜橙与柠檬类	坡地或梯地	4.5～5.5	3～3.5
	平地	5～6	3～4
柚类	坡地或梯地	5～6	4～4.5
	平地	6～7	4.5～5

一般裸根苗在 2 月中下旬至 3 月中旬和 9 月下旬至 11 月上旬栽植较容易成活。容器苗在春、夏、秋季栽植为好，温度高的地方冬季也可栽植。

（1）裸根苗的栽植。栽植前对苗木进行剪枝、修根和打泥浆。远距离运输的苗木，定植前可将根浸泡在水中 3～6h 后再栽植。剪枝是剪除病虫枝和多余的弱枝、小枝；长途运输后的裸根苗也可对健壮枝适度短截，去掉一部分叶片，减少栽植后的水分蒸腾。修根是对受伤的根进行修剪，短截过长的主根和大根，剪掉伤病根。打泥浆是用黏性强的黄泥等配成泥浆，必要时可在泥浆中加入杀菌剂和生根粉，将根在泥浆中浸蘸一下，使根周围沾上泥浆。泥浆的黏稠度以根上能沾上泥浆，又不形成泥壳为宜。栽植时在栽植点挖一栽植穴，弄碎穴周围泥土并填入部分细碎肥土，将柑橘苗放入栽植穴中扶正，根系均匀地伸向四方，填入干湿适度的表土，填土到$1/2\sim2/3$时，用手轻轻向上提苗，使根系伸展，踩实，再填土和踩实，直到全填满。填完土后根颈露出地面，在苗周围筑直径$0.7\sim1m$树盘，灌足定根水。在多风地区，苗木栽植后应在旁边插一支柱，用绳将苗木扶正和固定在支柱上。

（2）容器苗的栽植。轻拍容器周围后取出柑橘苗，抹掉与容器接触的营养土，使靠近容器壁的弯曲根伸展开来。如果有伤根、烂根，则应剪除到健康部位。容器苗栽植方法与裸根苗基本相同，但填土时不需要提苗，注意填土后将回填土与容器苗所带的营养土结合紧密，踏实，不留空隙。然后筑树盘，灌足定根水，立支柱扶正和固定树苗。

第三章　土肥水管理

第一节　土壤管理

柑橘定植前，已挖壕沟或大穴压埋好基肥后，应有充足时间使土层下沉，若下沉时间不足时应在定植前充分灌水使土壤沉实。定植穴应施腐熟厩肥、堆肥、畜粪等$20\sim30kg$或饼肥$2\sim3kg$并混入磷肥$0.5\sim1kg$，深施$30\sim50cm$，与土混匀，而后培薄土定植。黏重土可在定植穴混入沙土。

一、土壤管理的方法

（1）深翻扩穴改土。随着柑橘的生长，树冠不断扩大，根系活动范围随之扩展，须深翻并拓宽原有的栽植沟穴，并翻压绿肥和有机肥，酸性土还应补施石灰以调节土壤酸碱度。深翻扩穴时间以夏、秋季柑橘发根高峰前期为佳，此时断根后发根快、发根数量多。此工作应在柑橘苗栽植后前 2 年完成，此时树冠还小，可以用机械化操作，树大后不便机械操作。人工深翻扩穴成本过高，目前已难以实施。如果栽植前改土沟宽 1.5m 以上或改土穴直径 1.5m 以上，则可省去深翻扩穴。

（2）树盘浅耕及覆草。树盘浅耕 5～10cm，保持表土疏松，除杂草。但中耕宜浅不宜深，仅限于树盘范围，也可利用除草剂来防除杂草。树盘覆草厚 10～20cm，宽至树冠滴水线外 20cm，能显著稳定地温和土壤水分，促进柑橘的生长。

（3）冬季翻土清园。在采果后结合施肥、修剪、喷药，翻土深度 10～20cm，酸性土壤并撒石灰。冬季有冻害地区，冬季不宜翻土。

（4）果园间作与生草栽培。幼龄橘园空地较多，可视土壤肥力状况间作蔬菜、饲料、绿肥等作物，但不宜间作高秆深根作物，且要在树冠滴水线 70cm 以外。提倡果园采用生草栽培，可保留浅根、矮秆、自然生长的草，草太高时通过刈割控制高度，伏旱来临前和果实成熟季节，喷除草剂杀草。

二、柑橘缺钙发生的土壤条件与克服措施

1. 发生条件　一是钙与氮或钾、镁等元素的比例失调，即土壤溶液中高浓度的铵、钠、钾和镁离子抑制柑橘对钙的吸收。二是土壤条件抑制了柑橘钙的吸收，土壤板结、水分张力大或前期干旱、根系生长弱；土壤湿度过大，柑橘根系缺氧；土壤酸性强，发生土壤铝、锰毒害；土壤本身缺钙等。

2. 克服柑橘缺钙的措施　一是基肥施钙，石膏、石灰、过磷酸钙等与有机肥一起作基肥施用；二是根外喷施，0.3%～0.5%硝酸钙溶液于盛花后 3～5 周和采前 8～10 周喷施。

我国绝大部分柑橘主产区土壤都表现出不同程度的养分障碍，具体为：重庆、湖北和福建柑橘园土壤有机质、氮、磷多处于中等偏低水平；广东、广西、福建、江西以及浙江台州地区橘园钙、镁缺乏比较普遍，特别是镁的缺乏极为突出，主要是由于土壤 pH 偏

低以及不注重施用镁肥造成的；绝大部分柑橘园土壤有效硼缺乏，大部分地区橘园土壤有效锌缺乏。因此，既要平衡施用氮、磷、钾肥，又要有效补充中、微量元素尤其是硼、锌、镁肥料，特别需要增施有机肥，调节土壤 pH，以培肥地力。

第二节　施肥管理

一、施肥量

综合各地研究结果，每 667m² 产 1 000kg 柑橘鲜果，平均带走氮（N）1.75kg、磷（P_2O_5）0.53kg、钾（K_2O）2.40kg、钙（Ca）0.78kg、镁（Mg）0.16kg，$N:P_2O_5:K_2O$ 比例为 3：1：5。此外，还有大量养分贮存在树体中，其数量约为果实带走总量的 40%～70%。氮、磷、钾等追施推荐用量见表6-3至表6-6。

表6-3　柑橘氮肥追施推荐用量（kg/hm²）

土壤有机质含量（g/kg）	产量水平（t/hm²）			
	≤20	20～30	30～40	>50
≤7.5	>150	>250	>350	—
7.5～10	150	250	300	350
10～15	100	200	250	300
15～20	50	150	200	250
>20	<50	100	150	200

表6-4　柑橘磷肥追施推荐用量（P_2O_5 kg/hm²）

土壤有效磷含量（mg/kg）	产量水平（t/hm²）			
	≤20	20～30	30～40	>50
≤15	>90	>120	>150	>180
15～30	90	120	150	180
30～50	60	90	120	150
>50	<30	<60	<90	<120

表 6-5　柑橘钾肥追施推荐用量（K_2O kg/hm^2）

土壤速效钾	产量水平（t/hm^2）			
（mg/kg）	≤20	20～30	30～40	＞50
≤15	＞250	＞300	＞350	＞400
50～100	250	300	350	400
100～150	200	250	300	350
＞150	＜100	100～150	150～200	250～300

表 6-6　柑橘叶面喷施肥料、浓度和时期

缺素	喷布试剂及浓度	喷施时期
氮	0.2%～0.3%尿素	周年均可
磷	1%～2%过磷酸钙浸出液或0.3%～0.6%磷酸二氢钾	周年均可
钾	0.5%硫酸钾或1.0%～3.0%草木灰浸出液	周年均可
镁	0.1%硫酸镁	春、夏梢期
铁	螯合铁＊＋（0.1%硫酸锰＋0.1%硫酸锌）	春、夏梢期
锰	0.1%硫酸锰	春、夏梢期
铜	0.5%波尔多液或0.01%～0.02%硫酸铜	花后4周内或采果后
锌	0.1%硫酸锌	春、夏梢期
硼	0.1%硼酸或硼砂	花期、秋梢期
钼	0.05%钼酸铵	花期、秋梢期

　　＊螯合铁的酸制：26.1g 乙二胺四乙酸钠溶于 268mL 1mol/L KOH 中，再溶入 24.9g 七水硫酸亚铁，稀释至 1L，通气过液，调 pH 至 5.5，喷施时稀释 1 000 倍液。

　　注意：硫酸盐对柑橘有药害，浓度一定要准确，稍微提高浓度时应加等量的石灰作沉淀剂。加入 0.5%尿素有增加渗入的效果。

二、施肥时期

　　确定柑橘施肥的时期，既要考虑以上因素又不要将其复杂化，一般将施肥时期确定为春、夏、秋 3 个时期。我国不同产区的气候条件不同，柑橘种类、土壤条件和管理方式等也都各异，有不同的

施肥习惯和经验：①早熟柑橘品种一般将基肥秋施，晚熟柑橘品种一般将基肥春施；②将3次肥改为春夏或夏秋2次肥，但无论是哪2次，都包含1次基肥，或秋或春。但一般还是以一年3次肥较为全面。

1. 幼树施肥　就幼树而言，关键是让其尽快投产。需要有规律地进行施肥，直到第三年末。柑橘幼树的生长主要是靠四次梢的生长，分别是春梢、早夏梢、夏梢和秋梢。要让幼树生长又快又壮，施肥就是要保证各次梢有充足的养分，每次新梢萌芽前后都要施一次速效肥，其中氮肥和钾肥对新梢的生长特别重要。柑橘幼树施肥以氮肥和钾肥为主，坚持"勤施薄施，少量多次"原则（表6-7）。

表6-7　不同树龄幼树施肥

树龄	施肥时间	肥料种类和施肥量
第一年	2～9月各1次	50g尿素加50g氮磷钾（NPK）复合肥溶解在1桶腐熟稀粪水中，每桶浇5株幼树。新定植树要半个月后才能施肥
第二年	2～9月各1次	50g尿素加100g氮磷钾（NPK）复合肥溶解在1桶腐熟稀粪水中，每桶浇3株幼树
第三年	2月、4月、6月、8月各1次	100g尿素加150g氮磷钾（NPK）复合肥溶解在1桶腐熟稀粪水中，每桶浇2株幼树

2. 成年结果树施肥　柑橘进入全面结果时期，营养生长与生殖生长达到相对平衡，这种平衡维持时间越久，则盛果期越长。柑橘进入盛果期后，产量达到最高，需肥量也达到最大。施肥不仅是为了促进柑橘的营养生长，更重要的是确保其生殖生长对养分的需求，达到高产、优质、高效的目的，并尽量延长盛果期的时间（图6-12）。

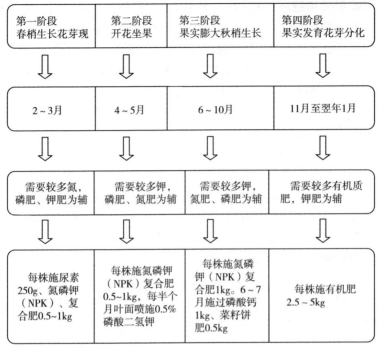

图 6-12　成年结果树施肥方式

三、柑橘施肥方法

柑橘施肥主要分土壤施肥和叶面喷施两种。

（一）土壤施肥

1. 环状沟施肥法　平地幼年果园在树冠外缘投影处开环状沟；缓坡地果园，可开半环状沟。但此方法在挖沟时易切断水平根，而且施肥面积小。

2. 放射状沟施肥法　根据柑橘树冠大小，沿水平根生长方向开放射状沟 4～6 条。此法肥料分布面积较大，且可隔年或隔次更换施肥部位，扩大施肥面，促进根系吸收，适用于成年果园。

3. 条沟施肥法　在果树行间开沟（每行或隔行）施入肥料，也可结合果园深翻进行。在宽行密植果园常用此法。

4. 钻孔施肥法 视树体的大小，在柑橘树的地面四周（树冠滴水线下）向下钻直径 30cm、深 60～100cm 的施肥孔 4 个以上。为了避免泥土填没洞孔，必须用富含有机物的生活垃圾（如树叶、茅草、动物的尸骨、毛发等）填入孔内，然后在上面加一个盖子或塞子，如用石头、稻草、水泥袋装上泥土盖上或塞住，不使洞口崩塌填埋，每次施肥时只要打开盖子即可施肥。肥料要对水施，施肥后不要填没洞孔，以便长期多次施肥。树冠扩大后必须再另外钻孔使用。

（二）叶面喷肥

叶片是吸收养分的重要器官，叶面喷肥比根部施肥具有吸收速度快、利用率高的独特效果。一般幼叶吸收机能更佳，比老叶吸收速度快，叶背比叶面吸收量较多（70∶30）。叶面追肥可以起到土壤施肥替代不了的效果。在不同的生长发育期，选用不同种类的肥料进行叶面追肥，作为土壤施肥的补充（表 6-8）。

表 6-8　叶面喷肥种类与浓度

肥料种类	喷布浓度（%）	肥料种类	喷布浓度（%）	肥料种类	喷布浓度（%）
尿素	0.3～0.5	氧化锌	0.2	硫酸锌	0.1～0.2 或 0.5～1.0（加 0.25～0.5 熟石灰）
硫酸铵	0.3	硫酸锰	0.05～0.1 或 0.3（加 0.1 熟石灰）	高效复合肥料	0.2～0.3
硝酸铵	0.3	氧化锰	0.15	柠檬酸铁	0.1～0.2
过磷酸钙	0.5～1.0（滤液）	硫酸镁	0.1～0.2	硫酸铜	0.01～0.02
磷酸二氢钾	0.5～1.0	硝酸镁	0.5～1.0	硝酸钾	0.5

（续）

肥料种类	喷布浓度（%）	肥料种类	喷布浓度（%）	肥料种类	喷布浓度（%）
草木灰	1.0～3.0（浸提滤液）	硼酸（砂）	0.1～0.2	钼酸钠	0.007 5～0.015
硫酸钾	0.5	钼酸铵	0.008～0.03		

第三节　水分管理

柑橘在萌芽、坐果、果实膨大期需要的水分多；果实成熟、花芽分化期需水量较少。由于全年降雨分布不均衡，水分管理很重要，要抓好三大环节。

一、保水防旱

提高土壤蓄水保水能力，可减少灌溉次数及用水量。保水对于无灌溉条件或者灌水量不足的橘园尤其重要。

（1）在距树干10cm至滴水线外30cm处进行地面覆盖，覆盖物的材料就地取材，最好是稻草、绿肥、杂草、谷壳以及其他作物茎秆等，厚10～20cm，最上面再盖一层薄薄细土。这样能减少土壤水分蒸发，而且在下雨和灌溉时便于水慢慢往下渗。覆盖物在采果后翻入土中还可做基肥。

（2）山地橘园要修小山塘和蓄水池；梯田背沟中每隔一定距离筑一小土埂，形成"竹节沟"，雨水多时可截留部分水，待干旱时浸入土中。

（3）选用珍珠岩或膨润土等高吸水树脂类物质与土壤混合，施入树冠滴水线附近的树盘沟中，深20～30cm。这些材料遇水吸收膨胀，使附近土壤经常保持湿润。

（4）在树冠四周滴水线上挖3～4个深、宽各30～50cm的穴，填入稻草或杂草加适量农家肥，上面覆土，以便于蓄水和渗水。

二、灌水抗旱

夏秋季一般连续高温干旱 15 天以上即需要灌溉，秋冬干旱可延续 20d 以上再开始灌溉。若叶片出现萎蔫则太迟了。灌水方法有以下几种：

（1）漫灌和沟灌。水沿渠道流到橘园各处称为漫灌；流到灌水沟内称为沟灌。漫灌成本低，但水土容易流失，土地不平整时灌水不均匀。沟灌效果较好，但耗水量大。

（2）简易管网灌溉。在柑橘园内铺设输水管道，利用水的自然落差或水泵提水加压后将水送到园内。成本适中，对地形没有严格要求，可减少水土流失。

（3）浇灌。适于水源不足的橘园及幼年树或零星种植的植株。利用输水系统直接往树冠下挖的穴或盘状沟逐株浇灌。最好结合施肥一起进行，浇灌后及时覆土。这种方法可以省水，但花人工较多。

（4）节水灌溉。以滴灌和微喷灌应用最广泛。水经过过滤加压后通过输水管道送到每株柑橘树下，滴灌是水以滴状输入根部进行灌溉的方法。微喷灌是以微灌系统尾部的灌水器为微喷头，以细小的水雾喷洒在叶面或根部附近的土壤表面。以上方法对水分利用率高，省时省力，但建设成本较高。

三、排水防涝

橘园土壤含水量过多，造成烂根，叶片发黄，落花落果。防御橘园涝害关键在于搞好橘园的排灌系统，常采用明沟排水即在橘园四周开深、宽各 1m 左右的总排水沟，按地形和水流走向略呈一定高差，园内可根据情况每隔 2～4 行开一条排水沟与总排水沟相通，即畦沟、腰沟和围沟，三沟配套，沟的深度应低于根系的主要分布层，1m 左右。行间排水沟最好在地下铺设瓦管，便于橘园管理，但修建费用较高。丘陵山地橘园可利用梯田的背沟排水。在容易积水的低洼地建园，最好进行深沟起垄栽培沟内地下水位不要超过 1m。

第四章　整形修剪

整形是将树体逐步培养成具有合理的枝梢配备和通风透光条件的丰产树形。修剪是综合运用短截、回缩、弯枝等方法来调节树体生长与结果间的平衡，使之丰产、稳产和优质。整形是通过修剪实现的，好的树形修剪就相对简单，反之就会变得相当繁琐和无所适从，故整形和修剪紧密相关。

第一节　整　　　形

一、主要树形

柑橘的树性依种类和品种而异，一般橙类、柚类、椪柑干性较强，较为直立而生长强旺，温州蜜柑、南丰蜜橘、砂糖橘等干性较弱，树冠稍矮。让其自然生长，干性强的就会形成自然圆头形和圆柱形，干性弱的就会形成多主枝丛状形等。根据树体自然的生长状态，可采用的树形较多，可大致分为有中心主干和无中心主干两类树形，有中心主干的树形包括主干形、变则主干形和纺锤形等，无中心主干的树形有开心形和自然开心形。

二、自然开心形整形方法

目前广泛采用和推荐的是自然开心形，标准图（图6-13）的线条是固定的参考值，但田间的树形是千变万化的，可根据柑橘品种加以调整，也无需那么标准，多一个主枝、枝梢的方位错一点也没有关系，只要在基本点上符合整形修剪的目标即可。①有一定高度的主干，或叶片绿色层离地面有一定的距离（30cm以上）。②树体中上部没有直立的中央干，呈相对开张姿势。③构成树体骨架的骨干枝少，主枝3~4个，每主枝上侧枝2~4个。④树体高度控制在 2.5 米左右。

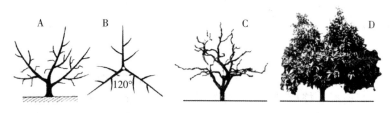

图 6-13　柑橘自然开心形

（A、B 为平视和俯视图，C、D 为树形去叶前后对比）

　　模式图的线条虽然是固定的，但修剪技术是灵活的。田间的树形虽然千变万化，但可根据柑橘种类和品种加以调整，在条件允许时朝着模式图的方向去做，切不可生搬硬套。多一个或少一个主侧枝、枝梢的方位错一点都没有关系，只要在基本点上符合整形修剪的目的即可。主要基本点是：①有一定高度的主干，或叶片绿色层离地面有一定的距离（30cm 以上）。②树冠上部没有严重遮光的骨干枝，呈相对开张姿势。③构成树体骨架的骨干枝少，主枝 3～4 个，每主枝上侧枝 2～4 个。④树体高度依柑橘种类和品种而异，应控制在 3.0m 以下。根据图 12-5，如果对自然开心形模式树形的理解要求高一点的话，依如下详解：①有一定高度的主干，或叶片绿色层离地面有一定的距离，不低于 30cm，50～60cm 为宜。②树体中上部没有直立的中央干，呈相对开张姿势；主枝以 40°～60° 的平视角度（与中轴垂直直线夹角）向上延伸，其上着生的侧枝与中轴直线的夹角要大于主枝，或者平展。③构成树体骨架的骨干枝少，主枝 3～4 个，摆布于主枝的两侧（各主枝同一节位的侧枝摆布在同一侧）；各侧枝间应保持合理的距离，第一侧枝与主干的距离 50～60cm，第一侧枝与第二侧枝的距离均应保持在 40～60cm（根据树冠大小），如第一侧枝与主干距离太近常导致与主枝分庭抗礼的状况，形成所谓的"把门侧枝"。④树体高度控制在 3.0m 以下。

第二节 修 剪

一、修剪方法

短截：将一年生枝梢减去一部分的修剪方法。短截可促进枝梢分枝和生长延伸，但使枝条当年失去开花结果能力。短截一般用在主侧枝的延长枝或是有较大空间的枝梢上，促其延伸和填补空间。

回缩：对多年生枝剪到大枝组后部若干节位的分枝处。回缩有利于通风透光、紧凑树冠、枝组更新等。一般所说的大枝更新、开天窗、疏除衰弱枝等，即为回缩的修剪方法。缓放：缓放又称为甩放，即对一年生枝梢不进行修剪，一般用在当年要结果的结果母枝上。缓放可缓和枝梢的生长势，是在弱势修剪中常用的方法，促进从营养生长转向生殖生长。

疏剪：即从枝梢基部剪除。疏剪可增加枝梢间的间距，促进整个树体和树冠局部的通风透光条件。

抹芽：在新梢抽生至1～2cm时，将不符合生长结果需要的嫩芽抹除。春季一般用在粗枝的剪口和弓背上，夏季控制夏梢。

摘心：在新梢伸长至50～60cm时摘去其顶芽，是限制枝梢徒长、促进分枝的方法。

弯枝：将直立枝拉平或拉斜，可打开树体的光路、缓和生长势，使直立徒长枝转化为大的结果枝组。

二、修剪时期与内容

1. 春季修剪 萌芽前：春季萌芽前的修剪相当于落叶果树的冬季修剪，树体对修剪较敏感，短截和疏除大枝后会抽生许多强旺的枝梢，带来此后的抹芽定梢工作。

萌芽后：春梢的抽生与开花坐果有一定的矛盾，特别是矮密栽培和骨干枝直立时尤为严重，此时需进行必要的抹芽定梢以促进坐果。如果树形开张、枝梢平斜和披垂时就没有什么问题。

2. 夏季修剪 基本操作：为防潜叶蛾、粉虱、溃疡病，减少梢果矛盾、逼发早秋梢等，在夏梢萌发后对其进行控制或抹除。短截修剪：夏季短截修剪可使早秋梢萌发整齐健壮，成为翌年好的结果母枝，北部产区应在 7 月上中旬进行，南方产区相应推迟。温州蜜柑在减少粗皮大果比例、提高果实品质上，夏季的短截修剪是一种非常有效的方法（图 6-14）。

A   B   C   D

图 6-14　温州蜜柑交替结果修剪示意图

（7 月中旬对 A 进行短截修剪得 B，B 萌发早秋梢得 C，C 翌年大量结果得 D）

3. 秋季修剪　秋季疏除大枝后，树体在翌年的反应不敏感，不会造成众多强旺枝梢的抽生。早中熟品种可在采果后进行，中晚熟品种则依情况而定。

第五章　花果管理

第一节　花量调控

一、减少花量

柑橘定植后 1～3 年的幼树以扩大树冠为主，要少开花或不开花。进入结果期的衰弱树也要少开花。减少开花的措施有：

1. 防止秋冬干旱　9～12 月保持土壤处于适度的湿润状态。

2. 增施氮肥　平时增施氮肥，秋季和初冬增施 1～2 次速效氮肥。

3. 喷布抑花剂　9～12 月对树冠喷布 2～3 次浓度为 70～100mg/L 的赤霉素，翌年基本无花。

4. 抹除晚秋梢和冬梢　春季萌芽前短截部分夏梢和秋梢，回缩弱枝组，促发营养枝。

二、增加花量

进入结果期而生长势太旺、开花少的树要促花。促花措施有：

1. 控水　10～12 月保持土壤适度干旱，使晴天的中午叶片微卷。

2. 施肥　增施磷肥，减少氮肥用量。

3. 环割或环剥　环割：8～9 月对大枝环割 2～3 圈，深度以刀切到木质部（即木头部位）为好。环剥：在大枝上环割两圈，然后把两圈中间的皮层剥下来，宽 0.1～0.2cm，剥后包薄膜促进伤口愈合。环剥和环割都能增加花量，但花质较差，畸形花多，并易引起异常落叶，应慎用。

4. 拉枝、吊枝和扭枝　8～11 月将生长旺盛或生长直立的枝条拉平，或拉成斜向地，或秋梢叶片完全展开后对其扭枝，可增加花量且花质好。

5. 喷促花剂芽　10～12 月喷布 2～3 次促花剂，间隔 15～20d。

第二节　果实管理

多数柑橘品种都有程度不同的大小年结果现象。大年结果多，果实小；小年结果少，果大皮厚。柑橘树应适度结果，防止大小年，延缓树体衰退，达到丰产、稳产和优质的目的。

一、疏果

结果太多的柑橘树应疏果。疏果时间尽可能早，一般分两次完成。在幼果第 1 次生理落果高峰后，进行第 1 次疏果，摘除小果、畸形果、病虫果和近地面果。幼果第 2 次生理落果结束后，再进行第2次疏果。疏果方法有化学疏果和人工疏果。化学疏果方法比较难掌握，要么疏果过量，要么过少。人工疏果仍是目前最可靠的办法。一般的柑橘品种，第2次生理落果结束后很少再发生大的脱落，此时疏果可根据叶/果比来确定：脐橙50～60：1；普通甜橙40～50：1；早熟温州蜜柑20～35：1；中晚熟温州蜜柑20～25：1；小叶宽皮柑橘50～60：1。但对后期易裂果品种留果量应适当多些。

二、保果

包括减少幼果生理落果、防止裂果、日灼和采前落果等。

1. 减少幼果生理落果　适当修剪保持果园和树体通风透光、加强栽培管理、及时施肥、防旱防涝、防止病虫害是保花保果的基本前提。此外，保果的生产措施还有：

①喷布叶面肥。春叶展开后至第2次生理落果结束前，喷布多次硝酸钾、尿素或磷酸二氢钾等叶面肥2～4次。②枝条处理。开花前对生长直立的枝条进行撑、拉、吊，抑制生长势。开花后对大枝或主枝进行环割或环剥，环剥口宽0.1～0.2cm，以剥口在生理落果结束时完全愈合为好。③使用保果剂。保果剂是目前保果最有效的方法，效果好的保果剂主要有细胞分裂素类和赤霉素。细胞分裂素类喷布浓度为100～200mg/L，赤霉素喷布浓度为20～50mg/L（1g赤霉素用30～50mL 50%的酒精或50°以上白酒溶解后，加冷水20～50kg），从谢花后3～7d开始到谢花后20～30d内，对准幼果喷布1～2次。

2. 防止裂果　主要方法有：

①及早疏掉畸形果、易裂果。如脐橙顶端扁平、大的开脐果易裂。②增施氮、钾肥，提高果皮抗裂强度。③喷布植物生长调节剂，促进果皮细胞的分裂与生长，减轻裂果。④人工授粉，使无核品种有核化。⑤深翻改土，果园覆盖，减少水分损失，缓解土壤水分干湿交替变化幅度。⑥及时灌溉，保持土壤处于适宜含水量，防止干旱。

3. 防止日灼　防止日灼的措施有：①培养枝繁叶茂的树冠，减少阳光对果实的直接照射。②喷涂石灰水。石灰水配制方法：用质量好的熟石灰 0.5kg，加水 4.5kg，配成石灰浆，7～8 月喷涂到受阳光直接照射的果面。③套袋或贴白纸。幼果第 2 次生理落果结束后，树冠外部受到阳光直接照射的果实套白纸袋或果面贴白纸。④有喷灌的果园，间隙喷灌降温。

4. 防止采前落果　采前落果主要指果实成熟前 1～2 个月的落果。引起采前落果的主要原因有低温、土壤积水和病虫害。防止采前落果的主要措施有：加强栽培管理，增强树势；避免果园积水；改善通风透光条件；防治病虫害。在成熟前 1～2 月内喷布 1～2 次甲基硫菌灵、多菌灵或脒鲜胺 1 000 倍液，或退菌特 700～800 倍液，同时喷布 1～3 次浓度为 20～40mg/L 的 2,4 - D 溶液，要将果蒂喷湿。

5. 防止脐黄　脐黄即脐橙果实脐部黄化，是脐橙所特有的病害。防止脐黄的主要措施有：

①栽培脐黄少的脐橙品种（系），如纽荷尔、奈维林娜、福本、华盛顿等。②加强栽培管理，培养长势适中的树势，减少树冠外围结果，防止土壤出现严重的干湿交替。③在脐黄出现前喷布脐黄防治药剂。

第三节　果实套袋

果实套袋可防止果面划痕、药斑、病虫斑，减少农药残留，减轻裂果，避免日灼，并完全防止吸果夜蛾为害，对柠檬果实套袋还能提前 1～3 个月采收上市。套袋开始时间一般为 6～7 月，果实采收前 20～30d 摘袋（柠檬除外）。

套袋注意事项：

（1）套袋前应根据当地病虫害发生情况对橘园全面喷药 1～2 次，喷药后选生长正常、健壮的果实进行套袋。

（2）纸袋应选用抗风吹雨淋、透气性好的柑橘专用纸袋。目前水果套袋用的纸袋种类繁多，材质各异，在大规模推广套袋前，应先做小规模试验，选出适合当地气候条件和品种使用的最佳纸袋后，再推广。

第六章　病虫害防治

第一节　主要病害防治

表 6-9　主要病害防治

病害类型	病害名称	症　状	防治方法
细菌性病害	柑橘黄龙病	该病全年均可发生，以夏、秋梢发病最重，春梢发病次之。叶片黄化有 3 种类型：①均匀黄化。初期病树和夏、秋梢的病枝上叶片呈均匀的浅黄绿色。②缺素型黄化。中、晚期病树上常出现缺乏锌、锰的症状。③斑驳型黄化。从叶脉附近，尤其从中脉基部和侧脉顶端开始黄化，叶片呈现黄绿相间的不均匀斑块，斑块黄绿分界不明显，形状和大小不定。该类型常作为田间黄龙病树的诊断依据。夏、秋梢发病时，新梢不转绿，叶片呈均匀黄化或斑驳黄化。春梢发病时，当年新抽春梢正常转绿后，随枝条老熟，叶片形成斑驳黄化。有的品种中脉肿大突起，局部木栓化开裂，似缺硼。病树坐果率低，果小、畸形，有些品种的果实近果蒂处提早着色，成"红鼻子果"。初期病树根部正常，后期出现烂根	禁止带病的接穗、苗木进入无病区和新开垦的柑橘种植区。建立无病苗圃，培育无病苗木，按柑橘无病毒繁育体系规程，建立封闭式网棚育苗或选择有自然隔离区育苗。加强栽培管理，保持树势健壮，提高耐病能力。及时挖除病树，园区中每一次新梢抽出前，先行检查，发现病树，及时挖除销毁；在病区，应实行成片改造，整片挖除病树，经 2 年种植其他非寄主植物后，再种植无病苗木，将病区改造为无病区。防治传病媒介柑橘木虱

（续）

病害类型	病害名称	症　状	防治方法
细菌性病害	柑橘溃疡病	被害叶片初期出现黄色针头大小的油渍状斑点，扩大后形成近圆形、米黄色病斑。随后病部表皮破裂，隆起明显，成为近圆形表面粗糙的暗褐色或灰褐色病斑，病部中心凹陷呈火山口状开裂，木栓化，周围有黄色晕环，少数品种的病斑沿黄晕外有一深褐色带釉光的边缘圈。病斑大小依品种而异，一般直径3～5mm。枝梢、果实上的病斑与叶片上的相似，但木栓化程度比叶片上的病斑更为显著。溃疡病发生严重时，常引起大量落叶，枝条枯死，果实脱落，果品质劣，失去商品价值	严格实行检疫制度，严禁从病区引入接穗和苗木。在无病区，定期普查柑橘溃疡病发生情况，发现疫情，立即铲除。病园在柑橘谢花后15天喷第一次药剂，夏、秋梢则在抽梢后7～10天喷药，每隔15天1次，连续3次。药剂有：72%农用链霉素可湿性粉剂2 000～2 500倍液，3%金核霉素水剂300倍液，53.8%可杀得2 000干悬浮剂900～1 000倍液等
真菌性病害	柑橘炭疽病	常见症状有：①急性叶枯型和慢性叶斑型。急性叶枯型常发生在未成熟的新叶上，从叶尖开始迅速向下形成水渍状淡褐色、云纹状的V形病斑，病健交界不明显，潮湿时有橘红色黏质小点，病叶很快脱落。慢性叶斑型病斑多出现在成熟叶片的叶尖或叶缘处，多半与受伤有关。病斑圆形或不规则形，灰白色，边缘褐色，病健部分界明显，后期病斑产生轮纹状排列的黑色小点。②果梗枯。病菌为害果梗和果蒂，受害果梗褪绿发黄变褐，最后呈灰白色干枯，果蒂呈红褐色干枯，病果脱落。病害在幼果期即可发生，但以果实开始成熟后发生为多，病果实提早转色并脱落，造成采果前的大量落果。③贮运期炭疽。大多从果蒂部开始形成褐色凹陷干腐状病斑，病斑扩展引起果实腐烂，潮湿时病部产生橘红色黏液	增施有机肥，改良土壤，创造根系生长的良好环境；实行配方施肥；及时松土、灌水，覆盖保湿、保温防冻害，雨季排除积水；果园种植绿肥或进行生草栽培，改善园区生态环境；避免不适当的环割伤害树体；剪除病枝叶和过密枝条，使果园通透性良好，以减少病源。在春季花期、幼果期和嫩梢期，及时喷药1～2次防病。药剂有40%灭病威悬浮剂500倍液，70%甲基硫菌灵可湿性粉剂800～1 000倍液，10%苯醚甲环唑水分散粒剂1 000倍液等。果实采收后用45%噻菌灵悬浮剂500倍液或22.2%抑霉唑乳油250～1 000倍液+50%苯来特可湿性粉剂1 000倍混合液浸果1～2min，以防果腐型病害

（续）

病害类型	病害名称	症　　状	防治方法
真菌性病害	柑橘疮痂病	为害新梢、叶片、幼果，也可为害花萼和花瓣。受害叶片初期为黄褐色圆形小点，后逐渐扩大，变为蜡黄色，多发生在叶片背面，病斑木栓化隆起，多向叶背突出而叶面凹陷，呈圆锥状或漏斗状，叶片扭曲畸形，早期脱落。新梢受害的症状与叶片相似，但突起不明显。幼果受害，多在谢花后开始，初期为褐色小点，随后渐扩大成黄褐色斑，木栓化瘤状突起，严重发病时，病斑密集连成一片，幼果畸形，易早落。有的随果实长大，病斑变得不显著，但果小、皮厚、汁少、味差。另外一种症状，病斑连成大斑，病部组织坏死呈灰白色或灰褐色癣皮状，下面组织木栓化，显龟裂纹，皮层较薄	苗木、接穗实行检疫，禁止病原带入新区。以有机肥为主，实行配方施肥；春、夏季排除积水，改善果园环境；冬季清园剪除病枝、收集病叶集中烧毁。当春梢新芽露出 0.2～0.3cm，谢花约70%时，连续喷药2～3次，以保护新梢及幼果；8月下旬至9月上旬抽发秋梢时，在新芽露出 0.2～0.3cm 时喷药保护。农药可选用：0.5%等量式波尔多液，53.8%可杀得2 000干悬浮剂900～1 100倍液，或57.6%冠菌清干粒剂 900～1 000 倍液，10%世高水分散粒剂800～1 000倍液等
	柑橘流胶病	为害柑橘枝干。初发病时，皮层出现红褐色小点，疏松变软，中央开裂，流出露珠状的胶液。以后病斑扩大，不定形，病部皮层变褐色，有酒糟味，流胶增多，病斑沿皮层纵横扩展。病皮下产生白色层，病皮干枯卷翘脱落或下陷，剥去外皮层可见白色菌丝层中有许多黑褐色、钉头状突起小点。在潮湿条件下，小黑点顶端淡黄色。病树叶片淡黄色、失去光泽、早落，枝条枯死，树势弱，开花多，结果少，产量低，果质劣，严重时，主干皮层全部受害，导致植株死亡。苗木发病，多在嫁接口、根颈部表现症状，病斑周围流胶，树皮和木质部易腐烂，导致苗木枯死。与树脂病引起的流胶型症状主要区别是：柑橘流胶病不深入树干木质部为害	以枳、红橘、酸橘、酸橙为砧木，适当提高嫁接口位置，较少发病；地下水位较高或密植的柑橘园，不宜选用红橘作砧木。发现病树，及时把腐烂部分及病部周围一些健康组织刮netal，然后涂敷25%瑞毒霉可湿性粉剂100～200倍液，90%三乙膦酸铝可湿性粉剂 200倍液，21%过氧乙酸20倍液，80%赛得福可湿性粉剂25倍液，或用1:1:10波尔多浆涂敷，也可用石硫合剂渣加入新鲜牛粪及少量碎毛发敷病部。药剂处理后，应常巡视果园，发现新病株或处理不彻底的，及早重行药剂治疗

（续）

病害 类型	病害 名称	症　状	防治方法
真菌性病害	柑橘脚腐病	主要为害根颈部（土表上下 10cm）。病部皮层呈水渍状腐烂，有酒糟味，常渗出褐色黏液，病斑扩展引起木质部变褐坏死。高温多雨季节，病部沿主干上下扩展迅速，引起枝干、主根、侧根及须根大面积腐烂。病部横向扩展可使根颈部树皮全部腐烂，形成环割状，导致全株性枯死。在高温干燥条件下，病斑停止扩展，树皮干缩，开裂翘起甚至剥落。病树树冠叶片小、无光泽并变黄，沿中脉及侧脉变金黄色，极易脱落	防治方法同柑橘流胶病
病毒性病害	柑橘衰退病	有三种症状：一是速衰，发病时，病枝上不抽生或少抽生新梢，老叶失去光泽，出现灰褐色或各种缺素状黄化，主、侧脉附近明显黄化，逐渐脱落。病枝从上向下枯死，有时病树叶片突然萎蔫，病树缓慢凋萎，明显矮化，是一种毁灭性病害。二是茎陷点，植株发病后，在木质部出现陷点和凹陷条沟，严重时枝干外表可见纵向凹凸，皮层与木质紧贴，不易剥离。在一些品种的叶脉上，显黄色透明节斑，或局部木栓化，枝条易折断，树弱，果小。某些柚品种严重矮化，称为柚矮病，在宽皮橘类也有不同程度的反应。三是苗黄，是衰退病毒侵染酸橙、尤力克柠檬、葡萄柚和多种柚类品种实生苗引起的病害，被害苗木黄化，新叶出现类似缺锌症状，黄化部分中间常留有近圆形的小绿岛	增强树势，提高抗病能力，保护树体减少和避免机械伤口、冻伤和虫伤。发现病斑及时刮除，后涂腐必清、托福油膏或 843 康复剂等。春季芽萌发前喷 5 波美度石硫合剂。生长期喷药防病时注意树干上多喷，减少和防止病菌侵染

（续）

病害类型	病害名称	症　状	防治方法
生理性病害	缺素症	柑橘缺素症是一类缺乏营养元素的非传染性病害，常见的有缺锌、缺锰、缺铁、缺镁、缺铜、缺钼、缺硼、缺钙等 　1. **缺氮**　新梢纤细，叶小而薄，淡绿色至淡黄色，叶片硬直或丛生，或提早脱落，落花落果明显增加。严重缺氮时，新梢全部发黄，花少或无花 　2. **缺钾**　一般是在老叶的叶尖及叶缘首先变黄，随后黄化区扩大，变为黄褐色，新叶正常绿色，叶片向后微卷，新梢短弱，花期落叶严重。果小、皮薄、光滑、易裂果。严重缺钾时，梢枯、落叶，易裂果和落果 　3. **缺钙**　当年 6 月龄的春梢叶或夏梢嫩叶叶尖黄化，继而扩大到上部叶缘，并沿叶缘向下扩展，产生枯斑，病叶比正常叶片窄而小、提早脱落。树冠上和新梢出现落叶枯梢现象。病树开花多，幼果易脱落，着果率低。果小而常畸形，淡绿色，汁胞皱缩，味酸。根系生长细弱，新根数量明显减少 　4. **缺镁**　从果实膨大到果皮着色均会发生。挂果越多的树缺镁愈为严重。缺镁时，叶片沿中脉两侧发生不规则的黄色斑块，斑块向两侧叶缘扩展，使叶片大部分黄化，仅存中脉和基部的叶组织呈三角形的绿色。缺镁严重时，叶片全部黄化。果实附近的叶片和老叶首先表现症状。病叶易落，落叶的枝条弱，常在次年春天枯死 　5. **缺硼**　成叶和老叶开始暗淡黄化，无光泽，向后卷曲，叶肉较厚，主、侧脉木栓化，严重时开裂。叶肉有暗褐色斑点，叶嫩叶出现黄色不定形的水渍状斑点，有时在叶背主脉基部有黑色水渍状斑点，叶片扭曲。严重时叶片大量早落，枝条枯死。花畸形，柱头外露。幼果皮呈现乳白色微凸小斑，严重时斑点变黑下陷，中果皮和果心出现褐色的胶质物，此症状从花瓣脱落至幼果横径 1.5cm 时陆续发生，引起幼果大量脱落。残留的果实小而坚硬，畸形，皮粗汁少，种子败育	作为防治缺素症的方法，从根本上说是要改善土壤的理化性状、调整土壤的 pH、增施有机肥来保持土壤中各元素间的平衡。实践证明，深耕改土，增施大量有机肥，可以有效地防止发生硼、锌、铁、锰等缺素症，对于防止磷、钾等多量元素的缺素症也有明显的效果。因为有机肥中所含的营养元素是丰富而完全的，又处于平衡的状态。在改土有困难时，也可以考虑用单质元素的营养液防治。但这只能起到治标的作用，其效果也只有 1～2 年。防治时可选择采用叶面喷施、树干注射和土壤施肥等方法。施入土壤的肥料有时可能被固定，故生产上一般采用叶面喷施和树干注射的方法

第二节　主要虫害防治

表 6-10　主要虫害防治

虫名	形态特征	为害状	防治方法
柑橘红蜘蛛	又名柑橘全爪螨、瘤皮红蜘蛛、柑橘红叶螨等。成螨体长 0.3～0.4mm，暗红色，椭圆形，背部及背侧有瘤状突起，上生白色刚毛；卵球形略扁，红色，有一垂直的柄，柄端有 10～12 条细丝，向四周散射伸出	成螨、若螨和幼螨均以刺吸叶片、嫩枝及果实汁液为害，造成粉绿色至灰白色斑点，导致落叶和枯梢	保护和利用自然天敌，如捕食螨、食螨瓢虫等食量大的天敌；人工引移释放捕食螨，"以螨治螨。冬季彻底清园，清理僵叶卷叶集中烧毁，以减少越冬虫源。加强虫情检查，局部性发生时实行挑治，减少全园喷药次数，当 100 片叶平均虫口 发现 1～2 头红蜘蛛时，进行全面喷药防治；轮换使用农药，不滥用农药；采后至春芽前喷 73% 克螨特乳油 1 500 倍液，松脂合剂 8～10 倍液，95% 机油乳剂或 99% 绿颖矿物油 100～200 倍液，30% 松脂酸钠水乳剂 1 500～2 500 倍液。春芽和幼果期后应选用防治效果良好的专一性农药，药剂可选用 20% 哒螨灵可湿性粉剂 1 500～2 000 倍液，25% 单甲脒水剂 1 000～1 500 倍液等
柑橘黄蜘蛛	又名柑橘始叶螨四斑黄蜘蛛、柑橘六点黄蜘蛛等。体浅黄色，背面有 4 块多角形黑斑。雌成螨体长 0.35～0.42mm，近梨形，部末端宽钝。雄成螨体近楔形，长约 0.27mm，尾部尖削。卵圆球形，初产时乳白色，后变为橙黄色，有卵柄 1 根，但柄上无细丝	以针状口器刺吸汁液为害叶片、嫩梢、花蕾和果实。嫩叶受害后扭曲变形，形成向叶面凸起的大块黄斑，老叶被害后形成黄褐色斑块；被害果常在果面低洼处形成灰白色斑点，严重时引起落叶落果	合理修剪，增加橘园通风透光，4～5 月春梢是防治重点时期。喷药时要特别注意树冠内部的叶片。其他可参照柑橘红蜘蛛的防治方法

（续）

虫名	形态特征	为害状	防治方法
柑橘木虱	成虫初羽化体翡翠绿色，后转为青灰色，带褐色斑纹，羽化初期翅为白色，复眼红色，随后前翅渐转为半透明，有黑褐色斑纹，后翅透明，有明显的爪片。卵长0.3mm左右，梨形，在钝圆端有1短柄。卵初为白黄色，渐变为橘黄色。若虫5龄，扁椭圆形，背面稍突，各龄色不同，常为淡绿、淡黄或灰黑色相杂，形成横纵状斑纹，二龄后翅芽逐渐显露，腹部周缘分泌白色蜡丝	柑橘木虱以成、若虫群集为害嫩梢、嫩叶和嫩芽，引起新叶扭曲畸形，若虫白色排泄物诱发煤烟病，是柑橘嫩梢期的重要害虫之一，特别是柑橘黄龙病的传病媒介昆虫	严格检疫，砍除病树；田间防治应采取"顾春梢、抹夏梢、保秋梢"策略。抹除零星嫩梢和芸香科植物，种植同一品种，使橘园新梢抽发较整齐，减少夏、秋梢虫源。在果园周围营造防护林，增加果园荫蔽度，阻隔木虱扩散。冬季木虱活动能力弱，采果后清园喷药，在每次梢期特别是春、秋梢期或三龄若虫前，喷药保梢。药剂可选用10%吡虫啉可湿性粉剂1 500～2 000倍液、25%噻虫嗪水分散粒剂4 000～5 000倍液等
矢尖蚧	雌成虫介壳长2～4mm，黄褐色或棕褐色，介壳较隆起，边缘有灰白色蜡质膜，前尖后宽，呈箭头形，中央有1纵脊线，两侧有向前斜伸的横纹；雄介壳狭长，粉白色，背面有3条纵隆起线。卵椭圆形，橙黄色	初孵若蚧在叶面上呈点状均匀分布，逐渐成长并固定在柑橘叶片、枝梢和果实上吸食汁液，寄生处四周变为黄绿色。严重时叶片卷缩、干枯，枝条枯死，果实不能成熟，果味酸，可导致整株死亡	3月以前及时剪除虫枝、荫蔽枝、干枯枝集中焚烧，减少虫源；改善橘园通风透光条件；发现果面和枝梢有矢尖蚧为害，及时清除，集中处理。保护或释放日本方头甲、整胸寡节瓢虫和矢尖蚧蚜小蜂等天敌以及寄生菌红霉菌。化学防治重点应放在第一代一、二龄若虫期。在4月中旬起经常检查当年春梢或上一年秋梢枝条，当游动若虫出现时，应在5d内喷药防治。药剂可选用40%水胺硫磷乳油800～1 000倍液、25%喹硫磷乳油1 200倍液、50%乐果乳油800～1 000倍液、40.7%乐斯本乳油1 000倍液，相隔15～20天再喷1次，连喷2次。形成介壳后，可选择40%杀扑磷乳油600～800倍液喷布。冬季清园期和春芽萌发前，可喷布松脂合剂8～10倍液、30%松脂酸钠水乳剂1 000～1 200倍液、99.1%敌死虫（机油乳剂）、99%绿颖矿物油或95%机油乳剂100～150倍液

（续）

虫名	形态特征	为害状	防治方法
柑橘潜叶蛾	又称绘图虫，鬼画符。成虫体长约2mm，银白色，前翅有丫字形黑纹，翅尖缘毛形成黑色圆斑，其内有1小白斑，后翅缘毛较长。触角基节扩大，下方凹入，形成眼帽。卵白色，椭圆，透明；幼虫体黄绿色，尾端尖细	以幼虫在嫩叶、嫩茎或果皮下蛀食为害，形成"鬼画符"状虫道，叶片卷缩变硬脱落，老树、春梢受害轻，幼树、夏秋梢受害重	剪除受害严重枝条和越冬虫枝，减少虫口基数；加强栽培管理，增强树势，通过抹芽控梢、去早留齐、去零留整和压强扶弱促使抽梢一致，可减低受害程度；掌握在成虫低峰期统一放梢。新芽0.5～1.0cm时喷第一次药剂，相隔7天喷第二次，连续2～3次。有效药剂：10%吡虫啉可湿性粉剂1500～2000倍液，1.8%阿维菌素乳剂3000～3500倍液，25%除虫脲可湿性粉剂1000～1200倍液，35%克蛾宝（阿·辛）乳油1500倍液
金龟子	金龟子种类很多，铜绿金龟子、小青花金龟和斑青花金龟发生为害较普遍 白星花金龟成虫 铜绿金龟子成虫 斑青花金龟成虫	金龟子成虫、幼虫均可为害。铜绿金龟子和白星花金龟成虫啃食植物的叶片、嫩梢、花和蕾；小青花金龟、斑青花金龟成虫则主要取食花瓣、花蕊和柱头，舔食子房，引起落花，降低坐果率，同时造成机械伤害，形成果面伤痕。此外金龟子成虫也啃食果面	冬季翻耕，杀死土中越冬幼虫。人工捕杀和糖醋液、灯光诱杀成虫。发生严重时可喷药防治，药剂有：50%辛硫磷乳油1000倍液、40%乐果乳油1000倍液、90%敌百虫晶体1000倍液、20%甲氰菊酯乳油2500～3000倍液等

（续）

虫名	形态特征	为害状	防治方法
蚜虫类	为害柑橘的蚜虫主要有橘蚜、橘二叉蚜、绣线菊蚜和棉蚜等 橘蚜：无翅胎生雌蚜体长1.3mm，椭圆形，深褐色至漆黑色，翅痣淡褐色。触角6节，灰褐色。体背有明显的六角形网纹，节间有清晰黑色斑纹，有发声机构，额瘤明显。有翅蚜前翅中脉分为3叉 橘二叉蚜：无翅胎生雌蚜长约2mm，卵圆形，暗褐或黑褐色，胸部和腹背有六角形网纹，有发声机构，额瘤明显。有翅胎生雌蚜体长卵形，黑褐色，腹部背面两侧各有4个黑斑。翅无色透明，前翅中脉分2叉 绣线菊蚜：无翅胎生雌蚜体黄至黄绿色，尾片、腹管黑色，体表有网状纹，额瘤不明显，无发声机构。头部前缘中央突出，不同于桃蚜凹入形状。胸腹叉有短柄，尾片圆锥形，有长毛9～13根，腹管圆锥形，长为尾片的1.6倍。有翅蚜前翅中脉分为3叉 棉蚜：无翅胎生雌蚜长约1.5～1.9mm，春季深绿色、棕色或黑色，夏季多为黄绿色。体被有一薄层白色蜡粉，胸腹叉无短柄，尾片圆锥形，腹管短，圆锥形，为尾片的2.4倍，这是不同于绣线菊蚜的主要特征。上述有翅雄蚜和无翅雄蚜与相应雌蚜相似	以成虫、若蚜群集在柑橘芽、嫩梢、嫩叶、花蕾和幼果上吸食汁液，造成叶片卷曲，新梢不能伸长，引起落花、落果。同时诱生煤烟病，传播植物病毒病	结合冬夏修剪清园，夏、秋梢抽发时，抹芽控梢。设置黄板诱杀有翅蚜。当春嫩梢期有蚜梢率达到15%，秋嫩梢期有蚜梢率达20%时及时喷药防治。化学防治应尽可能挑治，特别5月以后气温升高不利于蚜虫生长繁殖，应尽量少用或不用农药，以保护天敌。常用的药剂有：3%啶虫脒悬浮剂2 500～3 000倍液、5%啶虫脒超微悬浮剂3 500～4 000倍液、10%吡虫啉可湿性粉剂2 500～4 000倍液、40%辛硫磷乳油1 000～1 500倍液、0.3%绿晶印楝素乳油1 000倍液、2.5%鱼藤酮乳油600～1 000倍液等

（续）

虫名	形态特征	为害状	防治方法
蓟马类	我国报道为害柑橘的蓟马种类多，如柑橘蓟马、茶黄蓟马、八节黄蓟马、棕榈蓟马等，但我们近年为害最严重的是八节黄蓟马。八节黄蓟马雌虫体长1.1mm，体、翅和足黄色，触角8节，除节Ⅲ～Ⅴ端半部、节Ⅵ～Ⅷ暗黄棕色，其余黄色；单眼间鬃位于前后单眼内缘或中心连线上；中胸盾片布满横纹，后胸盾片前中部有几条短横纹，其后为网纹，两侧为纵纹；前脉基部鬃7根，端鬃3根，后脉鬃16根，腹部节Ⅷ背片后缘梳完整，梳毛细。雄虫较雌虫细小而色淡，黄白色	成、若虫均可为害柑橘的花、幼果和叶，吸食汁液，特别在谢花后到幼果直径小于4cm时期，若虫在萼片下锉食柑橘幼果，随着果实膨大在果蒂周围形成1圈银白色的环状疤痕是典型为害状	开春时清除橘园内的枯枝落叶，干旱时及时浇水；在蓟马越冬代成虫发生期进行地面覆盖，减轻羽化成虫数；在柑橘开花至幼果期，可用蓝板监测和诱杀；谢花末期，有5%～10%的幼果有虫，或幼果直径达到1.8cm后有20%的果实有虫时，开始进行喷药防治。常用药剂有24%多杀威水剂1 000～1 200倍液、40%辛硫磷乳油1 200倍液、10%吡虫啉可湿性粉剂2 500～3 000倍液、2.5%溴氰菊酯乳油2 500～3 500倍液等

第三节　柑橘病虫害综合防治技术

柑橘病虫害防治是绿色柑橘生产管理中的一个重要环节，防治效果的好坏，不仅与投入成本和果品产量密切相关，而且会影响柑橘果品的品质和销售。综合防治可有效降低生产成本，减轻对环境的污染，取得显著的经济效益和良好的生态效益。绿色柑橘病虫害防治必须贯彻"预防为主，综合防治"的植保方针。以改善果园生态环境，加强栽培管理为基础，综合运用农业、物理、生物、化学防治方法，坚持"防早、治早、治了"，生产绿色柑橘果品。

一、农业防治和物理防治是基础

通过栽培措施增强树势，提高树体抗病能力，最大限度地抑制病虫发生和破坏繁殖条件，减少农药的使用量。

（1）栽植时选择最适宜当地气候条件和土壤条件的抗病性、抗逆性、丰产性强的优良品种和健壮苗木。

（2）提倡果园生草和种植绿肥，种植对象是浅根、矮秆、生育期短，且与橘柑无共性病虫害的作物为主，以豆科和藿香蓟、三叶草等为主，可改善橘园的生态环境。可有利捕食螨、瓢虫、蓟马等天敌匿藏和繁殖。在高温季节，刈割后覆于树盘，既可以调节温度，腐烂后又可增加土壤有机质。

（3）在丘陵缓坡地和平坝地起垄栽植，建园时先起高垄、堆土筑墩，起垄露砧栽植。

（4）对平坝地、坡角地橘园开好"两沟"，即行间排水沟和四周排水沟，要及时排除园内雨水，防止橘园发生水渍危害橘树。

（5）土壤改良。每年秋末冬初或早春萌芽前，结合施肥全园进行中耕松土，深度 $10\sim20cm$，以保持土壤疏松，既可培肥地力，又可消灭土壤中的越冬虫卵。

（6）改善树体结构。加强春季大枝修剪和夏季控梢修剪，对 10 年以上 $667m^2$ 栽 220 株的密植园进行间伐，改善园区通风透光条件，维持良好的树体群体结构，恶化病虫害生存环境，有效降低病虫害的发生。

（7）平衡施肥。按照"控氮、稳磷、增钾、补微肥、增施有机肥"的原则，促枝梢抽发整齐而健壮，培育树势，提高树体抗病力。

（8）疏花疏果，合理负栽，维持树势。

（9）树干、大枝涂白，防治日灼、冻害，兼杀菌治虫。

二、物理、机械防治不放松

（1）搞好各个时期的清园工作，清理果园内的枯枝烂叶、杂草落果，刮除老翘树皮，刷除虫体，剪去病虫枝梢叶、病果梗和伤残树梢，并集中烧毁，减少病虫源基数和破坏病虫活动环境。

（2）诱集或诱杀害虫。应用灯光诱杀害虫，如黑光灯或频振式杀虫灯引诱或驱避吸果夜蛾、金龟子、卷叶蛾等。应用驱化性防治害虫：可利用大实蝇、拟小黄卷叶蛾等对糖醋的趋性，在糖醋液中加入农药诱杀。采用色彩诱集害虫：如黄板涂粘着剂诱杀蚜虫、大实蝇等。利用性诱剂，诱杀大实蝇雄虫，以减少与雌虫交配机会，达到降低虫口密度。

（3）人工捕捉天牛、蚱蝉、金龟子等；人工摘除卵块、病叶等方法消灭害虫。

三、生物防治是核心

（1）人工引移、繁殖释放天敌。如用尼氏钝缓螨，防治螨类；用日本方头甲和湖北红点唇瓢虫等防治矢尖蚧类；用松毛虫、赤眼峰防治卷叶蛾等。

（2）以菌治虫治病。如用座壳孢菌防治柑橘粉虱等；用蚜霉菌治蚜虫；用灭幼脲 3 号治潜叶蛾、天蛾；用浏阳霉素防治叶螨；用多氧霉素防治炭疽病。

（3）应用生物农药和矿物源农药。如使用苏云金杆菌、苦·烟水剂等生物农药和王铜·氢氧化铜矿物油乳剂等矿物源农药。

四、化学农药使用要科学

当虫口密度大，不得不使用化学农药时。要按照《生产绿色食品的农药使用规则》的规定，选用"三证"齐全的正规厂家生产的高效、低毒、低残留，对橘树和天敌安全、污染小或无污染的农药，禁止使用高毒、高残留农药。使用农药时严格按照农药安全间隔期使用，在采果前 20～30d，禁止使用化学农药。为了提高防治效果，在使用农药时要做到：

（1）要做好病虫的预测预报。掌握柑橘生物学特性和病虫的发生规律，抓住防治的最佳时期，把握"病在于防、虫在于治"的原则，做到"治早、治小、治了"，获得事半功倍的效果。

（2）注意对症选用农药。每种农药都有它防治的对象范围，各种病虫都有它的致命点，只有对症下药，才能达到节本增效的目的。

（3）注意施药方式的生态选择。根据病虫害发生的习性和药剂作用方式选择正确的施药方法，将单一喷雾改为埋根、涂抹、注根、药剂封干等方法综合择优运用，减少用药量。

（4）合理用药，把握浓度。科学合理轮换和混合使用农药，不得随意加大用药浓度。

（5）推广群防群控群治。规模和集中连片橘园要统一防治，争取最大程度降低病虫危害减少药剂防治次数。

（6）注意喷药技巧，提高防治效果。一是刮风天不喷药、下雨前下雨天不喷药、有露水不喷药、烈日不喷药。二是重点部位加强喷，例如防治蚜虫时一定要喷嫩梢嫩芽；防治红蜘蛛重点喷叶背。三是喷药要细致、均匀、周到，各个部位都要喷到，不要漏喷。

图书在版编目（CIP）数据

现代果树优质高效栽培 / 王慧珍等主编. —北京：
中国农业出版社，2018.3（2024.9 重印）
　ISBN 978-7-109-23977-7

　Ⅰ.①现… Ⅱ.①王… Ⅲ.①果树园艺 Ⅳ.①S66

中国版本图书馆 CIP 数据核字（2018）第 047476 号

中国农业出版社出版
（北京市朝阳区麦子店街 18 号楼）
（邮政编码 100125）
责任编辑　郭晨茜

北京通州皇家印刷厂印刷　　新华书店北京发行所发行
2018 年 3 月第 1 版　　2024 年 9 月北京第 7 次印刷

开本：880mm×1230mm　1/32　印张：10.375
字数：280 千字
定价：38.00 元
（凡本版图书出现印刷、装订错误，请向出版社发行部调换）